普通高等学校计算机教育“十三五”规划教材
安徽省高等学校“十三五”省级规划教材

数据库原理及应用（Oracle版）

Database Concepts and Applications

陈业斌 申元霞 主编
周建平 许青 薛伟 副主编

人民邮电出版社
北京

图书在版编目（CIP）数据

数据库原理及应用 ：Oracle版 / 陈业斌，申元霞主编. -- 北京 ：人民邮电出版社，2020.9（2023.4重印）
普通高等学校计算机教育“十三五”规划教材
ISBN 978-7-115-52914-5

Ⅰ. ①数… Ⅱ. ①陈… ②申… Ⅲ. ①关系数据库系统－高等学校－教材 Ⅳ. ①TP311.132.3

中国版本图书馆CIP数据核字(2019)第268549号

内容提要

本书较全面地介绍了数据库系统的基本原理、基本操作、数据库设计和应用技术，包括数据库基础、关系数据库理论、Oracle 数据库、关系数据库标准语言及表操作、单表查询、多表查询、数据库常用对象、PL/SQL 编程、数据库设计、数据库规范化设计、事务及其并发控制、数据库安全性、数据库恢复技术、数据库应用系统开发和数据库技术的发展等。

本书以讲解数据库理论基础、培养数据库应用开发能力为目标，以大型数据库系统 Oracle 为开发平台，安排了 9 个实验任务，突出了实用技术的学习以及复杂问题的分析和解决。各章都配有适量的例题和习题，便于学生学习和练习。

本书既可以作为高等院校电子、通信、自动化以及计算机等相关专业的教材，也可以作为相关工程技术人员的培训用书或参考手册。

◆ 主　　编　陈业斌　申元霞
副 主 编　周建平　许　青　薛　伟
责任编辑　罗　朗
责任印制　王　郁　陈　犇

◆ 人民邮电出版社出版发行　　北京市丰台区成寿寺路 11 号
邮编　100164　　电子邮件　315@ptpress.com.cn
网址　https://www.ptpress.com.cn
涿州市京南印刷厂印刷

◆ 开本：787×1092　1/16
印张：16.25　　2020 年 9 月第 1 版
字数：403 千字　　2023 年 4 月河北第 4 次印刷

定价：49.80 元

读者服务热线：(010)81055256　印装质量热线：(010)81055316
反盗版热线：(010)81055315
广告经营许可证：京东市监广登字 20170147 号

前言 PREFACE

随着社会信息化进程的推进，尤其是大数据时代的到来，数据库管理技术已经成为现代计算环境中数据管理的基础技术。数据库已经与操作系统、通信网络、应用服务器一起成为IT基础设施的重要组成部分。工农业生产、银行、电信、商业、行政管理、科学研究、教育、国防军事等几乎每个行业都广泛应用数据库系统来管理和处理数据。可以说，数据库技术已经成为计算机信息系统的核心技术。

目前，绝大多数数据库理论的研究与应用仍以关系模型为基础，因此，关系数据库技术仍是数据库学习的首选。关系数据库的课程已成为计算机类、信息管理类、电子信息类等专业的核心课程，也是许多其他专业的重要选修课程。

本书特色

1. 本书根据数据库产品在市场上的占有率，选择Oracle 11g数据库系统作为实验平台，与市场实现无缝对接。

2. 本书设计了大量的实例进行讲解和练习，还设计了9个实验，以培养学生的数据库应用能力。

3. 本书中的每个知识点都录制了相应的视频，方便学生预习和复习，也方便其他人员进行自学。

结构安排

全书共15章。第1章主要介绍数据库基础知识，包括数据库概念、数据模型和数据库管理系统等内容；第2章介绍关系数据库，包括关系模型和关系代数；第3章主要介绍Oracle数据库基础及Oracle数据库的体系结构；第4章主要介绍关系数据库标准语言及表操作；第5章、第6章分别介绍关系数据库的单表查询和多表查询操作；第7章介绍数据库的常用对象；第8章介绍PL/SQL编程，包括Oracle数据库的存储过程和触发器；第9章介绍数据库设计的基本方法；第10章介绍数据库规范化设计理论；第11章介绍数据库事务及其并发控制技术；第12章介绍数据库管理系统安全控制技术；第13章介绍数据库故障与恢复技术；第14章介绍数据库应用系统的开发技术；第15章介绍数据库技术的发展。

本书第1、3、4、9、14、15章由陈业斌负责编写，第2、5、6章由周建平负责编写，第 7、8 章由申元霞负责编写，第 10、11 章由薛伟负责编写，第 12、13 章由许青负责编写。全书由安徽工业大学陈业斌负责统稿。

致谢

限于编者的水平和经验，加之时间比较仓促，疏漏和不足在所难免，敬请读者批评指正。欢迎发送邮件到 cyb7102@163.com，与作者交流。

编者

2019 年 9 月

目录 CONTENTS

4 第4章 关系数据库标准语言及表操作 46

5 第5章 单表查询 64

6 第6章 多表查询 75

7 第7章 数据库常用对象 84

8 第8章 PL/SQL编程 96

9 第9章 数据库设计 119

10 第10章 数据库规范化设计 148

11 第11章 事务及其并发控制 167

12 第12章 数据库安全性 181

13 第13章 数据库恢复技术 196

14 第14章 数据库应用系统开发 212

15 第15章 数据库技术的发展 238

01 第 1 章　数据库基础

数据库系统已经成为现代社会日常生活的重要组成部分，在每天的工作和学习中，人们经常与数据库系统打交道。例如，在网上选课，预订火车票或飞机票，在图书馆里查找图书，网上购物等，这些活动都会涉及对数据库的应用。数据库技术是处理信息的一项核心技术。数据库规模、信息量的大小和使用频率都已成为衡量一个国家信息化程度的重要标准。

1.1　信息、数据与数据处理

在我们的学习、生活和工作中，经常会接触到各式各样的信息和数据，如文字、数字、声音、图形、图像等。信息和数据是分不开的，二者既有区别又有联系，信息是数据的内涵，数据是信息的载体。在信息和数据的基础上产生了数据处理。

1. 信息

信息是现实世界中各种事物（包括有生命的和无生命的、有形的和无形的）的存在方式、运动形态，以及它们之间的相互联系等诸多要素在人脑中的反映，是通过人脑抽象后形成的概念。这些概念不仅被人们认识和理解，而且人们还可以对它们进行推理、加工和传播。信息甚至可为某种目的提供某种决策依据。例如，根据某种商品一季度的销售数量来预计二季度的进货数量。

2. 数据

数据（Data）是信息的载体，是信息的一种符号化表示。而采用什么符号，完全是人为规定的。例如，为了便于用计算机处理信息，需要把信息转换为计算机能够识别的符号，即采用 0 和 1 两个符号编码来表示各种各样的信息。所以数据的概念包括两方面的含义：一是数据的内容是信息，二是数据的表现形式是符号。凡是能够被计算机处理的数字、字符、图形、图像、声音等统称为数据。数据具有以下两个基本特征。

（1）数据有型和值之分

【例 1.1】 描述一个学生基本信息的型和值。

型：学生（学号，姓名，性别，出生日期，系别，总学分）

值：("039074001"，" 张三 "，" 男 "，"01-01-1990"，" 软件工程 "，50）

值：（"039074002"，" 李四 "，" 女 "，"05-08-1991"，" 软件工程 "，52）

计算机的数据库系统在处理数据时，首先要建立外部对象特定的型，然后将数据按型进行存储，即可实现对数据的处理。

（2）数据有类型和取值范围的约束

例如例 1.1 中的学号、姓名、性别、系别是字符型的数据，出生日期是日期型的数据，总学分是数值型的数据。性别的取值范围可以是 { 男，女 } 或 {0，1}，总学分的取值范围可以是 0<= 总学分 <=200。

3. 信息与数据的关系

信息和数据既有联系又有区别。数据是承载信息的物理符号，或称之为载体，而信息是数据的内涵。信息是抽象的，同一信息可以有不同的数据表示方式。例如，在足球世界杯期间，同一场比赛的新闻，可以分别在报纸上以文字形式、在电台以声音形式、在电视上以图像形式来表现。数据可以表示信息，但不是任何数据都能表示信息，同一数据也可以有不同的解释。例如，2000，可以理解为一个数值，也可以理解为 2000 年。

4. 数据处理

数据处理是指将数据转换成信息的过程，这一过程主要是指对所输入的数据进行加工整理，包括对数据的收集、存储、加工、分类、检索和传播等一系列活动。其根本目的是从大量、已知的数据出发，根据事物之间的固有联系和变化规律，采用分析、推理、归纳等手段，提取出对人们有价值、有意义的信息，作为某种决策的依据。

信息与数据之间的关系如图 1.1 所示，其中数据是输入，而信息是输出结果。人们所说的“信息处理”，其真正含义应该是为了产生信息而处理数据。例如，学生的“出生日期”是不可改变的基本特征之一，属于原始数据，而“年龄”是当前年份与出生日期相减而得到的数字，具有相对性，可视为二次数据；“参加工作时间”和产品的“购置日期”是职工和产品的原始数据，“工龄”“产品的报废日期”则是经过简单计算所得到的结果。

图 1.1 信息与数据之间的关系

数据处理的计算过程相对简单，很少涉及复杂的数学模型，但其具有数据量大且数据之间的逻辑联系复杂的特点。

5. 数据管理

数据管理是指数据的收集、整理、编目、组织、存储、查询、维护和传送等各种操作。数据管理是数据处理的基本环节，是任何数据处理任务必有的共性部分。数据处理任务的矛盾焦点不是计算，而是如何把数据管理好。因此，对数据管理应当加以突出，集中精力开发出通用而又方便实用的软件，把数据有效地管理起来，以便最大限度地减轻计算机软件用户的负担。数据库技术正是瞄准这一目标而逐渐完善起来的一门计算机软件技术。

1.2 数据管理技术的发展历史

利用计算机进行数据管理经历了从低级到高级的发展过程。这一过程大致分为 3 个阶段：

手工管理阶段→文件系统阶段→数据库系统阶段。

1. 手工管理阶段

20 世纪 50 年代中期以前，计算机主要用于科学计算。硬件存储设备主要有磁鼓、卡片机、纸带机等，还没有磁盘等直接存取数据的存储设备；软件也处于初级阶段，没有操作系统和数据管理工具。数据的组织和管理完全靠程序员手工完成，因此称为手工管理阶段。这个阶段数据的管理效率很低。

在手工管理阶段，应用程序与数据之间的一一对应关系如图 1.2 所示。

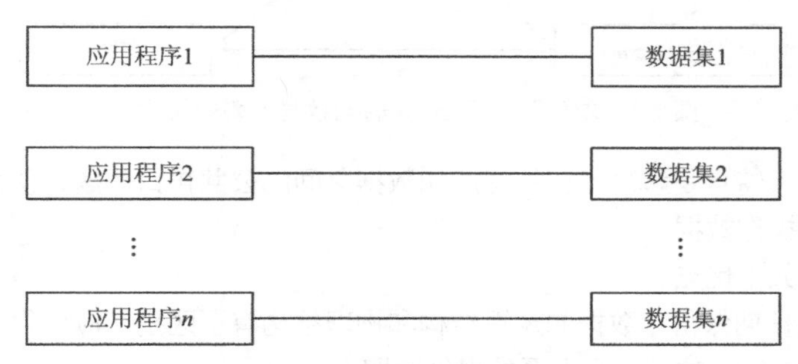

图 1.2　手工管理阶段应用程序与数据之间的对应关系

手工管理数据具有如下特点。

（1）数据不保存

当时计算机主要用于科学计算，一般不需要将数据长期保存，只是在计算某一课题时将数据输入，计算任务完成后，用户作业退出计算机系统，数据空间随着程序空间一起被释放。

（2）应用程序管理数据

数据需要由应用程序自己管理，没有相应的软件系统负责数据的管理工作。应用程序负责所有数据的存取，因此程序员负担很重。

（3）数据不共享

数据是面向应用的，一组数据只能对应一个应用程序。当多个应用程序涉及某些相同的数据时，由于必须各自定义，无法互相利用、互相参照，因此程序与程序之间有大量的冗余数据，且容易产生数据的不一致性。

（4）数据不具有独立性

数据的存储结构发生变化后，必须对应用程序做相应的修改，这就进一步加重了程序员的负担，导致软件维护成本增加。

2. 文件系统阶段

20 世纪 50 年代中期以后，计算机的硬件和软件得到快速发展，计算机不再仅用于科学计算的单一任务，还可以做一些非数值数据的处理。又由于大容量磁盘等辅助存储设备的出现，专门管理辅助存储设备上的数据的文件系统应运而生，它是操作系统中的一个子系统。在文件系统中，数据被按一定的规则组织成为一个文件，应用程序通过文件系统对文件中的数据进行存取和加工。文件系统对数据的管理，实际上是通过应用程序和数据之间的一种接口实现的。在文件系统阶段，应用程序与数据之间的关系如图 1.3 所示。

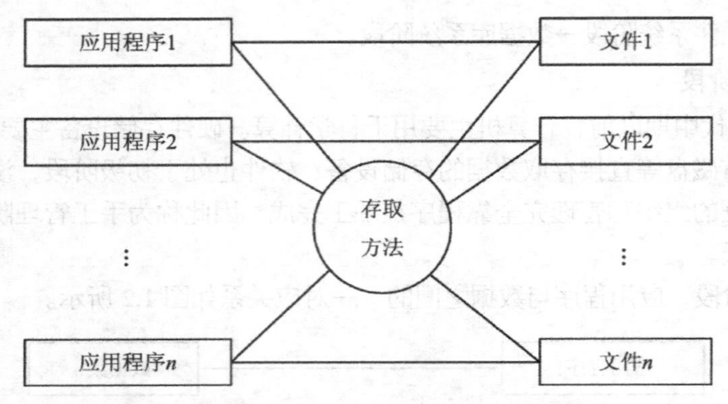

图 1.3　文件系统阶段应用程序与数据之间的对应关系

文件系统的最大特点是解决了应用程序和数据之间的公共接口问题，使得应用程序能够采用统一的存取方法操作数据。

文件系统具有如下优点。

（1）数据可以长期保留，数据的逻辑结构和物理结构有了区别，应用程序可以按文件名访问，不必关心数据的物理位置，文件系统提供存取方法。

（2）数据不属于某个特定的应用程序，即应用程序和数据之间不再是直接的对应关系，数据可以重复使用。

（3）文件组织形式多样化，有索引文件、链接文件和 Hash 文件等。

文件系统具有如下缺点。

（1）数据冗余度大。文件与应用程序密切相关。相同的数据集合在不同的应用程序中使用时，经常需要重复定义、重复存储。例如，学校学生学籍管理系统中的学生情况，学生成绩管理系统中的学生选课情况，教师教学管理中的任课情况，所用到的数据中很多都是重复的。相同的数据不能被共享，必然导致数据的冗余。

（2）数据不一致性。相同数据的重复存储和单独管理，会给数据的修改和维护带来难度，容易造成数据的不一致。例如，在学生学籍管理系统中修改了某学生的情况，但在学生成绩管理系统中该学生相应的信息没有被修改，这会造成同一个学生的信息在不同的管理部门中不一样。

（3）数据联系弱。文件系统中数据被组织成记录，记录由字段组成，记录内部有了一定的结构。但是文件之间是孤立的，从整体上看文件没有反映现实世界事物之间的内在联系，因此很难对数据进行合理的组织以适应不同应用的需要。

3. 数据库系统阶段

自 20 世纪 60 年代末以来，磁盘技术开始成熟，并作为主要外部存储器（外存）而广泛使用。计算机硬件的价格大幅度下降，可靠性增强，为数据管理技术的发展奠定了物质基础。另外，计算机的规模更加庞大，数据量急剧增加。对数据进行集中控制并充分共享数据的要求日益迫切。

在这样的背景下产生了一种新的数据管理技术即数据库技术。数据库技术弥补了以前所有数据管理方式的缺点，试图提供一种完善的、更高级的数据管理方式。它的基本思想是解决多用户数据共享的问题，实现对数据的集中统一管理，具有较高的数据独立性，并为数据提供各种保护措施。

1.3 数据库概念

顾名思义，数据库就是存储数据的“仓库”，但它和普通的仓库有所不同。首先，数据不是存放在容器或空间中的，而是存放在计算机的外存中（如磁盘），并且是有组织地存放的。因此，我们所提及的数据库系统，是指存放在外存上的数据集合以及管理它们的计算机软件的总和。

1. 数据库

数据库（Database，DB），是为了满足对数据管理和应用的需要，按照一定的数据模型存储在计算机中的、能为多个用户所共享的、与应用程序彼此独立的、相互关联的数据集合。

2. 数据库的特点

从数据库的定义可以看出，一个高效的数据库具有以下技术特点。

（1）数据的共享性。数据库中的数据不是为一个用户的需要而建立的，而是为多个用户所共享的。数据库提高了数据的利用效率。

（2）数据的独立性。数据库独立于应用程序而存在，数据库中的数据及其结构不会随着应用程序的变化而变化。

（3）数据的完整性及安全性。数据的管理和利用是通过计算机的数据管理软件——数据库管理系统（Database Management System，DBMS）来完成的。数据库是在数据库管理系统软件的支撑下工作的，数据库管理系统能够保证多个用户使用数据库的完整性及安全性。

（4）便于使用与维护。数据库系统具有良好的用户界面和非过程化的查询语言，用户可以直接对数据进行增加、修改、删除等一系列操作。

3. 数据管理

用户一般不直接加工或使用数据库中的数据，而是必须通过数据库管理系统。数据库管理系统的主要功能是维持数据库系统的正常活动，接受并响应用户对数据库的一切访问要求，包括建立和删除数据文件、检索、统计、修改和组织数据库中的数据以及为用户提供对数据库的维护手段等。通过使用数据库管理系统，用户可逻辑、抽象地处理数据，不必关心数据在计算机中的具体存储方式以及计算机处理数据的过程细节，把一切处理数据的具体而繁杂的工作交给数据库管理系统去完成。

数据管理需要有一个（或一组）负责整个数据库系统的建立、维护和协调工作的专门人员，这就是数据库管理员（Database Administrator，DBA）。在一个安全性较高的大型数据库管理系统中，如金融部门等，必须有专门的数据库管理员，从事监视应用程序、维护硬件设备、定时备份等工作，他们是数据库管理系统中不可缺少的重要部分。

1.4 数据模型

数据库中不仅要存放数据本身，还要存放数据与数据之间的联系，可以用不同方法表示数据与数据之间的联系。我们把表示数据与数据之间联系的方法称为数据模型。

1.4.1 数据模型 3 要素

数据模型是用于描述现实世界的数据。显然，在计算机中，人们要经常考虑数据的存储、数据的操作、操作的效率与性能以及数据可靠性等因素。因此，目前定义数据模型时，通常要从 3 个方面来考虑，包括数据结构、数据操作、完整性约束。现在常用的数据模型的定义就是由这 3 个部分（也称为数据模型的 3 要素）组成的。

1. 数据结构

数据结构是指数据的逻辑组织结构，而不是在计算机磁盘上的具体的存储结构。它是对系统静态特性的描述。它是后面两要素定义的基础，因此，它在数据模型中是最基本的，也是最重要的部分。

2. 数据操作

数据操作是数据库所有操作的描述，它定义了所有合法操作的操作规则。通常数据库的操作主要是检索和更新（包括插入、删除、修改）。因此，数据操作是对数据库动态特性的描述。

3. 完整性约束

为了提高数据库的正确性和相容性，人们认为有必要对数据的改变或数据库状态的改变做出一些限制。例如，人的性别只能是男、女，如果误操作输入了其他文字，就变得毫无意义。但如果我们定义了性别只能是男、女，就可以避免这种错误，从而提高数据库的正确性。这些数据的约束条件和变化规则就是数据库完整性约束。

数据模型中最核心也是最基本的要素是数据结构，因此，数据模型是按照数据结构的不同来划分的。目前，数据库领域中最常用的数据模型仍是关系模型。

1.4.2 关系模型

关系模型，即关系数据模型（Relation Data Model），具有严格的数学理论基础。1970 年美国 IBM 公司研究所的数学家埃德加·科德（Edgar Frank Codd）首次提出了关系模型的数学理论，随后基于该理论各公司才推出各自的关系模型数据库（简称关系数据库）系统。由于他对关系理论的开创性工作，并且从理论到实践都取得了开创性的成果，埃德加·科德于 1981 年获得了国际计算机学会（Association for Computing Machinery，ACM）的图灵奖。

关系模型的数据结构实际上就是指二维表格模型。一个关系数据库就是由多个二维表及其之间的联系组成的一个数据集合，如图 1.4 所示。

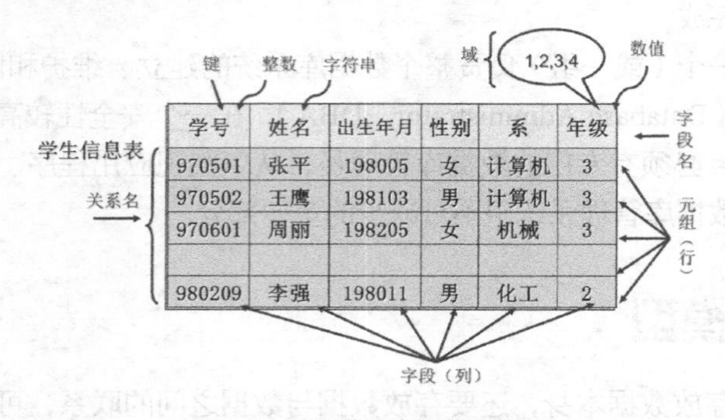

图 1.4 关系数据库的数据结构

1. 关系

一个关系就是一张二维表格。

2. 元组或记录

表中的行称为元组或记录，一行为一个元组或一条记录。

3. 属性或字段

表中的列称为属性或字段，给每一个属性起一个名称，为属性名或字段名。同一个关系中，每个元组的属性数目应该相同。

4. 域

域是属性的取值范围，即不同元组对同一个属性的值所限定的范围。

例如，本科生的年级的域为 {1，2，3，4}，性别域为 { 男 , 女 } 等。

5. 关系模式

对关系的描述称为关系模式，即关系模式是命名的属性集合。其格式为：

```
关系名(属性名1,属性名2,…,属性名n)。
```

例如，有一个学生关系，其中包含 5 个属性，表示为：

```
学生(学号,学生姓名,性别,出生年月,班级)。
```

6. 码

属性或属性的集合中，码（或关键字 (Key)）能够唯一标识一个元组。例如，学号就是学生关系的码，可以唯一确定一个学生。在实际使用中，又分为以下几种码。

（1）候选码（Candidate Key）：若关系中某一属性组的值能唯一地标识一个元组，则称该属性组为候选码。

（2）主码（Primary Key）：用户选作元组标识的候选码称为主码。一般如不加说明，码就是指主码。主码在关系中用来作为插入、删除、检索元组的操作变量。

（3）外码（Foreign Key）：如果一个关系中的属性并非该关系的码，但它们是另外一个关系的码，则称其为该关系的外码，如图 1.5 所示，成绩关系中的学号和课程号都是外码。

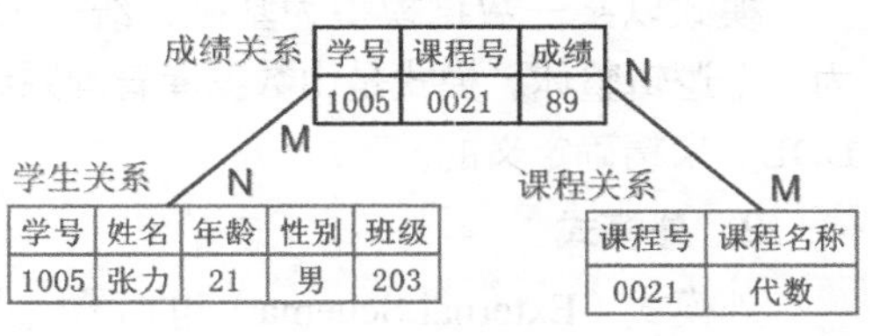

图 1.5　关系的外码

7. 主属性和非主属性

关系中，候选码中的属性称为主属性，不包含在任何候选码中的属性称为非主属性。

8. 关系的性质

- 列是同质的，即每一列中的分量是同类型的数据，来自同一个域。
- 每一列称为属性，要有不同的属性名。
- 关系中没有重复的元组，任意一个元组在关系中都是唯一的。
- 元组的顺序可以任意交换。
- 属性在理论上是无序的，但在使用中按习惯考虑列的顺序。
- 所有的属性值都是不可分解的，即不允许属性又是一个二维关系。

20 世纪 80 年代以来，随着各公司的关系数据库系统陆续推出，关系数据库系统在市场上变得越来越流行，已经占据了市场的绝大部分。虽然后来又出现了更高级的数据库系统，如面向对象的数据库系统，但目前关系数据库系统仍然是市场上的主流数据库系统。当前主流的关系型数据库系统有 Oracle、Microsoft SQL Server、MySQL、Microsoft Access、DB2 等。

1.5 数据库体系结构

尽管有各种各样的数据库系统，但它们的体系结构一般都采用 3 级模式结构，如图 1.6 所示，分别为外模式（视图层）、模式（逻辑层）、内模式（物理层）。

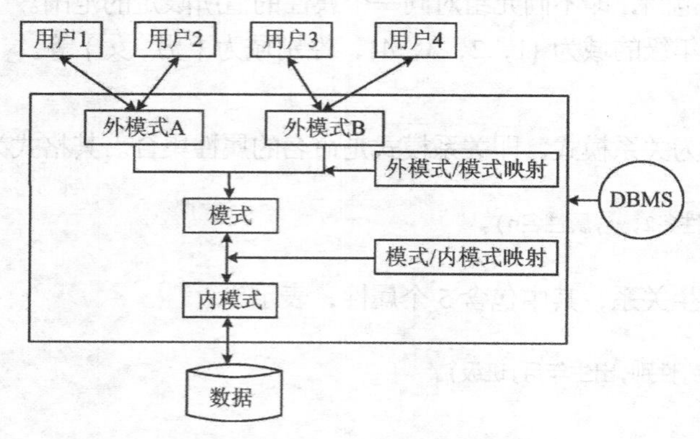

图 1.6 数据库系统的 3 级模式结构

1.5.1 数据库体系结构中的 3 级模式

数据库体系结构中的 3 级模式就是模式、外模式、内模式。

1. 模式

模式（Schema），也称概念模式，它是数据库中全部数据的逻辑结构的描述。它既不涉及数据的物理存储结构，也不涉及用户、应用程序，它是数据库系统中最重要的部分。

模式以某一数据模型为基础，统一考虑所有用户的所有需求，并将这些需求有机地结合为一个逻辑整体。模式是由数据库管理系统提供的模式描述语言（Data Definition Language，DDL）来精确定义的。

2. 外模式

外模式（External Schema）也称子模式（Subschema）或用户模式，它是数据库用户能够看到的或使用的部分数据的逻辑描述。

外模式通常是模式的一个子集，是数据库用户的局部数据视图。一个数据库可以有一个及一个以上的外模式。外模式是保证数据安全的一个重要手段，它可以限制用户访问数据的范围。外模式也是由模式描述语言来精确定义的。

3. 内模式

内模式（Internal Schema）是数据库在物理存储方面的描述，它定义所有内部记录的类型、索引和文件的组织方式等方面。内模式也称存储模式，一个数据库只有一个内模式。内模式的定义语言也是模式描述语言。

1.5.2 数据库体系结构中的两种映射与数据独立性

上面介绍了数据库的3级模式，这3级模式之间的联系和转换是由两种映射来实现的，即外模式/模式映射、模式/内模式映射。

1. 外模式/模式映射

外模式/模式映射用来定义模式到外模式的转换。由于一个模式可以对应多个外模式，因此外模式/模式映射一般在外模式中定义。

当模式发生改变时，比如增加某些属性或某些关系等，只需对外模式/模式映射做相应的调整，使外模式保持不变，从而保持应用程序不变。这样就保证了数据和程序之间的独立性，称为数据的逻辑独立性。

2. 模式/内模式映射

模式/内模式映射用来定义模式到内模式的转换。数据库中的模式和内模式都是唯一的，所以它们之间的映射也是唯一的。模式/内模式映射一般在内模式中定义。

如果由于硬件发生变化、参数配置需要调整或者其他原因，需要对物理存储做出调整，那么一般只需对模式/内模式映射做相应的调整，以保证模式不变，最终达到应用程序不变的目的。这样就保证了数据存储和应用程序的独立性，称为数据的物理独立性。

数据库3级模式与两种映射结构的最大优点就是保持了数据和程序的相互独立性，从而大大降低了数据维护与程序维护的成本与复杂性。当然，这种独立性也是相对的，当数据或程序变动较大时，这种独立性有时也不能被保证，因此也要做相应的调整。

1.6 数据库管理系统

数据库管理系统（DBMS）这个概念在前面已经提到，因为此系统在数据库系统和数据库课程中都很重要，所以有必要在此做更详细的介绍。

1.6.1 数据库管理系统的目标

数据库管理系统运行的环境有所不同，其实现的功能和性能也有所不同。但它们的系统设计都包括以下几个目标。

1. 用户界面友好

一个软件的用户界面质量直接影响到其竞争力甚至生命力，往往有些软件的性能和功能都不错，但就是因为其用户界面不佳而被用户抛弃。数据库管理系统应提供简明的数据模型供用户设计数据库以及常用的语言接口，有些系统还包括应用程序开发环境。目前数据库管理系统基本都能提供下列语言接口：嵌入式SQL、交互式SQL、命令式语言接口、函数调用接口等。

2. 基本功能完备

数据库管理系统的功能有很大不同，但它们的基本功能一般都包括数据库的定义、数据的操作、数据库的运行管理、数据库的建立与维护等。

3. 性能优良

数据库管理系统的性能主要指两个方面：数据存储效率和数据查询效率。数据存储效率主要是指存储空间的利用率，希望用较少的空间存储较多的数据。数据查询效率主要是指用户检索数据的速度，希望用较少的时间找到所需的数据。

4. 系统本身的结构化

系统本身的结构化主要是指软件的结构清晰、模块划分合理，有利于系统的升级与维护，也就是减少系统本身修改的成本与复杂性。

5. 系统的开放性

数据库管理系统运行与应用环境都非常广泛，这就要求它能与不同的运行环境兼容，并且能够提供符合标准的接口，这就是系统的开放性。

1.6.2 数据库管理系统的基本功能

数据库管理系统的功能有很大差别，但一般都应具有下列基本功能。

1. 数据库的定义

数据库管理系统提供数据定义语言，对数据库的 3 级模式及两种映射进行定义，并定义数据库的完整性约束、保密限制等，这些定义都存储在数据字典中。

2. 数据的操作

数据库管理系统提供数据操纵语言（Data Manipulation Language，DML）实现对数据库的基本操作，包括查询、插入、修改、删除等。因此，数据库管理系统应包括数据操纵语言的编译程序或解释程序。

3. 数据库的运行管理

数据库管理系统对数据库的运行以及数据的保护提供所需的支持，这一般是由 4 个子系统来实现的。

（1）数据库的完整性控制

保证数据库中的数据始终处于正确状态，防止对数据的错误操作。

（2）数据库的并发控制

在多用户环境下，对数据的操作提供并发控制，防止并发操作带来的数据错误或死锁等，以保证数据库系统的正常运行。

（3）数据库的恢复

在系统出现故障、数据库被破坏或数据库处于错误状态时，能够把数据库恢复到先前的某一正确状态。

（4）数据的安全控制

对没有权限的用户操作、无意或恶意的错误操作以及数据库入侵等行为进行限制，以免发生数据泄露、更改或破坏等问题。

4. 数据库的建立与维护

数据库管理系统负责数据库的初始建立、数据的转换、数据库的转储与恢复、对数据库系统性能的检测与分析、必要时对数据库的重组等。

5. 其他功能

数据库管理系统还具有网络通信功能、不同数据库管理系统之间的互访与互操作功能等。

1.7　数据库系统

1.7.1　数据库系统的组成

数据库系统（Database System，DBS）的组成，如图 1.7 所示，它由以下几部分构成。

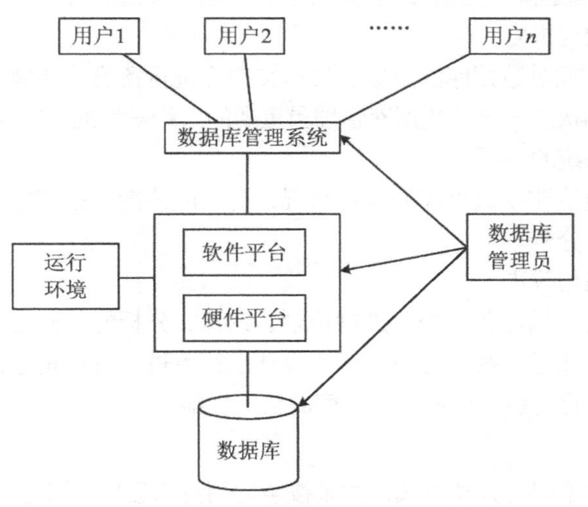

图 1.7　数据库系统的组成

1. 数据库

数据库是关于企业或组织的全部数据的集合。数据库包含两部分：一是对数据结构的所有描述，存储在数据字典中；二是数据本身，它是数据库的主体。

2. 运行环境

数据库系统的运行环境由两部分构成，即硬件平台与软件平台。

（1）硬件平台

数据库系统的硬件平台主要包括 CPU、内存、外存、输入 / 输出设备等。由于数据库系统本身的特点，它对主要硬件提出了较高的要求，这些要求包括以下几点。

- 内存要足够大，除了存放有关软件及模块以外，还要存储大量的缓冲数据。
- 要有较大的直接存取设备，现在主要是指硬盘，最好使用磁盘阵列以提高存取速度。
- 系统应有较宽的数据通道，以提高数据的传输速度。

（2）软件平台

这主要是指计算机操作系统以及相关的支持软件。

3. 数据库管理系统

很多书籍把数据库管理系统包括在软件平台部分。因为该系统是数据库系统的核心部分，故本书把它单独作为一部分。关于该系统的描述，1.6 节已经做了较详细的说明，在此不再赘述。

4. 数据库管理员

一个完整的数据库系统，应配备专门的管理维护人员，这就是数据库管理员（也有很多小型数据库系统并不配备专门的数据库管理员，而由其他人员代理）。数据库管理员的工作对于保障数据库的正常运行以及提高数据库的性能非常重要，他们主要负责以下工作。

（1）参与数据库的设计与建立

数据库管理员不仅要对已经交付使用的数据库系统进行管理，而且在数据库系统的分析设计阶段就要参加进来，与系统分析员、用户等共同合作，做好数据库的设计与实施工作。

（2）定义与管理数据库的安全性要求和完整性要求

数据库管理员负责确定和管理用户对数据库的访问权限、数据的保密性级别、完整性约束条件。

（3）数据库的转储与恢复

数据库管理员应定期对数据库的数据、日志文件等进行备份或转储，并在必要时把数据库恢复到以前的某一正确状态。这是数据库管理员重要的、经常性的、繁重的工作。

（4）监控数据库系统的运行

数据库管理员还负责监视数据库的运行状况，对访问速度、存储空间利用率、访问流量等指标进行记录、统计、分析。

（5）数据库的重组与改进

数据库管理员在对数据库各种指标进行记录、统计、分析的基础上，根据需要以及经验对数据库的存储方式进行改进，甚至对数据库的设计进行改进。特别是数据库有大量的更新操作时，需定时对数据库进行重组，以保证数据库的访问性能。

5. 数据库用户

数据库用户可以有不同的分类方式，如果按照使用身份级别，可分为以下 3 类。

（1）数据库管理员

数据库管理员的职责前面已经做了较详细的描述。

（2）专业程序人员

专业程序人员主要使用数据库管理系统提供的各种接口，结合其他应用开发工具，编写应用程序。

（3）终端用户

终端用户是指使用应用程序的各种计算机操作人员，如银行的柜员、企业的行政管理人员、超市的售货员，以及使用数据库的一般用户等。

1.7.2 数据库系统的分类

按照不同的划分方式，数据库系统有不同的分类。

1. 按照数据库管理系统的种类划分

常见的数据库系统可分为层次数据库系统、网状数据库系统、关系数据库系统、NoSQL 数据库系统以及面向对象数据库系统。

2. 按照数据库系统的全局结构划分

（1）集中式

如果数据库系统运行在单个计算机系统中，且与其他计算机系统没有联系，那么这种数据库系统称为集中式数据库系统。

（2）客户机 / 服务器式

如果运行数据库系统的计算机是采用客户机 / 服务器模式的系统结构，那么这种数据库系统称为客户机 / 服务器式数据库系统。该类数据库系统的数据库及数据库管理系统是放在服务器端的，但处理功能是分别放在服务器端和客户端的，具体如何分配视具体情况而定，一般的原则是增加可靠性及速度，减少网络通信量。

（3）并行式

对数据量很大或性能要求很高的数据库系统，并行系统就是理想的选择。并行系统采用多个 CPU 与多个磁盘并行操作，它们的存储量可达 TB 级（1024GB），CPU 可达数千个。

（4）分布式

分布式数据库系统是用计算机网络连接起来的多个数据库系统的集合，每个站点有独自的数据库系统。

分布式数据库系统的数据不是存储在同一个地点，而是分布在不同站点中的。分布式数据库系统的数据具有逻辑整体性的特点，虽然数据分布在不同的站点，但对于用户来说，它看起来像一个整体。

3. 按照数据库系统的应用领域划分

按照数据库系统的应用领域划分，常见的数据库系统有很多，如商用数据库系统、多媒体数据库系统、地理信息系统（Geographic Information System，GIS）、工程数据库系统、数据仓库（Data WareHouse）、专家系统等。

本章小结

本章介绍了信息、数据及二者之间的关系，数据管理技术发展的 3 个阶段及各自的特点，数据库的概念，数据模型及其 3 要素，以及关系数据模型，还介绍了数据库系统的 3 级模式、两种映射的体系结构及其优点，数据库管理系统的设计目标及其基本功能，数据库系统的组成及各自的主要功能，数据库系统的常用分类。

习题1

1.1　选择题

（1）下列________不是数据模型的三要素。

A. 数据结构　　B. 数据操作　　C. 数据安全　　D. 完整性约束

（2）数据库系统的核心是________。

A. 数据库　　B. 数据库管理系统　　C. 数据模型　　D. 数据存储

（3）数据库系统的三级模式结构中，用户视图属于________。

A. 外模式　　B. 模式　　C. 内模式　　D. 物理模式

（4）数据独立性是指________。

A. 数据之间相互独立

B. 应用程序与数据库的结构之间相互独立

C. 数据的逻辑结构与物理结构相互独立

D. 数据与磁盘之间的相互独立

1.2　名词解释

关系、元组（记录）、属性（字段）、域、主码、候选码、外码

1.3　什么是数据？什么是信息？二者之间有什么关系？

1.4　试述数据库、数据库系统、数据库管理系统这几个概念。

1.5　试述数据模型的概念、作用及 3 要素。

1.6　试述数据库系统的组成。

02 第 2 章 关系数据库理论

关系数据库以二维表形式组织数据，并运用代数方法处理数据。1970 年，埃德加·科德（Edgar Frank Codd）在美国计算机学会会刊 *Communications of the ACM* 上发表了一篇论文，该文首次提出了数据库的关系模型，开创了数据库系统研究的新纪元。在其后 20 年中，埃德加·科德陆续发表了多篇论文，奠定了关系数据库的理论基础。

关系数据库系统是支持关系模型的数据库系统。关系模型由关系数据结构、关系操作集合和关系完整性约束 3 部分组成。

关系模型的数据结构比较简单，在用户看来，关系模型中数据的逻辑结构是一张二维表。在关系模型中，现实世界的实体以及实体间的各种联系均用关系来表示。

关系模型给出了关系操作的能力，但不对关系数据库管理系统（Relational Database Management System，RDBMS）语言给出具体的语法要求。关系模型中常用的关系操作包括选择（Select）、投影（Project）、连接（Join）、除（Divide）、并（Union）、交（Intersection）、差（Minus）等查询（Query）操作和增加（Insert）、删除（Delete）、修改（Update）操作。查询的表达能力是其中最主要的部分。

关系操作的特点是集合操作方式，即操作的对象和结果都是集合。这种操作方式也称为一次一集合的方式。

2.1 域与笛卡儿积

1. 域

定义 2.1 域（Domain）是一组具有相同数据类型的值的集合。

例如，正整数集合 {1,2,3,…}、姓名集合 { 张三 , 李四 , 王五 }、性别集合 { 男 , 女 } 等都可以称为域。

2. 笛卡儿积

定义 2.2 给定一组域 $D_1,D_2,\cdots,D_n$，其笛卡儿积（Cartesian Product）为：

$D_1 \times D_2 \times \cdots \times D_n = \{ <d_1,d_2,\cdots,d_n> \mid d_i \in D_i, i=1,2,\cdots,n \}$

其中每一个元素 $<d_1,d_2,\cdots,d_n>$ 称为一个 n 元组（n-Tuple）（或简称元组）。

参与笛卡儿积运算的域的个数 n 称为度，元组中的 d_i 称为分量。D_i 中的元素个数 m_i 称为 D_i 的基数。

注意：通常，在一个 *n* 元组中，分量次序不可改动。

若 $D_1,D_2,\cdots,D_n$ 均为有限集，其笛卡儿积的基数 M 为：

$$M=\prod_{i=1}^{n}m_i$$

【例 2.1】 设有三个域：

D_1（姓名集）={张三，李四}

D_2（年龄集）={18,20}

D_3（籍贯集）={北京，上海，广州}

则 D_1,D_2,D_3 的笛卡儿积为：

$D_1\times D_2\times D_3$ = {<张三,18,北京>,<张三,18,上海>,
<张三,18,广州>,<张三,20,北京>,
<张三,20,上海>,<张三,20,广州>,
<李四,18,北京>,<李四,18,上海>,
<李四,18,广州>,<李四,20,北京>,
<李四,20,上海>,<李四,20,广州>}

其中<张三,18,北京>、<张三,18,上海>等都是元组。张三、李四、北京、上海等都是分量。该笛卡儿积的度为 3，基数为 2×2×3=12。这 12 个元组可构成一张二维表，如表 2.1 所示。

表 2.1 D_1,D_2,D_3 的笛卡儿积

姓名	年龄	籍贯
张三	18	北京
张三	18	上海
张三	18	广州
张三	20	北京
张三	20	上海
张三	20	广州
李四	18	北京
李四	18	上海
李四	18	广州
李四	20	北京
李四	20	上海
李四	20	广州

2.2 关系的数据结构

1. 关系

定义 2.3 笛卡儿积 $D_1\times D_2\times\cdots\times D_n$ 的一个子集称为域 $D_1,D_2,\cdots,D_n$ 上的一个关系（Relation），记为 R。

【例 2.2】设 $D_1=\{1,3,5\}$，$D_2=\{1,2,3\}$，则 {<3,1>,<3,2>,<5,1>,<5,2>,<5,3>} 为域 D_1,D_2 上的一个关系。

【例 2.3】 考虑 D_1（长辈）={父，母}，D_2（子辈）={子 1, 子 2, 女 1, 女 2}，则 {<父，

子 1>,<父，子 2>}、{<父，女 1>,<父，女 2>} 均为域 D_1, D_2 上的关系（父子关系与父女关系）。

注意： $D_1 \times D_2$ ={<父，子 1>,<父，子 2>,<父，女 1>,<父，女 2>,<母，子 1>,<母，子 2>,<母，女 1>,<母，女 2>} 亦为域 D_1,D_2 上的关系（长幼关系）。

当 $D_1 \times D_2 \times \cdots \times D_n$ 为有限集时，域 D_1,D_2,…,D_n 上的关系 R 可用二维表予以刻画。

例如，在例 2.3 中，父子关系可用表 2.2 进行表示。

表 2.2　父子关系

长辈	子辈
父	子 1
父	子 2

在二维表中，每一行称为一个元组或一条记录，每一列称为一个字段或一个属性（Attribute），关系的特征如下。

- 记录是行，属性是列，域是属性的取值范围。
- 关系中不可有重复元组。
- 关系中的属性应不可分割。
- 同一属性的分量应来自同一个域。
- 关系与元组、属性的次序无关。

2. 关系模式

定义 2.4　关系的描述称为关系模式（Relational Schema），它可以简单地刻画为：

$$R(A_1,A_2,\cdots,A_n)$$

其中，A_1,A_2,…,A_n 为属性集。

【例 2.4】 学生选修课程的关系模式可表示为：

学生（学号，姓名，系别，性别，出生年月，总学分，备注）或 XS (sno,sname,dept,sex,birthday, totalcredit,remarks)

课程（课号，课名，学期，学时，学分）或 KC(cno, cname, term, ctime, credit)

成绩（学号，课号，成绩）或 CJ (sno,cno,grade)

定义 2.5　若某一属性集的值能唯一地标识关系 R 的元组而不含多余的属性，则称其为关系 R 的候选码（简称码）。

若一个关系有多个候选码，则可在其中选定一个作为主码（Primary Key）。

注意： 在一个关系中，主码的值不能为空，不同元组主码的值互不相同。

定义 2.6　若某一个关系 R 中的属性集并非关系 R 的码，但在另一个关系 S 中为主码，则称其为关系 R 的外码（Foreign Key）。

在例 2.4 中，因学生、课程均可能有重名，在学生关系、课程关系中，通常将学号、课号分别设为其主码。由于一个学生可参加多门课程的学习，一门课程可被多个学生选修，我们取学号与课号的组合{学号，课号}为成绩关系的主码。此外，考虑到学号、课号分别与学生关系、课程关系的主码相对应，学号与课号均为成绩关系的外码。

3. 关系的类型

关系有3种类型：基本表、查询表和视图表。

（1）基本表是实际存在的表，是实际存储数据的逻辑表示。

（2）查询表是查询结果对应的表。

（3）视图表是虚表，是由基本表或其他视图表导出的表。视图所展示的并非为实际存储的数据。

2.3 关系的完整性

关系模型的完整性规则是对关系的某种约束条件。关系模型中可以有3类完整性约束：实体完整性、参照完整性和用户定义的完整性。其中实体完整性和参照完整性是关系模型必须满足的完整性约束条件，被称作是关系的两个不变性，应该由关系数据库系统自动支持。

1. 实体完整性

实体完整性（Entity Integrity）规则：若属性 A 是基本关系 R 的主属性，则属性 A 不能取空值。

注意：何为主属性，主属性是指码中的属性，即关系中定义了主码，而主码是不能取重复值的，且主码中的属性不能取空值。

实体完整性规则规定基本关系的所有主属性都不能取空值，而不仅是主码整体不能取空值。例如，学生选课关系成绩表（学号，课程号，成绩）中，学号、课程号为主码，则学号和课程号两个属性都不能取空值，对于实体完整性规则说明如下。

（1）实体完整性规则是针对基本关系而言的。一个基本表通常对应现实世界的一个实体集。例如，学生关系对应于学生的集合。

（2）现实世界中的实体是可区分的，即它们具有某种唯一性标识。

（3）相应地，关系模型中以主码作为唯一性标识。

（4）主码中的属性即主属性不能取空值。所谓空值就是不知道或无意义的值。如果主属性取空值，就说明存在某个不可标识的实体，即存在不可区分的实体，这与第（2）点相矛盾，因此这个规则称为实体完整性。

2. 参照完整性

设 F 是关系 R 的一个或一组属性，但不是关系 R 的候选码，如果 F 与关系 S 的主码 Ks 相对应，则称 F 是基本关系 R 的外码，并称 R 为参照关系，基本关系 S 为被参照关系或目标关系，举几个例子来说明。

【例2.5】 学生实体和专业实体可以用下面的关系表示，其中主码用下画线标识。

学生（<u>学号</u>，姓名，专业号，年龄）

专业（<u>专业号</u>，专业名）

学生关系的专业号属性与专业关系的主码专业号相对应，因此专业号属性是学生关系的外码。这里专业关系为被参照关系，学生关系为参照关系。

【例2.6】 学生、课程、学生与课程之间的多对多联系可以用如下三个关系表示。

学生（<u>学号</u>，姓名，性别，专业号，年龄）

课程（课程号，课程名，学分）

成绩（学号，课程号，成绩）

成绩关系的学号属性与学生关系的主码学号相对应，课程号属性与课程关系的主码课程号相对应，因此学号和课程号属性是成绩关系的外码。这里学生关系和课程关系均为被参照关系，成绩关系为参照关系。

【例 2.7】 在学生关系（学号，姓名，性别，专业号，年龄，班长）中，学号属性是主码，班长属性表示该学生所在班级中班长的学号，它引用了本关系中的学号属性，即班长必须是确实存在的学生的学号。

班长属性与本身的主码学号属性相对应，因此班长是外码。这里学生关系既是参照关系，也是被参照关系。

需要指出的是，外码并不一定要与相应的主码同名（如例 2.7）。不过，在实际应用当中，为了便于识别，当外码与相应的主码属于不同关系时，往往给它们取相同的名字。

参照完整性（Referential Integrity）规则：若属性（或属性组）F 是基本关系 R 的外码，它与基本关系 S 的主码 K 相对应（基本关系 R 和 S 不一定是不同的关系），则对于 R 中每个元组在 F 上的值必须为以下两类值：

（1）取空值（F 的每个属性值均为空值）；

（2）等于 S 中某个元组的主码值。

例如，对于例 2.5，学生关系中每个元组的专业号属性只能取以下两类值：

（1）空值，表示尚未给该学生分配专业；

（2）非空值，这时该值必须是专业关系中某个元组的专业号值，表示该学生分配到一个已存在的专业中。也就是被参照关系专业中一定存在一个元组，它的主码值等于该参照关系学生中的外码值。

对于例 2.6，按照参照完整性规则，学号和课程号属性也可以取两类值：空值或目标关系中已经存在的值。但由于学号和课程号是成绩关系中的主属性，按照实体完整性规则，它们均不能取空值。所以成绩关系中的学号和课程号属性实际上只能取相应被参照关系中已经存在的主码值。

参照完整性规则中，R 与 S 可以是同一个关系。例如，对于例 2.7，根据参照完整性规则，班长属性值可以取以下两类值：

（1）空值，表示该学生所在班级尚未选出班长；

（2）非空值，这时该值必须是本关系中某个元组的学号值。

3. 用户定义的完整性

任何关系数据库系统都应该支持实体完整性和参照完整性。除此之外，不同的关系数据库系统根据其应用环境的不同，往往还需要一些特殊的约束条件，用户定义的完整性（User-defined Integrity）就是针对某一具体关系数据库的约束条件，反映某一具体应用所涉及的数据必须满足的语义要求。它包括以下三条。

（1）列值非空（NOT NULL 短语）。

（2）列值唯一（UNIQUE 短语）。

（3）列值需满足一个布尔表达式（CHECK 短语）。

例如，把退休职工的年龄定义为男性 60 岁以上，女性 50 岁以上，把学生成绩定义在 0 ~

100，要求学生姓名不能为空等。

关系模型应提供定义和检验这类完整性的机制，以使用统一的系统的方法处理它们，而不要由应用程序来实现这一功能。

2.4 关系代数

关系代数是一个特殊的代数系统。它以一个或多个关系为运算对象，运算结果亦为关系。关系代数的运算符分为 4 类：传统的关系运算符（即集合运算符）、专门的关系运算符、算术比较符和逻辑运算符，如表 2.3 所示。

表 2.3 关系代数运算符

运算符		含义	运算符		含义
传统的关系运算符	∪ − ∩ ×	并 差 交 广义笛卡儿积	比较运算符	> ≥ < ≤ = ≠	大于 大于等于 小于 小于等于 等于 不等于
专门的关系运算符	σ π ∞ ÷	选择 投影 连接 除	逻辑运算符	¬ ∧ ∨	非 与 或

传统的关系运算涉及的是关系表的行，而专门的关系运算符既涉及关系表的行又涉及列。比较运算符和逻辑运算符用于辅助专门的关系运算符。

2.5 传统的关系运算

传统的集合运算是二目运算，主要包括并、交、差和广义笛卡儿积 4 种集合运算。其中，参与并、交、差运算的两个关系必须是相容的。相容关系即两个关系 *R* 与 *S* 的度相同，且 *R* 和 *S* 相应的属性取自同一个域，也就是说 *R* 与 *S* 的结构相同。

1. 并

关系 *R* 和关系 *S* 的并（Union）由属于 *R* 或属于 *S* 的元组构成，即：

$$R \cup S=\{t \mid t \in R \vee t \in S\}$$

2. 交

关系 *R* 和关系 *S* 的交（Intersection）由既属于 *R* 又属于 *S* 的元组构成，即：

$$R \cap S=\{t \mid t \in R \wedge t \in S\}$$

3. 差

关系 *R* 和关系 *S* 的差（Minus）由属于 *R* 而不属于 *S* 的元组构成，即：

$$R-S=\{t \mid t \in R \wedge t \notin S\}$$

4. 广义笛卡儿积

若关系R的度为m，S的度为n，定义R、S的广义笛卡儿积（Extended Cartesian Product）如下：

R与S的广义笛卡儿积是一个$m+n$列的元组的集合。其中元组的前m列是来自关系R的一个元组，后n列是来自关系S的一个元组，即

$$R \times S=\{t \mid t=\langle t_r, t_s \rangle \wedge t_r \in R \wedge t_s \in S\}$$

若关系R有r个元组，S有s个元组，则R与S的笛卡儿积有$r \times s$个元组。

【例 2.8】 设有关系R和S，其中

关系R：

A	*B*	*C*
1	2	3
4	5	6

关系S：

A	*B*	*C*
1	2	3
7	8	9

$R \cup S$：

A	*B*	*C*
1	2	3
4	5	6
7	8	9

$R \cap S$：

A	*B*	*C*
1	2	3

R-S：

A	*B*	*C*
4	5	6

$R \times S$：

R.A	*R.B*	*R.C*	*S.A*	*S.B*	*S.C*
1	2	3	1	2	3
1	2	3	7	8	9
4	5	6	1	2	3
4	5	6	7	8	9

注意：若两个关系中有公共属性，为加以区别，一般在属性前标注关系名。

若R、S的度不同，R、S仍可执行广义笛卡儿积运算。例如，在例 2.8 中，若S为：

D	*E*
1	2
3	4
5	6

则$R \times S$：

A	*B*	*C*	*D*	*E*
1	2	3	1	2
1	2	3	3	4
1	2	3	5	6
4	5	6	1	2
4	5	6	3	4
4	5	6	5	6

2.6 选择运算和投影运算

给定关系模式 $R(A_1,A_2,\cdots,A_n)$，t 为 R 中的一个元组（即 $t \in R$）。为便于描述专门的关系运算，引入以下符号。

- 分量 $t[A_i]$：元组 t 中相应于属性 A_i 的一个分量。
- 属性列：设属性集 $A_i = \{A_{i1},A_{i2}, \cdots,A_{ij}\} \subseteq A=\{A_1,A_2, \cdots,A_n\}$，则 $t[A] = (t[A_{i1}], t[A_{i2}], \cdots, t[A_{ij}])$ 表示元组 t 在属性列上的分量集合。
- 像集：设 $R = R(X, Y)$，其中 X 和 Y 为属性集。当 $t[X] = x$ 时，x 在 R 中的像集为：

$$Y_x = \{t[Y] \mid t \in R \land t[X] = x\}$$

像集 Y_x 表示的是 R 中属性集 X 上值为 x 的诸元组在 Y 上分量的集合。

1. 选择

选择（Selection）运算是在一个关系中找出若干元组构成新的关系，是从行的角度施加的操作。选择运算符为 σ。该运算符作用于关系 R 上，将产生一个新的关系 $\sigma_F(R)$：

$$\sigma_F(R) = \{t \mid t \in R \land F(t) = \text{"True"}\}$$

其中，F 是一个逻辑表达式，表示选择条件。F 的基本形式为 $X\,\theta\,Y$，其中 θ 为比较运算符，X 和 Y 可以为属性、常量、函数等。$\sigma_F(R)$ 表示 R 中满足公式 F 的诸元组所构成的关系。

【例 2.9】 关系 R 同例 2.8，则 $\sigma_{C>5}(R)$ 为：

A	*B*	*C*
4	5	6

注意：属性名也可以用它的序号来代替，如 $C>5$ 也可表示为 $[3]>5$。

2. 投影

投影（Projection）运算是在一个关系中找出若干属性构成新的关系，是从列的角度施加的操作。投影运算符为 π。该运算符作用于关系 R 的属性集 A 上，将产生一个新的关系 $\pi_A(R)$：

$$\pi_A(R) = \{t[A] | t \in R\}$$

若属性集 A 中不包含关系的码，经投影运算后，结果中很可能出现重复元组，在新的关系中应消除元组的重复。因此，投影运算在去除原关系的一些列的同时，可能消除掉原关系中的某些行。

【例 2.10】 关系 R、S 同例 2.8，则 $\pi_{B,C}(R)$ 为：

B	*C*
2	3
5	6

$\pi_{R.B,R.C}(R \times S)$ 为：

R.B	*R.C*
1	3
4	6

注意：属性名也可用其序号替代，如 $\pi_{B,C}(R)$ 可改写为 $\pi_{[2],[3]}(R)$，$\pi_{R.A,R.C}(R \times S)$ 可改写为 $\pi_{[1],[3]}(R \times S)$。

2.7　连接运算

1. 连接

连接（Join）运算是从两个运算关系的广义笛卡儿积找出若干元组构成新的关系，是从行的角度施加的操作。连接运算也称为θ连接，其一般表达式为：

$$R \underset{A\theta B}{\infty} S=\{\ t \mid t=<t_r,\ t_s> \wedge t_r \in R \wedge t_s \in S \wedge t_r[A]\theta t_s[B]\}$$

其中 A 与 B 分别为 R 和 S 上的属性集，θ 为比较运算符。

连接运算由广义笛卡儿积中的 R 关系在 A 属性集上的值与 S 关系在 B 属性集上的值满足θ比较运算的那些元组构成。当θ为“=”号时，连接运算为等值运算。等值运算是一类常用的连接运算，另一类常用的连接运算为自然连接。

2. 自然连接

自然连接（Natural Join）运算为舍弃重复列的等值连接，它要求两个关系 R 与 S 具有公共属性，在连接结果中把重复的属性消除。设 $R=R(X,Y)$，$S=S(Y,Z)$，则自然连接的一般表达式为：

$$R \infty S=\pi_{X,Y,Z}\{<t_r,t_s> \mid t_r \in R \wedge t_s \in S \wedge t_r[Y]=t_s[Y]\}$$

自然连接运算由广义笛卡儿积中在公共属性 Y 上等值的元组，向非公共属性 X、Z 和公共属性 Y 上投影而形成。

【例 2.11】 考虑关系 R 和 S。

R：

A	*B*	*C*
1	2	4
2	7	9

S：

C	*D*
4	7
4	5
3	2

则 $R \underset{A<D}{\infty} S$：

A	*B*	*R.C*	*S.C*	*D*
1	2	4	4	7
1	2	4	4	5
1	2	4	3	2
2	7	9	4	7
2	7	9	4	5

$R \underset{R.C=S.C}{\infty} S$：

A	*B*	*R.C*	*S.C*	*D*
1	2	4	4	7
1	2	4	4	5

$R \infty S$：

A	*B*	*C*	*D*
1	2	4	7
1	2	4	5

自然连接运算考虑的是 R 与 S 的公共属性上等值的那些元组，而把不等值的元组予以舍弃。若把公共属性上不等值的元组也保留到结果关系中，并在其他属性上取空值（Null），则这种连接称作外连接（Outer Join），记为 $R⟗S$；若只把左边关系 R 中要舍弃的元组保留就叫左外连接（Left Outer Join 或 Left Join），记为 $R⟕S$；若只把右边关系 S 中要舍弃的元组保留就叫右外连接（Right Outer Join 或 Right Join），记为 $R⟖S$。

在上例中，$R⟗S$ 为：

A	*B*	*C*	*D*
1	2	4	7
1	2	4	5
2	7	9	Null
Null	Null	3	2

$R⟕S$ 为：

A	*B*	*C*	*D*
1	2	4	7
1	2	4	5
2	7	9	Null

$R⟖S$ 为：

A	*B*	*C*	*D*
1	2	4	7
1	2	4	5
Null	Null	3	2

2.8 除运算

考虑关系 $R(X,Y)$ 与关系 $S(Y,Z)$，其中 X,Y,Z 为属性集。则 R 与 S 的除运算可确定一个新的关系 $R \div S$，记作：

$$R \div S=\{t_r[X] \mid t_r \in R \wedge \pi_y(S) \subseteq Y_x\}$$

R 与 S 的除运算为 R 中满足下列条件的元组在 X 属性列上的投影：元组在 X 上的分量值 x 的像集 Y_x 包含 S 在 Y 上的投影。

【例 2.12】计算 $R \div S$，其中 $R = R(A,B,C,D)$：

A	*B*	*C*	*D*
a	*b*	*c*	*d*
a	*b*	*e*	*f*
b	*c*	*e*	*f*
e	*d*	*c*	*d*
e	*d*	*e*	*f*
a	*b*	*d*	*e*

$S = S(C, D, E)$：

C	D	E
c	d	d
e	f	e

令 $X = (A, B)$，$Y = (C, D)$，则 $R \div S$ 求解步骤如下：

1. 计算 $\pi_X(R)$ 和 $\pi_Y(S)$

$$\pi_X(R)=\{<a,b>,<b,c>,<e,d>\}$$
$$\pi_Y(S)=\{<c,d>,<e,f>\}$$

2. 计算 $\pi_X(R)$ 中各元素的像集并考虑其与 $\pi_Y(S)$ 的包含关系

$$Y_{<a,b>} = \{<c,d>,<e,f>,<d,e>\} \supseteq \pi_Y(S)$$
$$Y_{<b,c>} = \{<e,f>\}$$
$$Y_{<e,d>} = \{<c,d>,<e,f>\} \supseteq \pi_Y(S)$$

3. 确定 $R \div S$

$$R \div S = \{<a,b>,<e,d>\}$$

2.9 关系运算应用举例

考虑例 2.4 中的关系模式学生、课程和成绩，涉及的关系运算可用关系代数予以表示。

【例 2.13】 将新课程元组 ('401',' 复杂网络 ','7',48,3) 插入到课程关系 KC 中。

KC ∪ {('401',' 复杂网络 ','7',48,3)}

【例 2.14】 在成绩关系中去掉两条记录 ('001221','101',76) 和 ('001241','101',90)。

CJ - {('001221','101',76), ('001241','101',90)}

【例 2.15】 将学号为“001101”，成绩课程号为“101”的成绩改为 85 分。

$\{CJ - \sigma_{sno='001101' \wedge cno='101'}(CJ)\} \cup \{('001101', '101', 85)\}$

【例 2.16】 检索学生号为“001101”的学生信息。

$\sigma_{sno='001101'}(XS)$

属性名可用列序号替代。例如，在本例中，关系代数可改写为 $\sigma_{[1]='001101'}(XS)$。

【例 2.17】 检索学生号为“001101”的学生姓名。

$\pi_{sname}(\sigma_{sno='001101'}(XS))$

【例 2.18】 检索姓名为“王林”的学生的成绩。

$\pi_{grade}(\sigma_{sname='王林'}(XS \infty CJ))$

这个查询语句涉及两个关系 XS 和 CJ，故可对这两个关系进行自然连接，再进行选择和投影操作。

【例 2.19】 检索姓名为“王林”的学生的课程名称及成绩。

$\pi_{cname,grade}(\sigma_{sname='王林'}(XS \infty CJ \infty KC))$

【例 2.20】 检索选修了“离散数学”或者“数据结构”的学生学号和姓名。

$\pi_{sno,sname}(\sigma_{cname='离散数学' \vee cname='数据结构'}(XS \infty CJ \infty KC))$

这个查询语句中的属性名虽然只涉及了学生关系 XS 和课程关系 KC，但由于在关系 XS 和

KC 中无相同的属性，无法进行连接，故需通过关系 CJ 来进行连接。

【例 2.21】 检索未选“数据结构”的学生的学号和姓名。

$\pi_{sno,sname}(XS) - \pi_{sno,sname}(\sigma_{cname='数据结构'}(XS \infty CJ \infty KC))$

此语句不能写成 $\pi_{sno,sname}(\sigma_{cname<>'数据结构'}(XS \infty CJ \infty KC))$。

【例 2.22】 检索选修了所有课程的学生的学号。

$\pi_{sno,cno}(CJ) \div \pi_{cno}(KC)$

此问题的求解可分成以下 3 个步骤。

（1）确定参与选课的学生的学号及其所选课号：$\pi_{sno,cno}(CJ)$。

（2）确定全部课程的课程号：$\pi_{cno}(KC)$。

（3）确定成绩全部课程的学生学号：$\pi_{sno,cno}(CJ) \div \pi_{cno}(KC)$。

一般涉及否定的查询时，采用差操作；涉及全部值时，采用除操作。此外，为降低查询代价，可以考虑尽可能早地做投影、选择运算，并避免直接做广义笛卡儿积运算。

2.10 关系数据库系统的查询优化

1. 查询代价

查询优化在关系数据库系统中有着非常重要的作用。关系查询优化是影响关系数据库管理系统性能的关键因素。目前关系数据库管理系统通过某种代价模型计算出各种查询执行策略的执行代价，然后选取代价最小的执行方案。在集中式数据库系统中，查询的执行代价主要包括磁盘存取块数（I/O）代价、处理机时间（CPU）代价以及查询的内存代价。在分布式数据库中，还要再加上场地的通信代价。即

总代价 =I/O 代价 +CPU 代价 + 内存代价 + 通信代价

在集中式数据库系统中，I/O 代价是最主要的。查询优化的总目标是选择有效的策略，求出给定的关系表达式的值，使得查询代价最小。

2. 一个实例

首先来看一个简单的例子，说明为什么要进行查询优化。

【例 2.23】 以例 2.4 的关系模式为例，求选修了课程号为“002”的学生姓名。假定学生—课程数据库中有 1000 个学生记录，10000 个选课记录，其中选修课程号为“002”的选课记录为 50 个。

系统可以用多种等价的关系代数表达式来完成这一查询：

$Q1 = \pi_{sname}(\sigma_{XS.sno=CJ.sno \wedge CJ.cno='002'}(XS \times CJ))$

$Q2 = \pi_{sname}(\sigma_{CJ.cno='002'}(XS \infty CJ))$

$Q3 = \pi_{sname}(XS \infty \sigma_{cno='002'}(CJ))$

还可以写出几种等价的关系代数表达式，但分析这上面 3 种就足以说明问题了。使用这 3 种关系代数表达式进行查询，由于查询执行的策略不同，查询时间相差很大。

这个简单的例子充分说明了查询优化的必要性，同时也给出一些查询优化方法的初步概念。例如当有选择和连接操作时，应当先做选择操作，这样参加连接的元组就可以大大减少。下面给出查询优化的一般策略。

3. 查询优化的一般策略

在很多系统中，采用启发式优化方法对关系代数表达式进行优化。这种优化策略主要是讨论如何合理地安排操作的顺序，以花费较少的时间和空间。典型的启发式规则有以下几点。

（1）尽可能早地做选择运算，可以使计算的中间结果变小，从而使执行时间节省几个数量级。

（2）尽可能早地做投影操作，可以把投影和选择运算同时进行。

（3）避免直接做笛卡儿积运算，可以把笛卡儿积操作之前和之后的选择和投影运算合并起来一起做。

本章小结

关系数据库系统所涉及的关系运算理论是关系数据库查询语言的理论基础，只有掌握了关系运算理论，才能深刻理解查询语言的本质并熟练使用查询语言。

本章首先讨论了关系模型的基本概念，介绍了一些基本术语，以及关系、关系模式和关系的类型；然后讨论了关系的 3 种完整性约束：实体完整性、参照完整性和用户定义的完整性；接下来，介绍了关系代数。本章重点介绍了关系代数这种代数系统，举例分析了关系代数的几种基本的运算操作以及实例，介绍了关系代数运算的特点。最后讨论了关系数据库系统的查询优化，分析了查询优化的重要性及查询优化的一些方法。

习题2

2.1　选择题

（1）在关系代数运算符的专门的关系运算中，从关系中选出满足条件的元组的操作是________。

A. 选择　　B. 投影　　C. 连接　　D. 除

（2）进行自然连接运算的两个关系必须有________。

A. 相同的属性个数　　B. 相同的属性　　C. 相同的元组　　D. 相同的主键

（3）如果关系 R 中有 4 个属性和 3 个元组，关系 S 中有 3 个属性和 5 个元组，则 $R \times S$ 的属性个数和元组个数分别是________。

A. 7 和 8　　B. 7 和 15　　C. 12 和 8　　D. 12 和 15

（4）以下关于关系性质的说法中，错误的是________。

A. 关系中任意两个元组的值不能完全相同

B. 关系中任意两个属性的值不能完全相同

C. 关系中任意两个元组可以交换顺序

D. 关系中任意两个属性可以交换顺序

（5）在关系代数中，对一个关系做投影操作后，新关系的元组个数________原来关系的元组个数。

A. 小于　　B. 小于或等于　　C. 等于　　D. 大于

（6）在学生关系中，规定学号的值域是由 8 个数字组成的字符串，其规则属于________。

A. 实体完整性约束　　B. 参照完整性约束

C. 用户自定义完整性约束　　D. 键完整性约束

（7）在关系数据库中，关系与关系之间的联系是通过________实现的。

A. 实体完整性　　B. 参照完整性

C. 用户自定义完整性　　D. 域完整性

2.2 为什么关系中的元组没有先后顺序，且不允许重复？

2.3 连接、等值连接和自然连接有什么区别？

2.4 设有一个学生借书 SJB 数据库，包括 S、B、SJB 3 个关系模式：

S(SNO, SNAME, SAGE, SSEX, SDEPT)

B(BNO, BNAME, BWRI, BPUB, BQTY, BPRICE)

SJB(SNO, BNO, BT, HT, QTY, FEE)

学生表 S 由学生号（SNO）、学生名（SNAME）、年龄（SAGE）、性别（SSEX）、系部（SDEPT）组成；

图书表 B 由图书号（BNO）、图书名（BNAME）、作者（BWRI）、出版社（BPUB）、数量（BQTY）、价格（BPRICE）组成；

学生借阅表 SJB 由学生号（SNO）、图书号（BNO）、借阅时间（BT）、归还时间（HT）、借出数量（QTY）、欠费情况（FEE）组成。

S 表

SNO	SNAME	SAGE	SSEX	SDEPT
S1	李明	18	男	计算机系
S2	王建	18	男	计算机系
S3	王丽	17	女	计算机系
S4	王小川	19	男	数理系
S5	张华	20	女	数理系
S6	李晓莉	19	女	数理系
S7	赵阳	21	女	外语系
S8	林路	19	男	建筑系
S9	赵强	20	男	建筑系

B 表

BNO	BNAME	BWRI	BPUB	BQTY	BPRICE
B1	数据通信	赵甲	南北出版社	10	28
B2	数据库	钱乙	大学出版社	5	34
B3	人工智能	孙丙	木华出版社	7	38
B4	中外建筑史	李丁	木华出版社	4	52
B5	计算机英语	周戊	大学出版社	7	25
B6	离散数学	吴己	木华出版社	2	28
B7	线性电子线路	郑庚	南北出版社	3	34
B8	大学物理	王辛	南北出版社	4	28

SJB 表

SNO	BNO	BT	HT	QTY	FEE
S1	B1	08/04/2008	12/09/2008	1	3.5
S1	B2	10/07/2008	11/07/2008	1	0
S1	B3	10/07/2008		1	
S2	B2	09/04/2008	11/07/2008	1	0
S3	B4	09/04/2008	12/31/2008	1	2.7
S3	B3	06/11/2008	09/08/2008	2	0
S4	B2	09/11/2008	12/10/2008	1	0
S4	B1	09/11/2008		1	
S5	B5	09/06/2008	12/31/2008	1	0
S6	B7	05/14/2008	05/31/2008	1	0
S7	B4	05/27/2008	09/16/2008	1	11.2
S7	B7	09/18/2008	10/26/2008	1	0
S9	B8	11/21/2008	12/31/2008	1	0
S9	B8	11/27/2008		1	

试用关系代数完成下列查询并给出结果。

（1）检索学生号为“S1”的学生的借书情况。

（2）检索计算机系学生的借书情况。

（3）检索学生李明借的图书的书名和出版社情况。

（4）检索李明借的数据库原理书的欠费情况。

（5）检索至少借了王小川同学所借的所有书的学生号。

（6）检索 12 月 31 号归还的图书情况。

（7）检索木华出版社出版的 30 元以下的图书情况。

03

第 3 章　Oracle 数据库

Oracle 数据库，简称 Oracle，是甲骨文公司开发的一款关系数据库管理系统。它在数据库领域一直处于领先地位，是目前世界上流行的关系数据库管理系统之一，该系统可移植性好、使用方便、功能强，适用于各类大、中、小和微型机环境。它是一种高效率、高可靠性、高吞吐量的数据库解决方案。

3.1　Oracle 数据库的发展

3.1.1　Oracle 简介

Oracle 数据库是甲骨文公司主推的数据库产品，从甲骨文公司成立到目前发展到 Oracle 19c 版本，已经有近 40 年。在本小节中，将简单介绍各版本的 Oracle 数据库。1977 年，拉里·埃里森（Larry Ellison）与他的同事一起创建了软件开发实验室（Software Development Laboratories），后来将实验室的名字改成关系软件公司（Relational Software Incorporated，RSI）。1983 年，又将 RSI 改成 Oracle 系统公司（Oracle System Corporation），然后又改成了 Oracle 公司（Oracle Corporation），也就是现在的甲骨文公司。

1979 年，Oracle v2 版本发布，该版本是 Oracle 数据库的第一个上市版本。它是一款用于商业的基于结构化查询语言（Structured Query language，SQL）的关系数据库，它的发布也是关系数据库具有历史性标记的事件。

1983 年，Oracle v3 版本发布，该版本是第一款可以用在小型机和个人计算机（Personal Computer，PC）上的关系数据库产品。该产品由 C 语言编写，能够支持多平台。

1984 年，Oracle v4 版本发布，该版本在原有的产品基础上重点改进了并发控制以及数据分布、可扩展性等方面的功能。

1985 年，Oracle v5 版本发布，该版本支持了客户端 / 服务器的计算以及分布式数据库系统。

1988 年，Oracle v6 版本发布，该版本提高了磁盘的 I / O 性能，如行锁定、可扩展性以及备份和恢复方面的功能。同时，该版本引入了 PL/SQL，用于扩展 SQL。

1992 年，Oracle v7 版本发布，该版本引入了 PL/SQL 的可存储编程单元，能够使用 PL/SQL 编写存储过程和触发器。

1997 年，Oracle 8 版本发布，该版本也称为对象关系数据库，支持多个新的数据类型。此外，该版本还支持大表的分区。

1999 年，Oracle 8i 版本发布，8i 中的 i，代表的是 Internet（网络）。该版本支持网络计算，并为网络协议提供了本地支持以及对 Java 语言的服务端支持，同时，能够将数据库部署在多层环境中。

2001 年，Oracle 9i 版本发布，该版本引入了 Oracle 实时应用集群（Real Application Clusters，RAC），使多个实例能够同时访问一个数据库，也引入了 Oracle 可扩展标记语言（Extensible Markup Language，XML），使之能在 Oracle 数据库中存储和查询 XML 格式的数据。

2003 年，Oracle 10g 版本发布，10g 中的 g，代表的是 Grid（网格）。该版本支持网格计算。该版本数据库基于低成本的商业服务器来建立网格体系，并使用虚拟的计算资源。它的主要目标就是自我管理和自我优化。Oracle 自动存储管理（Automatic Storage Management，ASM）功能就是用于实现这个目标的。

2007 年，Oracle 11g 版本发布，该版本的一个新特点就是能够使管理员和开发人员快速地变更业务需求。

2009 年，Oracle 11g 的第 2 版发布，该版本更好地对用户需求和业务变更提供了支持，同时能够以低成本、高效率的形式实现用户的需求。

2013 年，Oracle 12c 版本发布，12c 中的 c，代表的是 Cloud（云计算）。该版本支持 JavaScript 对象表示法（JavaScript Object Notation，JSON）格式文档的存储，并且支持使用 SQL 或 REST 接口查询 JSON 数据，还支持在云环境下多租户数据库的资源调配等功能。

3.1.2　Oracle 11g

Oracle 11g 有如下几个版本。

1．标准版

标准版（Oracle Database Standard Edition）可使用的内存为操作系统允许的最大容量，数据库规模无限制，支持 Windows、Linux、UNIX 等操作系统，支持 64 位操作系统，能简化、自动化并提高备份及恢复性能，可用 Java 和 PL/SQL 编写部署在数据库中的程序。它通过真正应用集群实现了高可用性，提高了企业级性能和安全性，易于管理并可随需求的增长轻松扩展。

2．标准版 2

标准版 2（Oracle Database Standard Edition Two）在标准版的基础上增加了集群操作、自动工作负载管理等功能。

3．免费版

免费版（Oracle Database 11g Express Edition，XE）支持标准版的大部分功能，但支持的最大数据库大小为 11 GB，可使用的最大内存为 1GB，仅提供 Windows 和 Linux 版本，一台机器上只能安装一个 XE 实例，无法在多 CPU 上进行分布式处理。

4．企业版

企业版（Oracle Database Enterprise Edition）在标准版 2 的基础上增加了安全应用角色、虚拟专用数据库、细粒度审计、可移动的表空间等功能。

免费版由于其占用存储空间较小、安装方便、操作简单等优点，非常适合 Oracle 数据库的初学者学习。因此，本书选择 Oracle 11g 免费版进行讲解。

3.2 搭建 Oracle 数据库学习环境

3.2.1 下载相关工具

建议到 Oracle 官网上下载 Oracle Database 11g Express Edition 版本数据库、Java SE、SQL Developer 等相关工具。具体的下载步骤如下。

（1）进入 Oracle 官网，展开多级菜单，进入“Developer Downloads”菜单项所链接的页面，如图 3.1 所示。

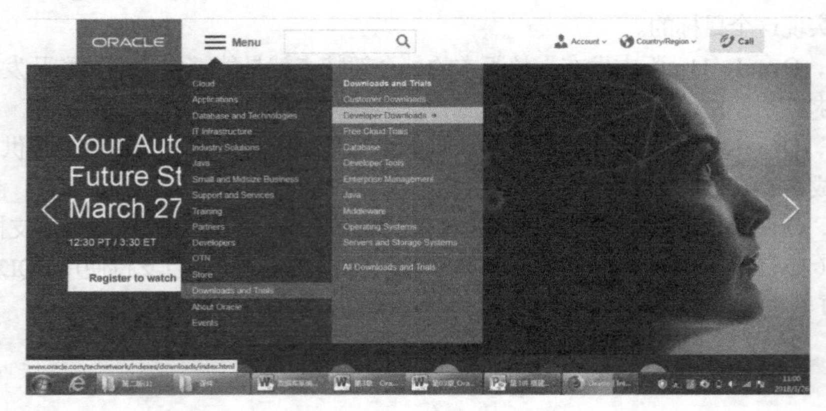

图 3.1 Oracle 官网

（2）在下载页面中下载以下 3 个工具。

① Oracle Database 11g Express Edition。根据本机上安装的操作系统的位数下载相关的版本。若本机的操作系统是 32 位，则只能下载 32 位的数据库；若本机的操作系统是 64 位，则既能下载 32 位的数据库，又可以下载 64 位的数据库。

② Java SE 8 及以上版本。SQL Developer 的运行环境要求 Java SE 必须是 8 及以上的版本。

③ SQL Developer。这是数据库的客户端工具。

3.2.2 安装相关工具

1. 安装 Oracle Database 11g Express Edition

单击安装目录中的 setup.exe 文件即可安装，在安装过程中要注意以下问题。

（1）指定数据库用户口令。system 是数据库内置的一个普通管理员用户，手工创建的任何用户在被授予 DBA 角色后都跟这个用户差不多。sys 是数据库的超级用户，数据库内很多重要的东西（如数据字典表、内置包、静态数据字典视图等）都属于这个用户，sys 用户必须以

sysdba 身份登录。在安装的过程中要为 system 和 sys 这两个用户设定一个口令，如图 3.2 所示。安装完成后，使用 system 用户来连接数据库，完成其他操作。

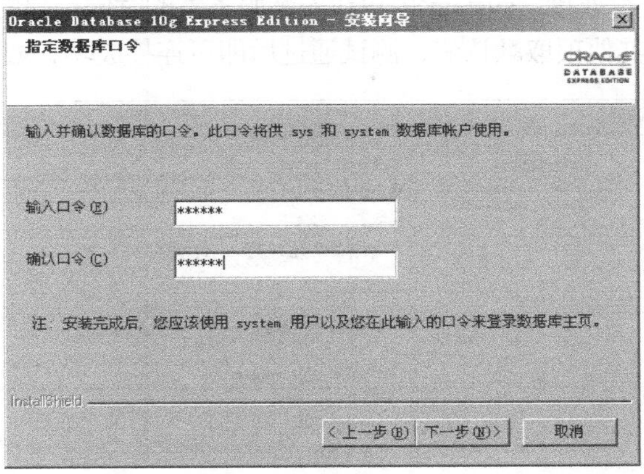

Oracle Database 10g Express Edition - 安装向导
指定数据库口令
ORACLE DATABASE EXPRESS EDITION
输入并确认数据库的口令。此口令将供 sys 和 system 数据库帐户使用。
输入口令 (E) ******
确认口令 (C) ******
注：安装完成后，您应该使用 system 用户以及您在此输入的口令来登录数据库主页。
InstallShield
< 上一步 (B)　下一步 (N) >　取消

图 3.2　指定数据库用户口令

（2）安装设置。在数据库的安装过程中，安装向导会给出一些安装设置：数据库的目标文件夹，即物理文件的存放位置；Oracle 数据库监听程序的端口号，默认为 1521；Oracle 服务的端口号，默认为 2030；HTTP 监听程序的端口号，默认为 8080，如图 3.3 所示。

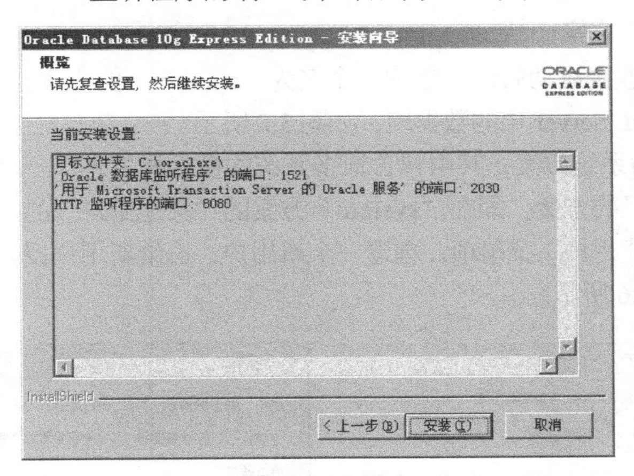

图 3.3　安装设置

当数据库服务器安装完成后，即创建了一个名为 XE 的数据库，可以把 XE 理解为数据库容器，在 XE 中创建的数据库叫作方案。

2. 安装 Java

Java 安装比较简单，过程略。

3. 安装 SQL Developer

SQL Developer 无须安装，直接运行其文件夹中的 sqldeveloper.exe 文件即可。

3.2.3　创建方案

某用户拥有所有的数据库对象的逻辑集合，就叫方案。创建一个方案的步骤如下。

1. 启动 SQL Developer

单击“新建数据库连接”按钮，在新建数据库连接窗口中输入连接名、用户名和口令，这里可使用 system 用户进行连接，system 用户在安装服务器的时候创建的连接名可以任意取，这里也可命名为 system。其他项取默认值，测试通过后即可连接成功，如图 3.4 所示。

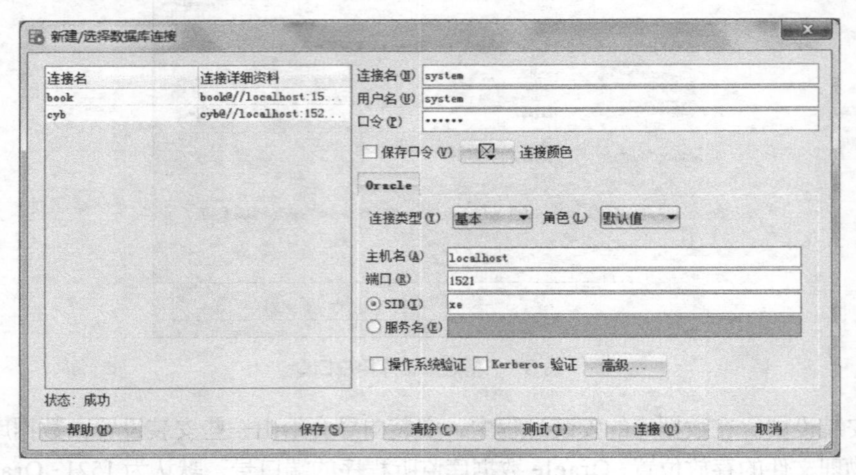

图 3.4　新建数据库连接

2. 创建“system”方案

与数据库服务器连接成功后，即创建一个名为“system”的方案，此处的方案相当于 SQL Server 中的数据库，如图 3.5 所示。

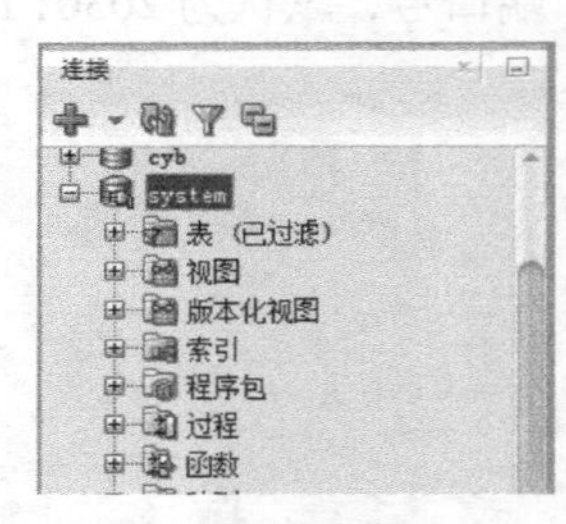

图 3.5　新建方案

“system”方案为系统方案，其中包含很多系统的模板和信息，一般用户要创建用户自己的方案，即在“system”方案的“其他用户”的快捷菜单中选择“创建用户”菜单项，创建一个新用户，再给新用户授予 DBA 角色，如图 3.6 所示。

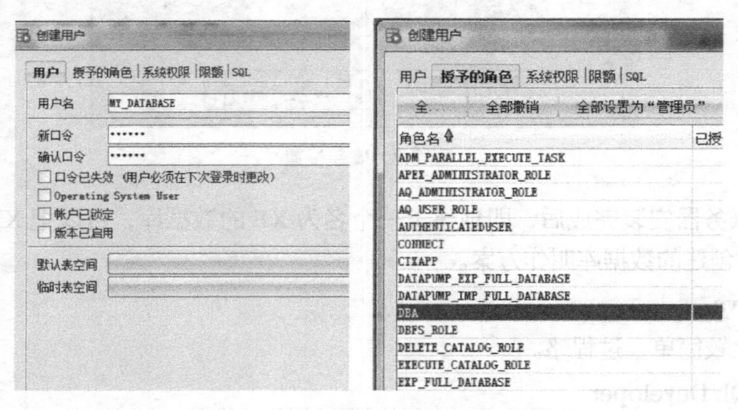

图 3.6　创建新用户并授予 DBA 角色

用新用户与数据库服务器进行连接，即创建一个新用户方案。这个方案即是用户自己的方案，可以将表、视图、存储过程、触发器等对象存放到这个新方案中进行管理，也可以认为这样是创建了一个新用户数据库。

3.2.4　启动 SQLPlus 连接数据库

SQLPlus 是 Oracle 的命令行管理工具，启动 SQLPlus 有下面两种方式。

1. 通过程序组启动

选择【开始】→【所有程序】→【Oracle Database 11g Express Edition】→【运行 SQL 命令行】选项后，出现界面如图 3.7 所示。用 system 的用户名和口令进行连接，连接成功后，即可执行命令。

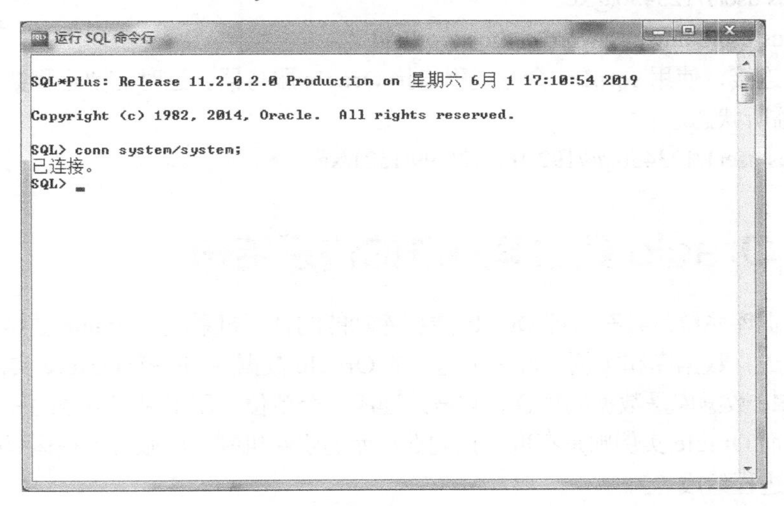

图 3.7　启动 SQLPlus（1）

2. 通过 cmd 命令提示符启动

在 cmd 命令提示符窗口执行 sqlplus 命令，启动方式有以下 4 种。

（1）sqlplus "/ as sysdba"

以操作系统权限认证的 Oracle sys 管理员登录，不需要数据库服务器启动监听器（Listener），如图 3.8 所示。启动后，再以其他用户身份连接数据库。

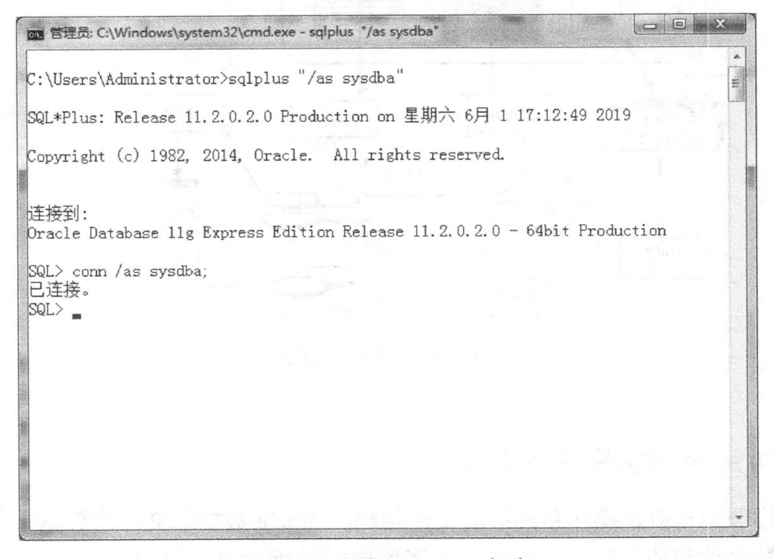

图 3.8　启动 SQLPlus（2）

（2）sqlplus username/password

连接本机数据库，不需要数据库服务器启动 Listener。

例：sqlplus user1/123456

（3）sqlplus username/password@servername

通过网络连接数据库服务器，这时需要数据库服务器的 Listener 处于监听状态。

例：sqlplus user1/123456@xe

（4）sqlplus username/password@//host:port/sid

通过网络连接，使用 sqlplus 命令远程连接 Oracle 服务器，这时需要远程数据库服务器的 Listener 处于监听状态。

例：sqlplus user1/123456@//192.168.130.99:1521/xe

3.3 Oracle 数据库系统的体系结构

Oracle 数据库系统是具有管理 Oracle 数据库功能的计算机系统。Oracle 数据库服务器主要由两个部分组成：数据库和实例。每一个运行的 Oracle 数据库与一个 Oracle 实例（Instance）相联系。Oracle 数据库是数据的集合，它被处理成一个单位，用于保存数据的一系列物理结构和逻辑结构。而 Oracle 实例则是存取和控制数据库的软件机制，由服务器在运行过程中的内存结构和一系列进程组成。

Oracle 数据库系统的体系结构如图 3.9 所示。

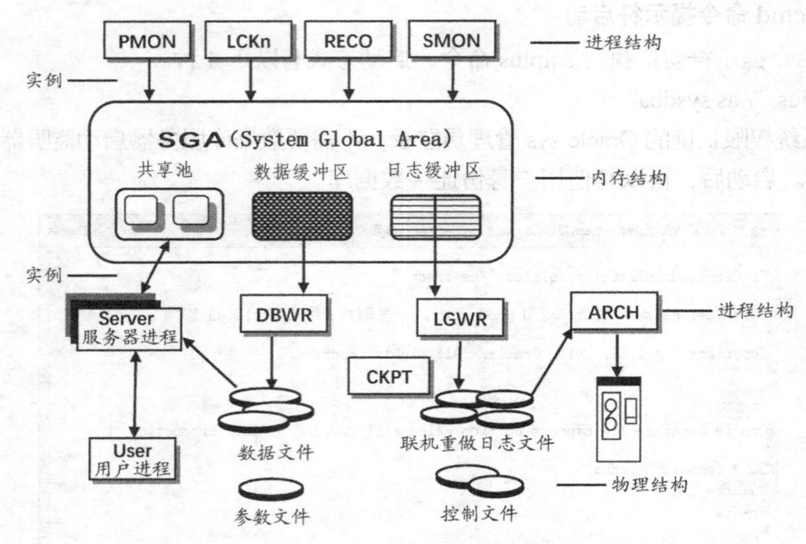

图 3.9　Oracle 数据库系统的体系结构

3.3.1 Oracle 数据库的物理结构

数据库的物理结构就是操作系统级的文件结构。Oracle 数据库文件由数据文件、日志文件、控制文件和参数文件组成。数据文件中存放了所有的数据信息；日志文件中存放了数据库运行期间产生的日志信息，它可以被重复覆盖使用，若不采用归档方式将其保存的话，已被覆盖的日志信息将无法恢复；控制文件中记录了整个数据库的关键结构信息，它若被破坏，整个数据库将无法工作和恢复；参数文件中设置了很多 Oracle 数据库的配置参数，当数据库启动时，会读取这些信息，数据库的性能基本上是由这些参数决定的。这些文件都是非常重要的，任何一个文件遭到破坏都会导致数据库无法正常启动或瘫痪。

启动一个 Oracle 实例时，先从参数文件中读取控制文件的名字和位置。登录数据库时，Oracle 打开控制文件，控制文件把 Oracle 引导到数据库文件的其余部分。最终打开数据库时，Oracle 从控制文件中读取数据文件和日志文件的列表，并打开其中的每一个文件。

1. 数据文件

每一个 Oracle 数据库有一个或多个物理的数据文件（Data File）。一个数据库的数据文件包含全部数据库数据。逻辑数据库结构（如表、索引）的数据物理地存储在数据库的数据文件中。数据文件有下列特征。

- 一个数据文件仅与一个数据库联系。
- 每一个数据文件可以存储一个或多个表、视图、索引等信息。
- 一个表空间（数据库存储的逻辑单位）由一个或多个数据文件组成。

数据文件中的数据在需要时可以读取并存储在 Oracle 内存存储区中。例如，用户要存取数据库表的某些数据，如果请求信息不在数据库的内存存储区内，则从相应的数据文件中读取并存储在内存中。当修改和插入新数据时，不必立刻写入数据文件中。为了减少磁盘输出的总数，提高性能，数据存储在内存中，然后由 Oracle 后台进程 DBWR 决定如何将其写入相应的数据文件中。

2. 日志文件

Oracle 保存所有数据库事务的日志信息，记录数据库所做的全部更新（如增加、删除、修改等）。这些事务被记录在日志文件（又称联机重做日志文件，Online Redo Log File）中。当数据库系统发生故障时，可用日志文件对数据库进行恢复。日志文件有以下特点。

- 每一个数据库至少包含两个日志文件组。
- 日志文件组以循环方式进行写操作。
- 每一个日志文件成员对应一个物理文件。

日志的主要功能是记录对数据所做的更新。对数据库的更新发生以后，首先将这些记录存放在日志文件中，而不是数据文件中。当出现故障时，如果不能将更新的数据永久地写入数据文件，则可利用日志文件得到该更新，通过日志文件进行重做，将数据还原到一致的状态。

Oracle 以循环方式向日志文件中写入日志项，第一个日志文件被写满后，就向第二个日志文件写入，依次类推。当所有日志文件都被写满后，就又回到第一个日志文件，日志文件写入操作如图 3.10 所示。在日志文件被覆盖之前，Oracle 能够将已经写满的日志文件通过复制操作系统文件的方式保存到指定的位置，保存下来的日志文件的集合称为“归档重做日志”，复制的过程称为“归档”。

根据是否进行归档操作，数据库可以运行在 ARCHIVELOG（归档）模式或 NOARCHIVELOG（非归档）模式下。只有在处于归档模式的数据库中，才会对日志文件执行归档操作。归档操作可以由后台进程 ARCH 完成，也可以由 DBA 手工完成。

日志文件主要用于在出现故障时保护数据库。为了防止日志文件本身的故障，Oracle 采用镜像日志（Mirrored Redo Log）文件，可在不同磁盘上维护两个或多个日志文件副本，镜像日志文件写入操作如图 3.11 所示。

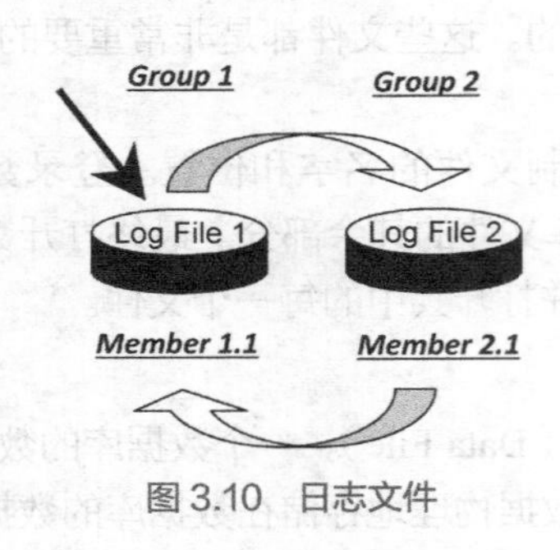

图 3.10　日志文件

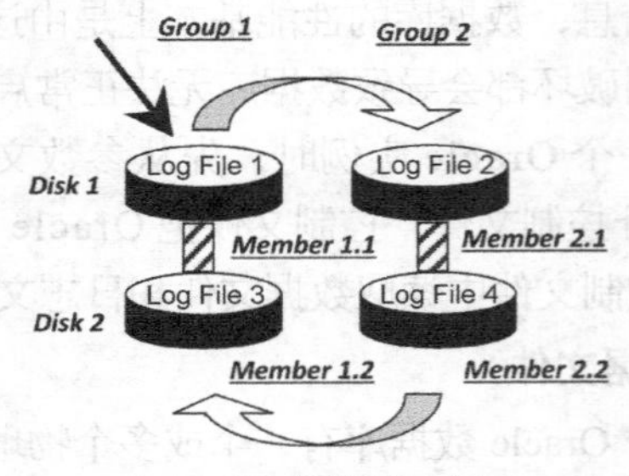

图 3.11　镜像日志文件

3. 控制文件

每一个 Oracle 数据库至少有一个控制文件（Control File）。控制文件是一个较小的二进制文件，用于描述数据库的物理结构。控制文件包含下列信息类型：

- 数据库名；
- 数据库数据文件和日志文件的名字和位置；
- 数据库建立日期；
- 恢复数据库时所需的同步信息。

控制文件中的内容只能由 Oracle 本身修改。每个数据库必须至少拥有一个控制文件。一个数据库也可以同时拥有多个控制文件，但是一个控制文件只能属于一个数据库。

加载数据库时，Oracle 实例必须读取控制文件的内容，如果控制文件无效，则系统根本无法加载数据库。当数据库的物理组成更改时，Oracle 自动更改该数据库的控制文件。数据恢复时，也要使用控制文件。

因为控制文件本身的重要性，系统安装时，默认 Oracle 安装系统会自动建立 3 个内容完全相同的控制文件。为了安全起见，建议在不同的物理磁盘上建立控制文件的镜像文件。

4. 参数文件

每个 Oracle 数据库都有一个初始化参数文件（Initialization Parameter File），该参数文件是一个文本文件，包含实例配置参数。将这些参数设置成特殊值，用于初始化 Oracle 实例的内存和进程设置，该参数文件包含下列信息：

- 一个实例所启动的数据库名字；
- 在 SGA 中，存储结构使用多少内存；
- 填满在线日志文件后要做什么；
- 数据库控制文件的名字和位置；
- 在数据库中专用回滚段的名字。

在启动一个 Oracle 实例时，必须读入初始化参数文件。在修改该文件之前必须关闭 Oracle 实例。

3.3.2 Oracle 数据库的逻辑结构

逻辑结构是 Oracle 数据库系统体系结构的核心内容，主要用于描述面向用户的存储结构，即数据库从逻辑上如何存储数据库中的数据。Oracle 逻辑结构能够适用于不同的操作系统平台和硬件平台，而不需要考虑物理实现方式。

数据库的逻辑结构包含数据块、区、段、表空间和模式对象。数据库的逻辑结构将支配数据库使用系统的物理空间。其中，模式对象及其之间的联系则描述了关系数据库的设计。

1. 数据块

数据块又称逻辑块或 Oracle 数据块，是 Oracle 管理存储空间的基本单元，也是使用和分配空间的最小单位。

Oracle 数据块的大小在数据库创建时由初始化参数 DB_BLOCK_SIZE 决定，一般为 8KB 或 4KB，以后不能再更改。

2. 区

区，也称范围（Extent），是比数据块高一级的逻辑存储结构，是数据库分配存储空间的逻辑单位，它由连续数据块组成。每一次系统分配和回收空间都是以区为单位进行的。

3. 段

在区之上的逻辑数据库空间称为段（Segment）。段由多个区组成，这些区可以是连续的，也可以是不连续的。段就是存储在数据库中的用户建立的对象，对象的数据将全部保存在它的段中，并且存放于同一表空间中。一般情况下，一个对象只拥有一个段。

由于段是一个物理实体，所以必须把它分配到数据库的一个表空间中。一旦段中的所有空间使用完时，Oracle 会为该段再分配一个新的区，直到表空间的数据文件中没有自由空间或者已达到每个段内的区的最大数量为止。当用户撤销一个段时，该段所使用的区就成为自由空间。Oracle 可以重新把这些自由空间用于新的段或现有段的扩展。

段有多种类型，不同类型的数据库对象拥有不同类型的段。在 Oracle 中有 4 种常见类型的段。

- 数据段：保存表中的数据记录。在使用 CREATE TABLE 语句创建表的同时，Oracle 将为表创建它的数据段。
- 索引段：每一个索引有一个索引段，用于存储索引数据。
- 回滚段：由 DBA 建立，用于临时存储要撤销的信息。这些信息用于生成读一致性数据库信息，在数据库恢复时用于回滚未提交的事务。
- 临时段：当一个 SQL 语句需要临时工作区时，由 Oracle 建立临时段。当语句执行完毕时，临时段的存储空间退回给系统。

4. 表空间

Oracle 数据库使用表空间组织数据库。一个数据库划分为一个或多个逻辑单位，该逻辑单位称为表空间（Tablespace），它是最高一级的逻辑存储结构。

Oracle 数据库是由一个或多个表空间组成的。每个数据库至少有一个表空间，每个表空间由一个或多个数据文件组成，而一个数据文件只可与一个表空间相联系。表空间的大小为组成该表空间的数据文件大小的总和。表空间可以在线或离线。在 Oracle 中还允许单个数据文件在线或离线。

每一个 Oracle 数据库包含一个名为 system 的表空间，它在创建数据库时被自动建立。该表空间用于保存整个数据库的数据字典、系统回退段等重要的内部结构。最小的数据库需要

system 表空间，该表空间必须总是在线。

使用多个表空间将不同类型的对象分开，更方便 DBA 来管理数据库。常用的表空间有：

- system 表空间；
- 回退段表空间；
- 临时段表空间；
- 数据段表空间；
- 索引段表空间。

段以及它所包含的区都存放在表空间。通过使用表空间，Oracle 将所有相关的逻辑结构和对象组合在一起。

数据库、表空间和数据文件之间的关系如图 3.12 所示。

5. 模式对象

从数据库用户的角度看，数据库中的数据都是以表、视图、索引等方式存储的，用户需要直接操作的就是这样的对象，这些对象称为模式对象（Schema Object）。在 Oracle 数据库中，模式对象并不是随意地保存在数据库中，而是通过使用"模式"来组织和管理这些数据库对象的。

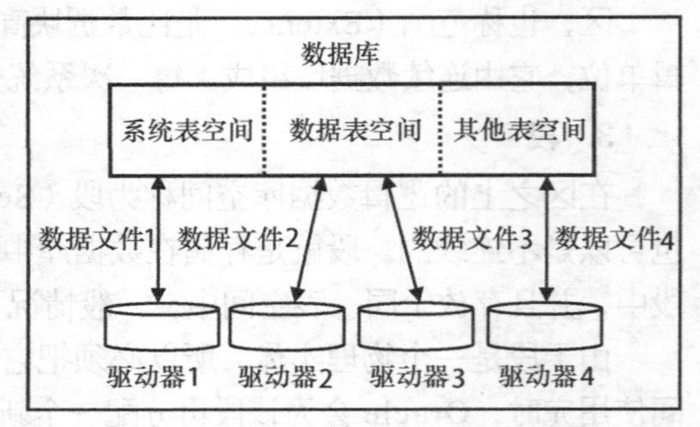

图 3.12 数据库、表空间与数据文件之间的关系

从数据库理论的角度看，模式（Schema）是数据库中存储的数据的一个逻辑表示或描述，是一系列数据对象（模式对象）的集合，一个模式只能被一个数据库用户所拥有，每个数据库用户只对应一个模式。

模式对象是一种逻辑数据存储结构，每种模式对象在磁盘上并没有一个相应的文件存储其信息。Oracle 将模式对象逻辑地存储在数据库的一个表空间中，每一个模式对象的数据物理地包含在表空间的一个或多个数据文件中。

Oracle 数据库的模式对象类型包括表、视图、索引、聚集、序列、同义词、触发器、存储过程和包等。

3.3.3 Oracle 实例

启动数据库时，首先需要在内存中创建它的一个实例，然后由实例加载并打开数据库。当用户连接数据库时，实际上是直接与实例交互，而由实例来访问物理数据库，实例在用户和数据库之间充当中间层的角色。

一个 Oracle 实例就是存取和控制 Oracle 数据库的软件机制。在数据库服务器上启动一个数据库时，会分配被称为系统全局区（System Global Area，SGA）的内存区，并启动一个或多个 Oracle 进程。该 SGA 和 Oracle 进程的结合称为一个 Oracle 数据库实例。

3.3.4 Oracle 实例的内存结构

Oracle 实例启动以后，将在内存中创建一个内存结构。内存结构中存储着数据库运行过程中所要处理的一些数据。Oracle 在内存中存储下列信息：

- 执行的程序代码；
- 连接的会话信息；
- 程序执行期间所需的数据和共享的信息；
- 存储在外存上的缓冲信息。

Oracle 数据库具有下列基本的内存结构：

- 软件代码区；
- 系统全局区；
- 程序全局区；
- 排序区。

1. 软件代码区

软件代码区用于存储正在执行的或可以执行的程序代码。

软件代码区是只读的，可安装成可共享或不可共享的。Oracle 的系统程序是可共享的，以使多个 Oracle 用户可存取它，而不需要在内存中有多个副本；用户程序可以共享也可以不共享。

2. 系统全局区

系统全局区（SGA）是一组由 Oracle 分配的共享的内存结构，可包含一个数据库实例的数据或控制信息。SGA 存放数据库中所有用户进程对数据库访问的共同信息，如果多个用户同时连接到同一实例时，在实例的 SGA 中数据可为多个用户所共享，所以又称为共享全局区（Shared Global Area）。

当实例启动时，SGA 的存储被自动分配；当实例关闭时，该存储被回收。在 SGA 中存储信息将内存划分成几个区：数据库高速缓存区、共享池、重做日志缓存区和大缓存池。

（1）数据库高速缓存区

数据库高速缓存区用来存储频繁访问的数据、最近从磁盘读取的数据块，以及尚未存入磁盘的修改。初始化参数文件中的 DB_CACHE_SIZE 参数决定了数据库高速缓存区的大小。

（2）共享池

共享池用于存放 SQL、PL/SQL 包和过程，以及锁、数据字典、游标等信息。初始化参数文件中的 SHARED_POOL_SIZE 参数决定了共享池的大小。

（3）重做日志缓存区

重做日志缓存区用于在内存中保存写入日志文件前的所有重做信息。重做日志缓存区也像日志文件一样是循环使用的。初始化参数文件中的 LOG_BUFFER 参数决定了重做日志缓存区的大小。

（4）大缓存池

大缓存池是一个可选内存区。如果频繁地执行备份 / 恢复操作或使用线程服务器选项，只要创建一个大缓存池，就可以更有效地管理这些操作。初始化参数文件中的 LARGE_POOL_SIZE 参数决定了大缓存池的大小，其默认值是 0。

3. 程序全局区

程序全局区（Program Global Area，PGA）是一个内存区，不能共享，只有服务进程本身才能够访问它自己的 PGA。PGA 包括栈区和数据区。PGA 含有单个进程运行时需要的数据、控制信息、进程会话变量和内部数组等，所以又称为进程全局区（Process Global Area）。

4. 排序区

排序需要内存空间，Oracle 利用该内存区将数据排序，这部分空间称为排序区。排序区存储在请求排序的用户进程的内存中，该空间的大小为排序数据量的大小，可增长，但受初始化参数文件中 SORT_AREA_SIZER 参数的限制。

3.3.5 Oracle 实例的进程结构

进程是操作系统中的一种机制，它可以执行一系列操作。在有些操作系统中，进程被称为作业（JOB）或任务（TASK）。一个进程通常有它自己的专用存储区。Oracle 进程的体系结构设计使数据库性能最优化。

在 Oracle 数据库运行和交互的过程中，涉及两类进程。

1. 用户进程

用户进程（User Processes）用于建立与数据库的连接，向数据库发出各种服务请求，接收数据库的响应信息。要注意的是，用户进程不是实例的组成部分。当用户运行应用程序启动一个 Oracle 工具（如 SQL Developer）时，Oracle 便为该用户建立一个用户进程来执行相应的任务。

2. Oracle 进程

Oracle 进程是由 Oracle 系统产生的，用以完成一些特定的服务功能。Oracle 进程又分为服务器进程（Server Processes）和后台进程（Background Processes）两种。

Oracle 实例的进程结构如图 3.13 所示。

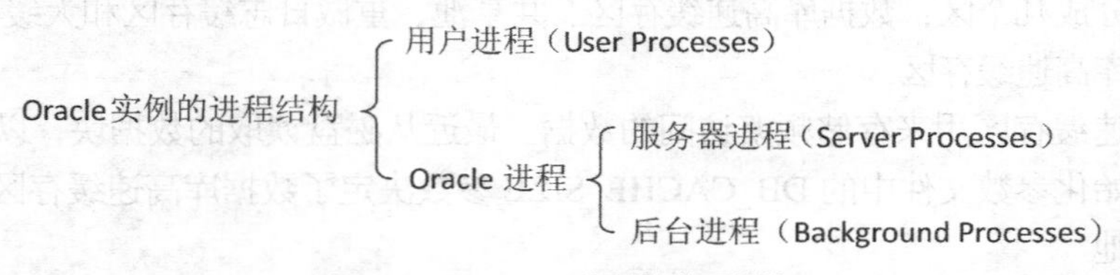

图 3.13 Oracle 实例的进程结构

（1）服务器进程由 Oracle 自身创建，用于处理与之相连的用户请求。用户进程必须通过服务器进程来访问数据库。在专用服务器模式下，用户进程和服务器进程是一对一的关系；在共享服务器模式下，多个用户进程可以共享一个服务器进程。服务器进程有如下作用：

① 根据请求与数据库进行通信；

② 分析 SQL 命令并生成执行方案，将磁盘上的数据块读入共享的 SGA 数据缓存区；

③ 将执行结果返回给用户。

（2）为了提高系统性能，更好地实现多用户功能，Oracle 数据库将许多工作交给多个系统进程进行专门处理。每个系统进程的大部分操作都是相互独立的，并且用于完成指定的一类任务。这些系统进程称为后台进程。

后台进程的主要作用是以最有效的方式为并发建立的多个用户进程的系统服务，包括进行 I/O 操作、监视各个进程的状态等。后台进程是在实例启动时自动建立的。一个 Oracle 实例可以有许多后台进程，其中某些后台进程是必须存在的，而另外一些则是可选的。

下面对后台进程的功能做简单介绍。

① DBWR

DBWR（数据库写入进程）是负责缓存区管理的一个 Oracle 后台进程，负责在数据库缓存区写入数据库文件。在数据库中进行数据更新的操作，系统并不是立即对数据库文件进行修改，而是先存放到数据库缓存区中，缓存区中的某缓存块被修改，则被标志为“弄脏”，DBWR 的主要任务是将“弄脏”的缓存块写入磁盘，使缓冲区保持“干净”。

只有在发生下列情况时，DBWR 才开始将“弄脏”的缓存块写入数据库文件：

- 当“弄脏”的缓存块达到一定的阈值（该临界长度为初始化参数 DB_BLOCK_WRITE_BATCH 值的一半）时，DBWR 进程被启动；
- 当一个服务器进程无法找到未用的缓存块时，DBWR 将管理缓存区，使用户进程能够得到足够的空闲缓存块；
- 出现超时（大约每次 3 秒），DBWR 将被启动；
- 当出现检查点时，LGWR 将通知 DBWR 启动。

一个 Oracle 实例至少要有一个 DBWR。通过初始化参数文件的 DB_WRITER_PROCESSES 参数来设置数据库写入进程的数量。如果创建了多个 DBWR，这些 DBWR 的进程名称可能为 DBW*n*，其中 *n* 为 0,1,2…。

② LGWR

LGWR（日志写入进程）是负责管理重做日志缓存区的一个 Oracle 后台进程，负责将重做日志缓存区的内容写入磁盘上的日志文件中。LGWR 将自上次写入磁盘以来的全部日志项写入日志文件中。

只有在下述情况发生时，LGWR 才开始将重做日志缓存区数据写入日志文件中：

- 用户进程提交（COMMIT 命令）当前事务；
- 重做日志缓存达到 1/3 写满的状态；
- 每隔 3 秒出现超时，LGWR 将被启动；
- 当 DBWR 将“弄脏”的缓存块写入磁盘数据文件时，LGWR 将被启动。

重做日志缓存区是一个循环缓存区。当 LGWR 将重做日志缓存区的日志项写入日志文件后，服务器进程可将新的日志项写入该重做日志缓存区。LGWR 通常写得很快，可确保重做日志缓存区总有足够的空闲空间可写入新的日志项。

如果创建了镜像日志文件，则至少包含两个日志文件组，每一个日志文件成员对应一个物理文件，日志文件组以循环方式进行写操作。LGWR 同步地写入活动的镜像日志文件组。如果组中的一个文件被删除或不可用，LGWR 仍然可以不受影响地写入该组的其他日志文件中。

③ SMON

SMON（系统监视进程）负责在实例启动时按照日志文件中日志项内容对数据库进行恢复操作。它还负责清理和重新分配不再使用的存储空间或临时段。另外，SMON 自动合并数据文件中的空闲空间碎片，以得到更有效的空间分配选择。

SMON 除了会在实例启动时执行一次外，在实例运行期间，它会被定期地唤醒，检查是否有工作需要它来做。如果其他任何进程需要使用到 SMON 的功能，它们将随时唤醒 SMON。

④ PMON

PMON（进程监视进程）负责在用户进程出现故障时执行进程恢复，并且清理内存存储区和释放该进程所占用的资源。例如，它要重置活动事务表的状态，释放封锁，将该故障进程的 ID 从活动进程表中移去。PMON 还周期地检查调度进程（DISPATCHER）和服务器进程的状态，如果它们失败，则尝试重新启动（不包括有意删除的进程），并释放它们所占用的各种资源。

PMON 在实例运行期间有规律地被唤醒，检查是否有工作需要它来做，或者其他进程需要 PMON 的功能时，可以随时调用 PMON。

⑤ CKPT

CKPT（检查点进程）用来减少执行实例恢复所需要的时间。CKPT 使 DBWR 将上一个检查点以后的全部已修改的数据块写入数据文件，并更新数据文件和控制文件以记录该检查点。当一个日志文件被写满时，检查点进程会自动启动。对于许多应用情况，CKPT 是不必要的。只有当数据库有许多数据文件，LGWR 在检查点时性能有明显降低时，CKPT 才运行。

初始化参数 LOG_CHECKPOINT_TIMEOUT 用于指定检查点执行的最大间隔时间（以秒为单位）。如果将该参数设置为 0，将禁用基于时间的检查点。

⑥ RECO

RECO（恢复进程）是在具有分布式选项时所使用的一个进程，用于自动地解决分布式数据库环境中的故障问题。

当某个分布式事务由于远程服务器不可用或者网络连接故障等原因而失败时，RECO 会试图建立与该事务相关的所有数据库服务器的通信，以完成对失败事务的处理工作。

RECO 仅允许在分布式事务的系统中出现，而且设置 DISTRIBUTED_TRANSACTIONS 参数大于 0。如果设置该参数为 0，则 RECO 进程不会启动。

⑦ ARCH

ARCH（归档进程）将已写满的日志文件复制到指定的归档存储设备（磁带或独立的硬盘）中，以防止写满的日志文件被覆盖。

LGWR 是以循环方式向日志文件写入日志项的。当 Oracle 以 ARCHIVELOG（归档模式）运行时，数据库在开始重写日志文件之前先对其进行备份。这些归档的日志文件通常直接写入磁带设备或一个独立的磁盘设备中。

当数据库运行在归档模式下，要启动 ARCH 时，需要将初始化参数 ARCHIVELOG_LOG_START 设置为 TRUE。如果将 ARCHIVELOG_LOG_START 参数设置为 FALSE，ARCH 不会被启动。这时，当日志文件全部被写满后，数据库将被挂起，等待 DBA 进行手工归档。

Oracle 允许有多个归档进程，用 LOG_ARCHIVE_MAX_PROCESSESS 参数设置允许的最大数。

⑧ LCKn

LCKn（锁定进程）是在并行服务器环境下使用的，可多至 10 个进程（LCK0，LCK1，…，LCK9），用于实例间的封锁。LCKn 的个数由 GC_LCK_PROCS 参数决定。

⑨ Dnnn

Dnnn（调度程序进程）实际上是多线程服务器（Multi-Threaded Server，MTS，即共享服务器模式）的组成部分，允许用户进程共享有限的服务器进程。

Dnnn 接受用户进程的请求，将它们放入请求队列中，然后为请求队列中的用户进程分配一个服务器进程。这将有助于减少处理多重连接所需要的资源。

本章小结

通过本章的学习，读者学习了搭建 Oracle 实验环境，熟悉了 Oracle 公司及其产品，对 Oracle 的一些基本概念有所了解，对 Oracle 的体系结构有所认识。这些是后续知识学习的基础。

习题3

3.1　搭建 Oracle 实验环境需要哪些工具软件？

3.2　简述 Oracle 11g 的特点。

3.3　何为 Oracle 的实例？

3.4　Oracle 内存分为哪几个区域？

3.5　如果在安装数据库服务器后忘记 sys 和 system 用户的口令，该如何找回口令呢？

04 第 4 章 关系数据库标准语言及表操作

结构化查询语言（Structured Query Language，SQL）的功能包括数据查询、定义、操纵和控制 4 个方面。SQL 是关系数据库的标准语言，在语法上，不同数据库产品的 SQL 略有不同。

4.1 SQL 概述

SQL 是 1974 年在 IBM 公司的关系数据库 SYSTEM R 上实现的语言。这种语言由于其功能丰富、方便易学、受到用户欢迎，因此被众多数据库厂商采用。经过不断地修改、完善，SQL 最终成为关系数据库的标准语言。

1986 年 10 月，美国国家标准局（American National Standard Institute，ANSI）的数据库委员会 X3H2 把 SQL 批准为关系数据库语言的美国标准，并公布了 SQL 标准文本（SQL86）。1987 年，国际标准化组织（International Organization for Standardization，ISO）也通过了此标准。此后，ANSI 又于 1989 年公布了 SQL 89。1992 年制定的 SQL 92 是新的 SQL 标准，简称 SQL2。2000 年，公布了新的标准 SQL 99，亦称 SQL 3。目前，SQL 4 标准正在讨论制订过程之中。

由于历史的原因，SQL 一般读作“sequel”，也可读作“SQL”。

在 SQL 成为国际标准后，各数据库厂商纷纷推出符合 SQL 标准的数据库管理系统或与 SQL 接口的软件。大多数数据库用 SQL 作为数据存取语言，使不同的数据库系统之间的互操作有了可能，这个意义十分重大，因而有人把 SQL 的标准化称为一场革命。

SQL 成为国际标准后，它在数据库以外的领域也受到了重视。在 CAD、人工智能、软件工程等领域，SQL 不仅作为检索数据的语言规范，还成为检索图形、声音、知识等信息类型的语言规范。SQL 已经成为并将在今后相当长时间里继续担当数据库领域以至信息领域中的一个主流语言。

SQL 标准的制定使得几乎所有的数据库厂家都采用 SQL 作为其数据库语言。但各家又在 SQL 标准的基础上进行扩充，形成了自己的语言。

4.1.1 SQL 的特点

SQL 功能丰富而且强大，语言简洁，易学易用，其主要特点如下。

1. 语言功能的一体化

SQL 集数据定义语言（Data Definition Language，DDL）、数据操纵语言（Data Manipulation Language，DML）和数据控制语言（Data Control Language，DCL）的功能为一体，语言风格统一，可以独立完成数据库生命周期中的全部活动。

2. 模式结构的一体化

在关系模型中，实体和实体之间的联系均用关系表示，这种数据结构的单一性使数据库中对数据的增加、删除、修改、查询等操作只需使用一种操作符。

3. 高度非过程化

使用 SQL 操作数据库，只需提出“做什么”，无须指明“怎样做”，用户不必了解存取路径，存取路径的选择和 SQL 语句的具体执行由系统自己完成，从而简化了编程的复杂性，提高了数据的独立性。

4. 面向集合的操作方式

SQL 在记录集合上进行操作，操作结果仍是记录集合。查找、插入、删除和更新都可以是对记录集合进行的操作。

5. 两种使用方式、同一语法结构

SQL 既是自含式语言（交互式语言），又是嵌入式语言。作为自含式语言，SQL 语句可联机交互式使用，每个 SQL 可以独立完成其操作；作为嵌入式语言，SQL 语句可嵌入到高级程序设计语言中使用。

6. 语言简洁、易学易用

SQL 是结构化的查询语言，语言简单，完成数据定义、数据操纵和数据控制的核心功能只用了 9 个动词。其语法简单，接近英语口语，因此容易学习，使用方便。

4.1.2 SQL 数据库的体系结构

SQL 支持数据库的 3 级模式结构，如表 4.1 所示。模式与基本表相对应，外模式与视图相对应，内模式与存储文件相对应。基本表和视图都是关系模式。

表 4.1　SQL 数据库与传统数据库的术语对照表

SQL	传统的关系数据库管理系统
基本表（Base Table）	关系模式
存储文件（Stored File）	内模式（存储模式）
视图（View）	外模式
行（Row）/ 列（Column）	记录 / 属性

1. 基本表

基本表是模式的基本单位。每个基本表都是一个实际存在的关系，即一张二维表格。

2. 视图

视图是外模式的基本单位，用户通过视图使用数据库中基于基本表的数据（基本表也可作为外模式使用）。

3. 存储文件

存储文件是内模式的基本单位。每个存储文件存储一个或多个基本表的内容。一个基本表可有若干个索引，索引也存储在存储文件中。存储文件的存储结构对用户是透明的。

4.1.3 SQL 的组成

SQL 完成数据定义、数据操纵和数据控制的核心功能只用了 9 个动词：CREATE、DROP、ALTER、SELECT、DELETE、INSERT、UPDATE、GRANT、REVOKE，如表 4.2 所示。

表 4.2 SQL 的动词

类别	功能	动词
数据定义	创建定义	CREATE
	删除定义	DROP
	修改定义	ALTER
数据操纵	数据查询	SELECT
	数据插入	INSERT
	数据更新	UPDATE
	数据删除	DELETE
数据控制	授予权限	GRANT
	收回权限	REVOKE

SQL 作为数据库语言，有它自己的词法和语法结构，并有其专用的语言符号，在不同的系统中稍有差别，但主要的符号都相同。下面给出本章主要的语言符号。

{ }：大括号中的内容为必选参数，其中可有多个选项，各选项之间用“|”分隔，用户必须选择其中的一项。

[ ]：方括号中的内容为可选项，用户根据需要选用。

|：竖线表示参数之间“或”的关系。

…：省略号表示重复前面的语法单元。

< >：尖括号表示下面有子句定义。

[,…]：表示同样选项可以重复 1 到 ***n*** 遍。

下面将介绍 SQL 语句的基本格式和使用。各厂商的关系数据库管理系统中实际使用的 SQL，与标准 SQL 相比，都有所差异及扩充。因此，具体使用时，应参阅实际系统的有关手册。

4.2 字符集与字符编码

字符集和字符编码无疑是数据库初学者感到头痛的问题。当遇到纷繁复杂的字符集以及各种乱码时，定位问题往往非常困难。

4.2.1　字符集

字符集（Character Set）是一个系统支持的所有抽象字符的集合。字符是各种文字和符号的总称，包括各国家文字、标点符号、图形符号、数字等。简单地说，字符集规定了某个文字对应的二进制数字（编码）的存放方式以及某串二进制数字代表了哪个文字（解码）的转换关系。常见的字符集有 ASCII 字符集、GB2312 字符集、BIG5 字符集、GB18030 字符集、Unicode 字符集等。

计算机要准确地处理各种字符集文字，需要进行字符编码，以便计算机能够识别和存储各种文字。中文文字数目大，而且还分为简体中文和繁体中文两种不同书写规则的文字，而计算机最初是按英语单字节字符设计的，因此，对中文字符进行编码，是中文信息交流的技术基础。

4.2.2　字符编码

字符编码（Character Encoding）是一套法则，使用该法则能够对自然语言的字符的一个集合（如字母表或音节表）与其他的一个集合（如计算机编码）进行配对，即在符号集合与数字系统之间建立对应关系。不同的字符集有不同的字符编码。字符集的定义其实就是字符的集合，而字符编码则是指将这些字符变成字节以便保存、读取和传输的方式。

万国码（Unicode）包含了几乎人类所有可用的字符，每年还在不断增加，可以将它看作是一种通用的字符集。它将全世界所有的字符统一化，统一编码，不会再出现字符不兼容和字符转换的问题。

Unicode 有以下 3 种编码方式。

（1）UTF-32 编码：固定使用 4 个字节来表示一个字符，存在空间利用效率的问题。

（2）UTF-16 编码：对相对常用的 60000 余个字符使用 2 个字节进行编码，其余的字符使用 4 个字节编码。

（3）UTF-8 编码：兼容 ASCII 编码，拉丁文、希腊文等使用 2 个字节编码，包括汉字在内的其他常用字符使用 3 个字节编码，剩下的极少使用的字符使用 4 个字节编码。

使用以下语句查询 Oracle 11g 数据库默认的字符编码方式：

```
SELECT * FROM nls_database_parameters WHERE parameter ='NLS_CHARACTERSET';
```

返回结果如下：

```
NLS_CHARACTERSET     AL32UTF8
```

从返回的结果可以看出，Oracle 11g 数据库服务器使用的是 UTF-8 编码方式，即一个汉字在内存中要用 3 个字节存储。知道数据库系统采用的是什么字符编码方式对于创建表结构很重要。

4.3　数据类型

SQL 与其他计算机语言一样，有自己的词法和语法，关系模式中所有的属性列必须指定数据类型，不同的数据库系统支持的数据类型稍有差别，但主要数据类型在大部分系统中都被支持。这里以 Oracle 11g 为例，介绍数据库系统常用的基本数据类型。

1. 字符型

在数据库的应用系统中，字符数据类型用得最多，最常用的字符数据类型如表 4.3 所示。

表 4.3　字符型

数据类型	说明	限制
CHAR(n)	固定长度字符串	*n* 最大为 2000byte（字节）
NCHAR(n)	固定长度字符串	*n* 最大为 1000char（字符）
VARCHAR2(n)	可变长度字符串	*n* 最大为 4000byte
NVARCHAR2(n)	可变长度字符串	*n* 最大为 2000char

注意：

（1）CHAR(n) 存储的每一个字符占用一个字节，存储大小为 *n* 个字节。如果实际输入不足 *n* 个字节，系统会自动在后面添加空格来填满设定的空间。NCHAR(n) 括号内的 *n* 指明了要存储长度为 *n* 个字节的固定长度的 Unicode 字符集的字符型数据。

（2）VARCHAR2(n) 存储大小为输入数据的字节的实际长度，而不是 *n* 个字节。所输入的数据字符长度可以为零。一般情况下，使用 VARCHAR2(n) 可以节省使用空间。NVARCHAR2 用来存储变长的 Unicode 字符集的字符型数据，使用方法和 VARCHAR2 相同。

2. 数值型

Oracle 最常用的数值数据类型如表 4.4 所示。

表 4.4　数值型

数据类型	说明	限制
NUMBER[(P[,S])]	NUMBER 数据类型精度可以高达 38 位，它有两个限定符，P 表示数字中的有效位。如果没有指定 P，Oracle 将使用 38 作为精度。S 表示小数点右边的位数，S 默认设置为 0。如果把 S 设置为负数，Oracle 将把该数字取舍到小数点左边的指定位数	P 的值为 1 ~ 38 S 的值为 -84 ~ 127

注意：

（1）例如，NUMBER(5,2) 可以用来存储表示 -999.99 ~ 999.99 的数值。

（2）P、S 在定义时可以省略，例如，NUMBER(5)、NUMBER 等。

（3）如果数值取值超出了 P、S 位数限制就会被截取多余的位数。例如，NUMBER(5，2)，在一行数据中的这个字段输入 575.316，则真正保存到字段中的数值是 575.32；NUMBER(3,0)，输入 575.316，真正保存的数据是 575。

3. 日期型

日期数据类型可以理解为一种特殊的字符型，例如，出生日期、入学日期、入职日期等都要用日期型来存放，最常用的日期数据类型如表 4.5 所示。

表 4.5　日期型

数据类型	说明	限制
DATE	用于存放日期和时间数据，固定长度为 7 字节	公元前 4712 年 1 月 1 日至公元 9999 年 12 月 31 日

注意： 日期默认格式为 DD-MON-YY。日期型数据存储固定长度的日期和时间值，例如，'01-1-18' 表示 2018 年 1 月 1 日。

4. LOB 类型

大对象（Large Object，LOB）数据类型用于存储类似图像、声音等大型数据对象，LOB 数据对象可以是二进制数据，也可以是字符数据，最常用的 LOB 数据类型如表 4.6 所示。

表 4.6 LOB 型

数据类型	说明	限制
BLOB	存储数据量较大的二进制数据，适用于存储图像、视频、音频等	最大长度不超过 4GB
CLOB	存储数据量较大的字符型数据，适用于存储超长文本	最大长度不超过 4GB

4.4 创建与复制表

表是数据库中重要的数据对象，它是一切活动的基础。对表的创建、修改、删除操作都是通过 SQL 语句中的 DDL 语句完成的。

4.4.1 基本语法

创建表的语句格式如下：

```
CREATE TABLE <表名> ( <列名>  <数据类型> [<列级完整性约束条件>]
[, <列名>  <数据类型> [<列级完整性约束条件>]]…
[, <表级完整性约束条件>] );
```

创建基本表的同时通常还可以定义与该表的完整性有关的完整性约束条件，这些完整性约束条件被存入数据字典中，当用户操作表中数据时，由数据库管理系统自动检查该操作是否违背这些完整性约束条件。如果完整性约束条件涉及该表的多个属性列，则必须定义在表级上，若仅涉及该表的一个属性列，则既可以定义在列级上，也可以定义在表级上。

完整的格式请参阅具体数据库管理系统的 CREATE TABLE 的介绍，在实际使用中，常采用下面的形式定义基本表及其完整性约束条件。

```
CREATE TABLE [所有者.]表名
(列名 数据类型 [PRIMARY KEY]
[,列名 数据类型 [DEFAULT] [NOT NULL] [UNIQUE] ]…
[,UNIQUE(列名[, 列名]…)]
[,[CONSTRAINT <约束名>] PRIMARY KEY (列名[, 列名]…)]
[,[CONSTRAINT <约束名>] FOREIGN KEY (列名[, 列名]…)
REFERENCES 表名(列名 [, 列名]…)] [ON DELETE CASCADE|ON DELETE
SET NULL |ON DELETE RESTRICTED]
[, CHECK (条件)]) ;
```

创建表语句的说明如下。

（1）<表名>规定了创建的基本表的名称。在一个数据库中，不允许有两个基本表同名（应该更严格地说，任何两个对象都不能同名）。

（2）每一列的定义形式：<列名><数据类型>[<列级完整性约束条件>]

两列内容之间用半角逗号隔开。

<列名>规定了该列的名称。一个表中任意两列不能同名。

<数据类型>规定了该列的数据类型。各具体数据库管理系统所提供的数据类型是不同的。

<列级完整性约束条件>指该列上的数据必须符合的条件。最常见的有以下几种条件。

- NOT NULL：该列值不能为空。
- NULL：该列值可以为空。
- UNIQUE：该列值取值唯一，不能有相同者。
- DEFAULT：该列上某值未赋值时的缺省值。

（3）<表级完整性约束条件>指对整个表的一些约束条件，常见的有定义主码、外码、各列上数据必须符合的特定条件等。

（4）为了修改和删除约束，需要在定义约束时对约束进行命名，可在约束前加上关键字 CONSTRAINT 和该约束的名称。如果用户没有为约束命名，Oracle 将自动为约束命名。

（5）若带 ON DELETE CASCADE 选项，表示当父表中的行被删除时，删除子表中相依赖的行。若带 ON DELETE SET NULL 选项，表示转换相依赖的外键为空。若带 ON DELETE RESTRICTED 选项，表示如果父表中的行在子表中引用，则它不能被删除。

（6）在使用 Check 约束时，应注意以下情况不可以使用。

- 涉及 CURRVAL、NEXTVAL、LEVEL 和 ROWNUM 伪列。
- 调用 SYSDATE、UID、USER 和 USERENV 函数。
- 涉及其他行中其他值的查询。

（7）SQL 只要求语句的语法正确就可以，对格式不做特殊规定。一条语句可以放在多行，字和符号间有一个或多个空格分隔。一般每个列定义单独占一行（或数行），每个列定义中相似的部分对齐（这不是必需的），从而增加可读性，一目了然。

4.4.2 创建表

多数情况下，一般使用基本语法来创建表结构，在创建表结构时要注意列（属性）的类型、长度和约束等定义。

【例 4.1】 建立一个学生表 XS，它由学号（sno）、姓名（sname）、系（dept）、性别（sex）、出生日期（birthday）、总学分（totalcredit）、备注（remarks）等属性组成，其中 sno 为主码。

```
CREATE TABLE XS
(sno CHAR(6) primary key,
    sname VARCHAR2(10),
    dept VARCHAR2(20),
    sex VARCHAR2(4),
```

```
        birthday DATE,
        totalcredit NUMBER(3,0),
        remarks VARCHAR2(50)
    ) ;
```

执行后，数据库中就新建立了一个名为 XS 的表，此表尚无记录（即为空表），此时创建的为表结构。但此表的定义及各约束条件都自动存放进数据字典中。

【例 4.2】 建立一个课程表 KC，它由课号（cno）、课名（cname）、学期（term）、学时（ctime）、学分（credit）等属性组成，其中 cno 为主码。

```
CREATE TABLE KC
   (cno CHAR(3) primary key,
    cname VARCHAR2(30),
    term VARCHAR2(1),
    ctime NUMBER(3,0),
    credit NUMBER(2,0)
) ;
```

【例 4.3】 建立一个成绩表 CJ，它由学号（sno）、课号（cno）、成绩（grade）3 个属性组成，其中（sno，cno）为组合主键，sno 和 cno 分别为外码。

```
CREATE TABLE CJ
   (sno CHAR(6),
    cno CHAR(3),
    grade NUMBER(4,1),
    PRIMARY KEY(sno,cno),
    CONSTRAINT FK_sno FOREIGN KEY(sno) REFERENCES XS(sno),
    CONSTRAINT FK_cno FOREIGN KEY(cno) REFERENCES KC(cno)
   );
```

直接在列后面定义的约束为列级约束，如例 4.1 中 sno 的定义。在表定义时，单独一行定义的约束为表级约束，如例 4.3 中的约束定义。

【例 4.4】 定义一个学生表 STU，STU 表的学号（sno）为主码，姓名（sname）取值唯一，专业（dept）为非空，性别（sex）默认值取“男”，且性别只允许取“男”或“女”。

```
CREATE TABLE STU
(     sno CHAR(6) PRIMARY KEY,
      sname VARCHAR2(10)  UNIQUE,
      dept VARCHAR2(20) NOT NULL,
      sex  CHAR(3)  DEFAULT '男',
      CONSTRAINT  Check_sex  CHECK(sex IN ('男','女'))
);
```

4.4.3 复制表

复制表的结构和数据可以使用 CREATE TABLE 语句来完成，其语法格式如下：

```
CREATE TABLE table_name1
  AS
SELECT column_name1, column_name2, …|* FROM table_name2;
```

这里，table_name1 为新表名，table_name2 为原表名，column_name 为要复制的列名，“*”为要复制的所有列。

【例 4.5】 复制 XS 表到 XS1 表。

```
CREATE TABLE XS1
  AS
SELECT * FROM XS;
```

注意：复制表时，只能复制原表的结构和数据，表上定义的约束等不能随原表进行复制。

4.5 修改表

4.5.1 修改表结构

表的结构是可以随环境的变化而修改的，即根据需要增加、修改或删除其中一列，增加或删除表级完整性约束等。

修改表结构的语句格式如下：

```
ALTER TABLE <表名>
[ADD (<列名> <数据类型> [默认值] [<完整性约束>])
[DROP COLUMN (<列名>)]
[MODIFY [COLUMN]( <列名> <数据类型> [默认值]) ]
[ADD CONSTRAINT <完整性约束名> <完整性约束>]
[ DROP PRIMARY KEY|UNIQUE (列名)|CONSTRAINT <完整性约束名>
[CASCADE]]
```

修改表结构时，需要注意以下几点。

（1）ADD：为表增加一个新列，具体规定与 CREATE TABLE 的类似，但新列必须允许为空（除非有默认值）。

（2）DROP COLUMN：在表中删除一个原有的列。

（3）MODIFY [COLUMN](＜列名＞＜数据类型＞[默认值])：修改表中原有列的定义。

（4）ADD CONSTRAINT：增加新的表级约束。

（5）DROP CONSTRAINT：删除原有的表级约束。

【例 4.6】 修改表 STU 中已有列的属性：将名为 sname 的列长度由原来的 10 改为 20。

```
ALTER TABLE STU  MODIFY  sname varchar2(20);
```

【例 4.7】 在表 STU 中增加 1 个名为 nativeplace 的新列。

```
ALTER TABLE STU  ADD nativeplace varchar2(50);
```

【例 4.8】 在表 STU 中删除名为 nativeplace 的列。

```
ALTER TABLE STU DROP COLUMN nativeplace;
```

【例 4.9】 删除 STU 表中的约束 Check_sex。

```
ALTER TABLE STU DROP CONSTRAINT Check_sex ;
```

【例 4.10】 添加 STU 表 sname 字段的唯一性约束。

```
ALTER TABLE STU ADD CONSTRAINT stu_sname_uniq UNIQUE(sname);
```

【例 4.11】 删除 STU 表 sname 字段的唯一性约束。

```
ALTER TABLE STU DROP CONSTRAINT stu_sname_uniq;
```

4.5.2　重命名表

DDL 语句还包括 RENAME 语句，该语句被用于改变表、视图序列或同义词的名字。

重命名表的语句格式 1 如下：

```
RENAME 旧名 TO 新名;
```

【例 4.12】 将 XS 表重新命名为 XS11 表。

```
RENAME XS TO XS11;
```

重命名表的语句格式 2 如下：

```
ALTER TABLE 旧名 RENAME TO 新名;
```

【例 4.13】 将 XS11 表重新命名为 XS 表。

```
ALTER TABLE XS11 RENAME TO XS;
```

4.5.3　添加注释到表中

添加注释到表中的语句格式如下：

```
COMMENT ON TABLE <表名>| COLUMN <表名.列名> IS'注释文本';
```

说明：用 COMMENT 语句给一个列、表、视图或快照添加一个最多为 2KB 的注释。注释被存储在数据字典中，并且可以通过下面的数据字典视图查看 COMMENTS 列。

- ALL_COL_COMMENTS
- USER_COL_COMMENTS
- ALL_TAB_COMMENTS
- USER_TAB_COMMENTS

【例 4.14】 为 CJ 表添加注释“成绩表”。

```
COMMENT ON TABLE CJ IS'成绩表';
```

可以通过设置注释为空串 ('') 的办法，从数据库中删除一个注释。

【例 4.15】 删除 CJ 表的注释。

```
COMMENT ON TABLE CJ IS '';
```

4.6 删除表和截断基本表

通常情况下，表被删除后是不能恢复的，因此，在实际工作中，删除表之前要将表中的数据进行备份。

4.6.1 删除表

删除表的语句格式如下：

```
DROP TABLE <表名> [CASCADE CONSTRAINTS];
```

此语句将指定的表从数据库中删除（表被删除，表在数据字典中的定义也被删除），此表上建立的索引和视图也被自动删除。如果要删除表中包含了被其他表外码引用的主码或唯一性约束列，并且希望在删除该表的同时删除其他表中相关的外码约束，则需要使用 CASCADE CONSTRAINTS 子句。

【例 4.16】 删除学生表 STUDENT。

```
DROP TABLE STUDENT;
```

4.6.2 截断基本表

通过 TRUNCATE TABLE 语句可以截断基本表，该语句被用于从表中删除所有的行，并且释放该表所使用的存储空间。在使用 TRUNCATE TABLE 语句时，不能回退已删除的行。

截断基本表的语句格式如下：

```
TRUNCATE TABLE <表名>;
```

截断基本表需要注意以下几点。

（1）只有表的所有者或者有 DELETE TABLE 系统权限的用户才能截断表。

（2）DELETE 语句也可以从表中删除所有的行，但它不能释放存储空间。用 TRUNCATE

语句删除行比用 DELETE 语句删除同样的行快一些。

（3）如果表是一个引用完整性约束的父表，在执行 TRUNCATE 语句之前没有禁用约束，则无法完成该表的截断操作。

【例 4.17】 将表 STUDENT 删除，并释放其存储空间。

```
TRUNCATE TABLE STUDENT ;
```

4.7　SQL 的数据操作

创建表的目的是存储、管理和查询数据。实现数据存储的前提是向表中添加数据，实现表的管理就是经常要修改、删除表中的数据。SQL 提供了数据更新功能，包括 INSERT、DELETE 和 UPDATE 语句分别实现对表的插入、删除和修改操作。

4.7.1　插入数据

插入数据的 INSERT 语句通常有两种形式。一种是插入一条记录，另一种是插入子查询结果。后者可以一次插入多条记录。

1. 插入单个记录

插入单个记录的 INSERT 语句的格式如下：

```
INSERT INTO <表名> [(列名[, 列名], …)] VALUES(值[, 值], …);
```

插入单条记录需要注意以下几点。

（1）如果 INTO 子句中没有指明任何列名，则插入的记录必须在每个属性列上均有值。

（2）在表定义时说明了 NOT NULL 的属性列必须要有值，否则会出错。

（3）如果 INTO 子句中选择了列名，则 VALUES 子句中的值表达式必须与列一一对应，且类型相符。

（4）字符型和日期型数据在插入时要加单引号 (")。

（5）对于在 INSERT 语句中未出现的列，这些列则为 NULL ；也可以显式地在 VALUES 子句中用 NULL 来代表空值插入数据。

【例 4.18】 向学生表 STU 插入一行新的数据 ('101001',' 张三丰 ',' 计算机 ',' 男 ')。

```
INSERT INTO STU VALUES ('101001','张三丰','计算机','男') ;
```

2. 插入子查询结果

插入子查询结果的 INSERT 语句的格式如下：

```
INSERT INTO表名 [(列名[, 列名], …)] 子查询;
```

【例 4.19】 将表 XS 中计算机系的学生插入到表 STU 中。

```
INSERT INTO STU(sno,sname,dept,sex)
SELECT sno,sname,dept,sex
FROM XS;
```

【例 4.20】 创建表 STU12 并插入表 XS 的全部数据。

```
CREATE TABLE STU12
AS
SELECT * FROM XS;
```

4.7.2 修改数据

修改数据的 UPDATE 语句的格式如下：

```
UPDATE <表名> SET列名={表达式 | (子查询) }
                [, 列名={表达式 | (子查询) },…]
[WHERE <条件表达式> ];
```

修改数据需要注意以下几点。

（1）如果不选择 WHERE 子句，则更新表中所有的行。

（2）如果选择了 WHERE 子句，则更新 WHERE 子句中条件表达式为真的行。

【例 4.21】 把 XS 表中的总学分加 10。

```
UPDATE XS SET totalcredit=totalcredit+10;
```

【例 4.22】 把 XS 表中姓名为“罗林琳”的学生的专业改为“计算机”，备注改为“三好学生”。

```
UPDATE XS SET dept='计算机',remarks='三好学生'
WHERE sname='罗林琳';
```

4.7.3 删除数据

删除数据的 DELETE 语句的格式如下：

```
DELETE FROM <表名> [ WHERE <条件表达式> ];
```

WHERE 子句中的条件表达式给出被删除记录应满足的条件。若不选择 WHERE 子句，则表示删除表中的所有记录，但表的定义仍存在。本语句将在指定 <表名> 中删除所有符合 <条件表达式> 的记录。

【例 4.23】 删除 XS 表中计算机系全体学生的记录。

```
DELETE FROM XS WHERE dept='计算机';
```

【例 4.24】 删除 XS 表中的所有记录。

```
DELETE FROM XS;
```

4.8　表空间

Oracle 数据库被划分成称为表空间的逻辑区域，形成 Oracle 数据库的逻辑结构。一个 Oracle 数据库能够有一个或多个表空间，而一个表空间则对应着一个或多个物理的数据库文件。表空间是 Oracle 数据库恢复的最小单位，容纳着许多数据库实体，如表、视图、索引、聚簇、回退段和临时段等。

每个 Oracle 数据库均有 System 表空间，这是数据库创建时自动创建的。一个小型应用的 Oracle 数据库通常仅包括 System 表空间，然而一个稍大型应用的 Oracle 数据库采用多个表空间会给数据库的使用带来更大的方便。表空间是一个虚拟的概念，表空间可以无限大，但是需要由数据文件作为载体。

例如，便于理解，把 Oracle 数据库看作一个房间，表空间可以看作是这个房间的空间，是可以自由分配的，在这个空间里可以堆放多个箱子（箱子可以看作是数据库文件），箱子里面再装物件（物件可以看作是表）。用户指定表空间也就是希望把属于这个用户的表放在某个房间（表空间）里。

创建表空间的语句格式如下：

```
CREATE TABLESPACE <tablespace_name>
   DATAFILE 'filename' SIZE size
   [可选参数……]
```

关于 [可选参数……] 的用法，可查阅相关的 Oracle 使用资料。

【例 4.25】 创建大小为 50MB 的表空间 TEST，并创建数据文件 test01。

```
CREATE TABLESPACE TEST
DATAFILE 'C:\ORACLEXE\APP\ORACLE\ORADATA\XE\ test01.DBF' SIZE 50M;
```

如何使用表空间呢？常用的使用方式有以下两种。

（1）创建一个用户时，给用户指定一个表空间，那么在该用户的方案中所创建的一切对象都存放到指定的表空间中去了。

【例 4.26】 创建用户 AAA，给用户指定一个表空间 TEST。

```
CREATE USER AAA IDENTIFIED BY AAA DEFAULT TABLESPACE TEST;
```

也可以用 SQL DEVELOPER 界面的方式来完成。

（2）创建一个对象时，给对象指定一个表空间，那么该对象都存放到指定的表空间中去了。

【例 4.27】 创建数据表 STUD，并给它指定一个表空间 TEST。

```
CREATE TABLE STUD(
sno CHAR(3),
sname VARCHAR2(20)
) TABLESPACE TEST;
```

有以下几种与表空间相关的常用操作。

（1）查看所有的表空间。

```
SELECT * FROM DBA_TABLESPACES;
```

（2）查看表空间数据文件的信息。

```
SELECT * FROM DBA_DATA_FILES;
```

（3）查看某个用户的默认表空间。

```
SELECT DEFAULT_TABLESPACE, USERNAME FROM DBA_USERS WHERE USERNAME='username';
```

本章小结

通过本章的学习，读者能够掌握 SQL 的概念，了解字符编码的常用方法，了解 Oracle 常用的数据类型，掌握数据表的创建和修改，掌握对数据表中数据的增加、删除和修改等常用操作，掌握表空间的概念以及表空间的使用方法。

习题4

4.1 选择题

（1）下列________命令不是用于数据定义的。

A. CREATE　　B. DROP　　C. ALTER　　D. SELECT

（2）Oracle 11g 默认的字符编码为________。

A. UTF-32　　B. UTF-16　　C. UTF-8　　D. Unicode

（3）若性别字段只存放一个中文字符，如“男”或“女”，则性别字段至少应定义________个字节。

A. 1　　B. 2　　C. 3　　D. 4

（4）如果要修改表结构，应该使用的 SQL 语句是________。

A. UPDATE TABLE　　B. MODIFI TABLE

C. CHANGE TABLE　　D. ALTER TABLE

（5）在 SQL 中，属于 DML 操作语句的是________。

A. CREATE　　B. GRANT　　C. UPDATE　　D. DROP

4.2 简述列约束和表约束的区别是什么，以及常用的约束有哪些。

4.3 简述 CHAR(n) 和 NCHAR(n)，以及 VARCHAR2(n) 和 NVARCHAR2(n) 的区别。

实验一　数据定义和数据操作

【实验目的】

通过实验熟悉 Oracle 上机环境；掌握和使用 DDL 语句创建、修改和删除数据库表；熟练掌握和使用 DML 语言，对表中数据进行增加、修改和删除操作。

【实验内容】

1. 创建表空间 JXGL

创建名为 JXGL 的表空间，命名为 JXGL_DATA.DBF。

2. 创建用户 jxgl，创建数据表

（1）创建 jxgl 用户，使用表空间 JXGL，授予该用户 DBA 角色。

（2）用 jxgl 用户连接服务器产生一个 jxgl 方案，在 jxgl 方案中创建数据表。

3. 完成 SQL 数据定义语句

（1）创建数据库表：创建教学管理数据库的 4 个数据库表，并按要求创建完整性约束。

（2）修改数据库表：在 Student 表中增加 Birthday(date) 字段。

（3）修改数据库表：在 Student 表中删除 Birthday(date) 字段。

（4）修改数据库表：在 Student 表中把 Sname 字段修改为 Sname(VCHAR2,20) 且为非空。

（5）修改数据库表：为 Student 表中的 Sname 字段添加唯一性约束，根据返回信息解释其原因。

4. 完成 SQL 数据操纵语句

（1）创建数据库表：复制 Student(SNO,Sname,Sdept,Sage) 表中的表结构到 S1 表中（不复制数据）。

（2）多行插入：将 Student 表中系为“CS”的学生数据插入到 S1 表中。

（3）用 CREATE TABLE+SELECT 语句创建表：将 Student 表复制放到 Stu 表中。

（4）修改数据：将 S1 表中所有学生的年龄加 2。

（5）修改数据：将 Course 表中课程名称为“程序设计”的学时数修改为“100”。

（6）插入数据：向 Score 表中插入数据（'98001', '001', 95），根据返回信息解释其原因。

（7）插入数据：向 Score 表中插入数据（'97001', '010', 80），根据返回信息解释其原因。

（8）删除数据：删除 Score 表中学号为“96001”的成绩信息，根据返回信息解释其原因。

（9）删除数据：删除 Score 表中课程号为“003”的成绩信息，根据返回信息解释其原因。

（10）删除数据：删除 Stu 表中系为“CS”的学生信息。

（11）删除数据：删除数据库 S1 表中所有学生的数据。

（12）删除表：删除数据库 S1 表和 Stu 表。

5. 附录

实验以一个教学管理数据库为例，共有学生表（Student）、课程表（Course）、教师表（Teach）和成绩表（Score）4 张表，表结构和模拟数据如下。

学生表：Student

SNO(CHAR,5) 学号	Sname(VCHAR,12) 姓名	Sdept(CHAR,2) 系	Sclass(CHAR,2) 班级	Ssex(CHAR,3) 性别	Sage(NUMBER(2)) 年龄
96001	马小燕	CS	01	女	21
96002	黎明	CS	01	男	18
96003	刘东明	MA	01	男	18
96004	赵志勇	IS	02	男	20
97001	马蓉	MA	02	女	19
97002	李成功	CS	01	男	20
97003	黎明	IS	03	女	19
97004	李丽	CS	02	女	19
96005	司马志明	CS	02	男	18

学生表说明如下：

（1）主码为 SNO；

（2）非空字段为 Sname、Sdept、Sclass；

（3）CS 为计算机系；MA 为数学系；IS 为信息系。

课程表：Course

CNO(CHAR,3) 课程号	Cname(VCHAR,20) 课程名称	Ctime(NUMBER(3)) 学时数
001	数学分析	144
002	普通物理	144
003	微机原理	80
004	数据结构	72
005	操作系统	80
006	数据库原理	80
007	编译原理	60
008	程序设计	40

课程表说明如下：

主码为 CNO。

教师表：Teach

Tname(VCHAR,12) 教师姓名	Tsex(CHAR,3) 性别	CNO(CHAR,3) 课程号	Tdate(Date) 授课日期	Tdept(CHAR,2) 系
王成刚	男	004	1999.9.5	CS
李正科	男	003	1999.9.5	CS
严敏	女	001	1999.6.8	MA
赵高	男	004	1999.3.12	IS
李正科	男	003	2000.2.23	MA
刘玉兰	女	006	2000.2.23	CS
王成刚	男	004	2000.3.30	IS
马悦	女	008	2000.6.9	CS

教师表说明如下：

（1）主码为 Tname、CNO、Tdept；

（2）参照关系为 Course(CNO)。

成绩表：Score

SNO(CHAR,5) 学号	CNO(CHAR,3) 课程号	Score(NUMBER(4,1)) 分数	SNO(CHAR,5) 学号	CNO(CHAR,3) 课程号	Score(NUMBER(4,1)) 分数
96001	001	77.5	96003	001	69
96001	003	89	97001	001	96
96001	004	86	97001	008	95
96001	005	82	96004	001	87
96002	001	88	96003	003	91
96002	003	92.5	97002	003	91
96002	006	90	97002	004	
96005	004	92	97002	006	92
96005	005	90	97004	005	90
96005	006	89	97004	006	85
96005	007	76			

成绩表说明如下：

（1）主码为 SNO、CNO；

（2）参照关系为 Student(SNO)、Course(CNO)。

第 5 章　单表查询

查询是数据库应用的核心内容。SQL 的查询语句功能丰富，操作方法灵活。书写查询语句时，用户无须给出被查询关系的路径，只需指出关系名、查询什么、有何附加条件即可。

对于已定义的表或视图，用户可以通过查询操作获得所需要的信息。下面介绍的 SQL 查询语句中的关系既可以是基本表，也可以是视图。现在可将关系理解为基本表，到介绍视图操作时，再将查询与视图联系起来。

SQL 查询语句只有一种 SELECT 句型。其一般格式为：

```
    SELECT [ALL|DISTINCT] <目标列表达式> [[AS]<别名>] [,<目标列表达式> [[AS]<别
名>],…]
    FROM <关系名> [<关系别名>] [,<关系名> [<关系别名>],…]
    [WHERE <条件表达式>]
    [GROUP BY <用于分组的列名>] [HAVING <条件表达式>]
    [ORDER BY <用于排序的列名>[ASC|DESC][,<用于排序的列名>[ASC|DESC]],…];
```

其含义是根据 WHERE 子句的＜条件表达式＞，从 FROM 子句指定的关系中找出满足条件的元组，再按 SELECT 子句中的＜目标列表达式＞找出元组中的属性列形成结果表。如果有 GROUP 子句，则将结果按＜用于分组的列名＞的值进行分组，该属性值相等的元组为一个组。通常会在每组中使用组函数。如果 GROUP 子句带 HAVING 短语，则只有满足 HAVING 后的＜条件表达式＞的组才能输出。如果有 ORDER 子句，则查询结果按＜用于排序的列名＞的值进行排序。

SELECT 语句既可以完成简单的单表查询，也可以完成多表查询，甚至是复杂的嵌套查询。本章介绍单表查询。

5.1　选择列

选择表中的一些属性列相当于对关系施加投影运算。

1.　查询关系的指定列

【例 5.1】 查询全体学生的姓名、学号、所在系。

```
SELECT sname,sno,dept FROM XS;
```

SELECT 子句的 < 目标列表达式 > 中列的顺序可以与基本表中列的顺序不一致。也就是说，用户在查询时可以根据实际需要改变列的显示顺序。

2. 查询关系的所有列

【例 5.2】 求全体学生的所有信息。

```
SELECT * FROM XS;
```

其中的“*”表示要选出基本表中的所有列，结果是输出学生关系的全部信息。这类查询称为全表查询，是最简单的一种查询。

需要说明的是，当使用“*”来选择表中的所有列时，列的显示顺序是建表时的顺序。若要求结果关系中列的显示顺序与原表顺序不同，则必须按实际需要依次输入所有的列名，而不能使用“*”。

3. 查询经过计算的值

SELECT 子句的 < 目标列表达式 > 不仅可以是表中的属性列，还可以是表达式、字符串常量、函数等，即可以将查询出来的属性列经过一定的计算后给出结果。

【例 5.3】 求学生学号和年龄。

```
SELECT sno, extract (year FROM sysdate)- extract (year FROM birthday) FROM XS;
```

执行结果如下：

```
sno      extract (year FROM sysdate)- extract (year FROM birthday)
001101         28
001102         28
……             ……
```

4. 列的别名

查询结果的列名通常与表中的列名相同。用户可以通过指定列的别名来改变查询结果的列标题，这对于含算术表达式、常量、函数名的目标列表达式尤为有用。

Oracle 中列的别名表示方法为：

```
列名 AS 别名 或者 列名 别名
```

【例 5.4】 求学生的学号和年龄，显示时使用别名“学号”和“年龄”。

```
SELECT sno AS 学号, extract (year FROM sysdate)- extract (year FROM birthday) AS 年龄 FROM XS;
```

执行结果如下：

```
学号                                年龄
001101                              28
001102                              28
……                                  ……
```

注意：别名中有空格、星号等特殊字符时，若期望以原样输出，应使用双引号。

5. 消除取值重复的行

原本不完全相同的元组，经过向某些列投影后，可能变成相同的行。若想去掉结果表中的重复行，可使用 DISTINCT 关键字。

【例 5.5】 求选修了课程的学生学号（避免重复学号）。

```
SELECT DISTINCT sno FROM CJ;
```

执行结果为：

```
学号
001101
001102
001103
……
```

5.2 日期格式设置

区域语言支持（National Language Support，NLS），用于用户所在区域的日期格式、计数方法、货币单位、语言等格式的设置。

Oracle 系统中的 V$NLS_PARAMETERS 表中包含了系统 NLS 参数的当前值，执行以下 SQL 语句查询该表：

```
SELECT * FROM V$NLS_PARAMETERS;
```

查询结果如表 5.1 所示。

表 5.1 V$NLS_PARAMETERS 表中的参数

PARAMETER	VALUE
NLS_LANGUAGE	SIMPLIFIED CHINESE
NLS_TERRITORY	CHINA
NLS_CURRENCY	￥
NLS_ISO_CURRENCY	CHINA
NLS_NUMERIC_CHARACTERS	.,
NLS_CALENDAR	GREGORIAN
NLS_DATE_FORMAT	DD-MON-RR
NLS_DATE_LANGUAGE	SIMPLIFIED CHINESE
NLS_CHARACTERSET	AL32UTF8
NLS_SORT	BINARY
NLS_TIME_FORMAT	HH.MI.SSXFF AM
NLS_TIMESTAMP_FORMAT	DD-MON-RR HH.MI.SSXFF AM

续表

PARAMETER	VALUE
NLS_TIME_TZ_FORMAT	HH.MI.SSXFF AM TZR
NLS_TIMESTAMP_TZ_FORMAT	DD-MON-RR HH.MI.SSXFF AM TZR
NLS_DUAL_CURRENCY	￥
NLS_NCHAR_CHARACTERSET	AL16UTF16
NLS_COMP	BINARY
NLS_LENGTH_SEMANTICS	BYTE
NLS_NCHAR_CONV_EXCP	FALSE

由表 5.1 可见，系统的日期格式为“DD-MON-RR”。若将系统的日期格式改为“MM-DD-YYYY”，可执行以下 SQL 语句：

```
ALTER SESSION SET NLS_DATE_FORMAT = 'MM-DD-YYYY ';
```

5.3　比较运算

比较运算符用于比较两个表达式的值。常用的比较运算符有“=”（等于）、“<”（小于）、“<=”（不大于）、“>”（大于）、“>=”（不小于）、“< >”（不等于）等，比较运算的语法格式如下：

```
<属性列> 比较运算符 {列名|常量|表达式}
```

其中，字符串常量和日期常量要用一对单引号括起来。

【例 5.6】 求总学分大于 50 的学生姓名和总学分。

```
SELECT sname,totalcredit FROM XS
WHERE totalcredit > 50;
```

【例 5.7】 求总学分不等于 50 的学生学号和总学分。

```
SELECT sno, totalcredit FROM XS
WHERE totalcredit < > 50;
```

注意：在 SQL 查询语句中，不等于亦可写为“!=”。

5.4　范围运算

范围运算符 BETWEEN…AND…和 NOT BETWEEN…AND…可用于查找属性值在指定范围内的记录，其语法格式如下：

```
<属性列> [NOT] BETWEEN <A> AND <B>
```

其中，A、B 分别为范围的下界和上界。

【例 5.8】 求学分在 40 ～ 49（包括 40 和 49）的学生学号和总学分。

```
SELECT sno, totalcredit FROM XS
WHERE totalcredit BETWEEN 40 AND 49;
```

【例 5.9】 求学分不在 40 ～ 49 的学生学号和总学分。

```
SELECT sno, totalcredit FROM XS
WHERE totalcredit NOT BETWEEN 40 AND 49;
```

5.5 集合运算

集合运算符 IN（NOT IN）用于查找属性值属于（不属于）指定集合的记录。其语法格式如下：

```
<属性列> [NOT] IN (值表)
```

谓词 IN 实际上是一系列连接词“OR”的缩写，所起的作用就是检查列值是否等于它后面括弧内的一组值中的某一个。如果等于其中某一个值，则其结果为“真”，否则其结果为“假”。NOT IN 则与 IN 的含义完全相反。

【例 5.10】 求考试成绩为 80、85 或 90 的学生学号。

```
SELECT * FROM CJ WHERE grade IN (80,85,90);
```

对该例，查询语句亦可改为：

```
SELECT * FROM CJ WHERE (grade = 80) OR (grade = 85) OR (grade = 90);
```

【例 5.11】 求课时不在 {68, 69} 之内的课程的课号及其课时。

```
SELECT cno,ctime FROM KC
WHERE ctime NOT IN (68, 69);
```

对该例，查询语句也可改为：

```
SELECT cno,ctime FROM KC WHERE ctime NOT BETWEEN 68 AND 69;
```

5.6 模糊查询运算

在实际应用中，有时无法给出精确的查询条件，因此需要根据不确定信息进行查询。运算符 LIKE 用于字符串的匹配运算，实现模糊查询，其语法格式如下：

```
<属性列> [NOT] LIKE '<匹配串> '
```

其功能为查询指定的属性列值与 < 匹配串 > 相匹配的元组。

匹配串可以是一个完整的字符串，也可以是含有通配符的字符串，通配符包括以下两种。

%（百分号）：任意长（含长度为 0 的情形）字符串。

_（下画线）：任意单个字符。

【例 5.12】 求姓名是以汉字“马”开头的学生信息。

```
SELECT * FROM XS WHERE sname LIKE '马%';
```

【例 5.13】 求课程名中含有汉字“算”的课程信息。

```
SELECT * FROM KC WHERE cname LIKE '%算%';
```

【例 5.14】 求姓名长度至少是两个字符且倒数第一个字符必须是汉字“琳”的学生信息。

```
SELECT * FROM XS WHERE sname LIKE '%_琳';
```

若待查内容中本身含有“_”，应使用转义字符“\”。

【例 5.15】 查询课程名以“DB_”开头的课程信息。

```
SELECT * FROM KC WHERE cname LIKE 'DB\_%' ESCAPE '\';
```

在以上 SELECT 语句中，ESCAPE“\”表示“\”为转义字符，紧跟在“\”后面的“_”不再具有通配符的含义，而取其本身含义。

5.7 空值运算

有时，一些属性列可能暂时没有确定的值，这些属性列的值可以设为空值。所谓空值（NULL），指的是一种不存在、不确定或不可用的数据。数据库表的行中，未被赋值的字段自动被认为是空值，0 长度的字符串亦被自动解释为空值，其语法格式为：

```
<属性列> IS [NOT] NULL
```

注意： 这里的 IS 不能用“=”替代。

空值的赋值可采用以下两种方式。

（1）把连续两个单引号赋值给它。

（2）把空值常量 NULL 赋值给它。

空值不能直接参与运算。若运算涉及空值，可借助 nvl() 函数。

【例 5.16】 在课程表中添加一条学分为空的记录，而后查询这条记录。

```
INSERT INTO KC VALUES('303', '人工智能', 7, 48, NULL);
SELECT * FROM KC WHERE credit IS NULL;
UPDATE KC SET credit = credit + 10;
```

修改总学分，给所有学生的总学分加 10，观察总学分为 NULL 的情况。此时，总学分为 NULL 的记录不会被修改，如何让空值改变呢？可以使用 nvl(expr1,expr2) 函数，其语意为：若 expr1 非空，返回 expr1；若 expr1 为 NULL，返回 expr2。

【例 5.17】 在上例的基础上，用 nvl() 修改 NULL 空值。

```
UPDATE KC SET credit = nvl(credit, 0) + 10;
```

5.8 混合运算

可通过逻辑运算符 AND（与）、OR（或）、NOT（非）连接多个查询条件，实现混合运算，运算符的优先顺序如下：

=、<>、<、>、<=、>=

[NOT] BETWEEN…AND…、[NOT] IN(…)、[NOT] LIKE…、IS [NOT] NULL

NOT

AND、OR

用户可以使用括号 () 改变优先级。

【例 5.18】 求计算机系或通信工程系，总学分大于 50 的学生姓名、系和总学分。

```
SELECT sname,dept,totalcredit FROM XS
WHERE dept IN ('计算机','通信工程') AND totalcredit > 50;
```

【例 5.19】 求选修课程号为 101 或 102，成绩为 85 ~ 95 的学生的学号、课程与成绩。

```
SELECT sno,cno,grade FROM CJ
WHERE cno IN ('101','102') AND grade BETWEEN 85 AND 95;
```

5.9 分组统计

1. 组函数

SQL 提供了一些组函数（聚合函数），用于对一组值进行统计，常用的组函数如下。

- COUNT()：计算所选数据（记录）的个数。
- SUM()：计算某一数值列的和。
- AVG()：计算某一数值列的平均值。
- MAX()：求（字符、日期、数值列）的最大值。
- MIN()：求（字符、日期、数值列）的最小值。

如果指定 DISTINCT，则表示在计算时要消除指定列中的重复值；否则表示允许重复。

【例 5.20】 求学生总人数。

```
SELECT COUNT(*) AS 总人数 FROM XS;
```

【例 5.21】 求选修了课程的学生人数。

```
SELECT COUNT(DISTINCT sno) FROM CJ;
```

【例 5.22】 求计算机系学生的平均学分。

```
SELECT AVG(totalcredit) FROM XS
WHERE dept='计算机';
```

【例 5.23】 求选修了课程号为 101 的学生的最高、最低与平均成绩。

```
SELECT MAX(grade), MIN(grade), AVG(grade) FROM CJ WHERE cno='101';
```

2. 分组查询

对查询结果分组的目的是细化组函数的作用对象。如果未对查询结果分组，组函数将作用于整个查询结果，即整个查询结果只有一个函数值。否则，组函数将作用于每个组，每组都有一个相应的函数值。

分组查询的语法格式为：

```
GROUP BY <用于分组的列名> [HAVING <条件表达式>]
```

其中，GROUP BY 子句将查询结果表的各行按列进行分组，列值相等的归于一组。在包含 GROUP BY 子句的查询语句中，SELECT 子句后面的所有字段列表（组函数除外）均应包含在 GROUP BY 子句中，即选项与分组应具有一致性。

若 GROUP 子句中带有 HAVING 短语，则满足 HAVING 指定条件的组才能输出。

【例 5.24】 求各门课程的平均成绩与总成绩。

```
SELECT cno,AVG(grade),SUM(grade) FROM CJ
GROUP BY cno;
```

【例 5.25】 求各系的人数。

```
SELECT dept,COUNT(*) FROM XS
GROUP BY dept;
```

【例 5.26】 求人数在 10 人以上的专业及人数。

```
SELECT dept,COUNT(*) FROM XS
GROUP BY dept
HAVING COUNT(*)>10;
```

WHERE 与 HAVING 的区别在于作用对象不同。WHERE 子句作用于基本表或视图，从中选择满足条件的元组；HAVING 短语则作用于组，从中筛选出满足条件的组。

5.10 排序

在实际应用中，经常需要对查询的结果进行排序输出。在 SQL 查询语句中，可使用 ORDER BY 子句实现这一功能，排序的语法格式为：

```
ORDER BY <用于排序的列名>[ASC|DESC] [, <用于排序的列名>[ASC|DESC]],…
```

若未指定查询结果的显示顺序，数据库管理系统通常按元组在表中的先后次序输出查询结果。用户可指定按一个或多个属性列升序（ASC）或降序（DESC）输出结果，默认为升序。

【例 5.27】 求选修课程号为 101 的学生的学号、课程号与成绩，结果按学号升序、课程号降序排序。

```
SELECT sno,cno,grade FROM CJ
WHERE cno = '101'
ORDER BY sno ASC, cno DESC;
```

本章小结

本章主要介绍了 SELECT 单表查询语句的用法，讲解了一些与查询相关的运算符，如范围运算符 BETWEEN AND、集合运算符 IN、模糊查询运算符 LIKE、空值运算符 IS [NOT] NULL 等，另外还介绍了分组统计 GROUP BY 子句和排序 ORDER BY 子句的相关用法。

习题5

5.1 选择题

（1）在 SQL 语句中，下列________命令用于去掉重复行。

A. ORDER　　B. DESC　　C. GROUP　　D. DISTINCT

（2）在 SQL 语句中，HAVING 条件表达式用来筛选满足条件的________。

A. 行　　B. 列　　C. 分组　　D. 表

（3）在 SQL 语句中，一次查询的结果是一个________。

A. 记录　　B. 表　　C. 分组　　D. 数据项

（4）在 SQL 语句中，如果要找出 A 字段上不为空的记录，则选择条件为________。

A. A!=NULL　　B. A<>NULL　　C. A IS NOT NULL　　D. A NOT IS NULL

5.2 分别用 BETWEEN…AND…、IN(…)、OR 运算符确定考试成绩为 80、81 或 82 的学生学号，请写出相应的条件表达式。

实验二　单表查询

【实验目的】

掌握单表查询语句的使用，主要包括选择列，以及精确查询、模糊查询和分组查询、排序等内容。

【实验内容】

在实验一的基础上完成以下实验内容。

（1）选择表中的若干列：求全体学生的学号、姓名、性别和年龄。

（2）不选择重复行：求选修了课程的学生学号。

（3）选择表中的所有列：求全体学生的详细信息。

（4）使用表达式：求全体学生的学号、姓名和出生年份。

（5）使用列的别名：求学生的学号和出生年份，显示时使用别名“学号”和“出生年份”。

（6）比较大小条件：求年龄大于 19 岁的学生的姓名和年龄。

（7）比较大小条件：求计算机系或信息系年龄大于 18 岁的学生的姓名、系和年龄。

（8）确定范围条件：求年龄为 19 ~ 22 岁（含 19 岁和 22 岁）的学生的学号和年龄。

（9）确定范围条件：求年龄不是 19 ~ 22 岁的学生的学号和年龄。

（10）确定集合条件：求数学系、计算机系的学生信息。

（11）确定集合条件：求不是数学系、计算机系的学生信息。

（12）模糊查询：求姓名是以“李”开头的学生。

（13）模糊查询：求姓名中含有“志”的学生。

（14）模糊查询：求姓名长度至少是 3 个汉字且倒数第 3 个汉字必须是“马”的学生。

（15）模糊查询：求选修课程号为 001 或 003，成绩为 80 ~ 90，学号为“96xxx”的学生的学号、课程号和成绩。

（16）涉及空值查询：求缺少学习成绩的学生的学号和课程号。

（17）控制行的显示顺序：求选修课程号为“001”的学生的学号、课程号和分数，结果按分数降序排序。

（18）组函数：求学生总人数。

（19）组函数：求选修了课程的学生人数。

（20）组函数：求计算机系学生的平均年龄。

（21）组函数：求选修了课程号为“001”学生的最高、最低与平均成绩。

（22）分组查询：求各门课程的平均成绩与总成绩。

（23）分组查询：求各门课程的平均成绩与总成绩，结果按总成绩排序。

（24）分组查询：求各系、各班级的人数和平均年龄。

（25）分组查询：输入以下查询语句并执行，观察出现的结果并分析其原因。

```
SELECT Sname, Sdept, COUNT (*) FROM STUDENT
WHERE Sdept='CS' GROUP BY Sdept;
```

（26）分组查询：分析以下语句为什么会出现错误，并给出正确的查询语句。

```
SELECT Sage FROM STUDENT GROUP BY SNO;
```

（27）分组查询：求学生人数不足 50 人的系及其相应的学生数。
（28）分组查询：求各系中除 01 班之外的各班的学生人数。

06

第6章 多表查询

多表查询是指要查询的内容来自两个或两个以上的数据表的查询。当查询内容来自多个表时，查询方式主要有两种：一种是连接查询，即将多个表连接成一个表，再进行查询的方式；另一种是子查询，即将一个查询（子查询）的结果作为另一个查询（主查询）的数据来源或判断条件的查询方式。

6.1 连接查询

若一个查询同时涉及两个或两个以上的关系，则称之为连接查询。连接查询是关系数据库中最主要的查询，包括等值连接查询、自然连接查询、非等值连接查询、自身连接查询、外连接查询。

连接查询中用来连接两个表的条件称为连接条件或连接谓词，其一般格式为：

```
[<表名1>.]<列名1> <比较运算符> [<表名2>.]<列名2>
```

其中，比较运算符主要有 =、<>、<、>、<=、>=。

当连接运算符为“=”时，称为等值连接，使用其他运算符称为非等值连接。连接谓词中的列名称为连接字段。连接条件中的各连接字段类型必须是可比的，但不必是相同的。

此外，连接谓词还有 [NOT] IN、[NOT] BETWEEN、[NOT] LIKE。

连接查询时，相当于根据 FROM 子句后面表的出现顺序执行多重 FOR 循环。先出现的表作为外层的 FOR 循环，后出现的表作为内层的 FOR 循环。例如，SQL 语句“SELECT * FROM XS,CJ WHERE XS.SNO=CJ.SNO;”相当于执行了下面的双重循环：

```
FOR t IN XS
{
      FOR s IN CJ
      {
            IF  XS.SNO=CJ.SNO
                  OUTPUT s + t;
      }
}
```

目前 SQL 标准提出过两种连接查询，第一种是较早的 SQL92 标准，第二种是 SQL99 标准。SQL99 标准不仅在底层得到优化，而且在形式上看起来更加一目了然，逻辑性更强，一般建议使用 SQL99 标准。

1. 广义笛卡儿积

广义笛卡儿积是不带连接谓词的连接。两个表的广义笛卡儿积是两个表中元组的交叉连接，其连接结果会产生一些没有意义的元组，所以这种运算实际很少使用。

【例 6.1】 求出学生表 xs 和课程表 kc 的广义笛卡儿积。

SQL92 格式：

```
SELECT * FROM xs,kc;
```

SQL99 格式：

```
SELECT * FROM xs CROSS JOIN kc;
```

2. 等值连接

当 WHERE 子句中的比较运算符为“=”时，称为等值连接。

【例 6.2】 求学生及其选修课程的情况。

SQL92 格式：

```
SELECT xs.*,cj.*  FROM xs,cj WHERE xs.sno=cj.sno;
```

SQL99 格式：

```
SELECT xs.*,cj.* FROM xs JOIN cj ON xs.sno=cj.sno ;
```

3. 自然连接

当进行等值连接的两个表中有同名列时，可以使用自然连接来完成。SQL99 专门为自然连接准备了两个语法格式：NATURAL JOIN 和 JOIN USING。

【例 6.3】 用自然连接完成例 6.2。

NATURAL JOIN 的语法格式如下：

```
SELECT * FROM xs NATURAL JOIN cj;
```

JOIN USING 格式：

```
SELECT * FROM xs JOIN cj USING(SNO);
```

注意：请比较等值连接和自然连接的区别。

---

4. 自身连接

连接操作不仅可以在两个表之间进行，也可以是一个表与其自身进行连接，称为表的自身连接。当表进行自身连接时，为了区别两个表，必须给它们取不同的别名，给表取别名的方式为：

```
表名 别名
```

进行自身连接时，由于所有属性名都是同名属性，因此必须使用别名前缀。

【例 6.4】 求年龄大于王燕的所有学生的姓名、专业名和出生日期。

```
SELECT b.sname,b.dept,b.birthday
FROM xs a JOIN xs b ON a.sno<>b.sno
WHERE a.sname='王燕' and a.birthday>b.birthday;
```

注意：SQL 语句中的 a、b 都是 xs 表的别名，用以区分同一张数据表。

5. 外部连接

在通常的连接操作中，只有满足连接条件的元组才能作为结果输出，因此有些用户需要的信息可能在结果中无法出现，这时就需要使用外部连接（OUTER JOIN），外部连接的语法格式如下：

```
SELECT 参数列表 FROM 表名1 {LEFT|RIGHT|FULL} OUTER JOIN 表名2 ON 连接条件;
```

外部连接分为以下 3 种类型。

（1）左外连接（LEFT [OUTER] JOIN）：结果表中除了包括满足连接条件的行外，还包括左表的所有行，而位于右侧的表中的数据如果没有匹配的值，则为空；

（2）右外连接（RIGHT [OUTER] JOIN）：结果表中除了包括满足连接条件的行外，还包括右表的所有行，而位于左侧的表中的数据如果没有匹配的值，则为空；

（3）完全外连接（FULL [OUTER] JOIN）：结果表中除了包括满足连接条件的行外，还包括两个表的所有行。

【例 6.5】 查找未选修任何课程的学生。

```
SELECT *
FROM xs a LEFT JOIN cj b ON a.sno=b.sno
WHERE b.sno IS NULL;
```

6.2 嵌套查询

在 SQL 中，一个 SELECT 语句称为一个查询块。将一个查询块嵌套在另一个查询块中的查询称为嵌套查询。

嵌套查询的语法格式如下：

```
SELECT<目标表达式1>[,…]
FROM<关系名1>
WHERE<条件表达式1>(SELECT<目标表达式2>[,…]
FROM<关系名2>)
[GROUP BY<用于分组的列名>][HAVING[条件表达式2](
SELECT<目标表达式2>[,…]FROM<关系名2>)]
```

上层的查询块称为外层查询或父查询，下层的查询块称为内层查询或子查询。SQL 语句允许多层嵌套查询，即一个子查询还可以嵌套其他子查询。需特别指出的是，子查询的 SELECT 语句中不能使用 ORDER BY 子句。ORDER BY 子句只能对最终的查询结果排序。

求解嵌套查询的一般方法是由内向外，逐层处理，即子查询在它的父查询处理前先求解，子查询的结果作为其父查询查找条件的一部分。

有了嵌套查询后，SQL 的查询功能就变得更丰富多彩，复杂的查询可以用多个简单查询嵌套来解决，一些原来无法实现的查询可以用多层嵌套查询来实现。

嵌套查询时，根据 WHERE 子句中 < 条件表达式 > 的查询条件，子查询分为不相关子查询和相关子查询两种。

6.2.1 不相关子查询

嵌套查询时，若子查询的查询条件不依赖于父查询，则这类查询称为不相关子查询。内层子查询根据其返回值的不同可以分为返回单值的子查询和返回一组值的子查询。

1. 返回单值的子查询

子查询返回的结果是一个值时，可以使用比较运算符（=、>、<、>=、<=、!=）将父查询和子查询连接起来。

【例 6.6】 查找选修离散数学的学生的学号。

```
SELECT sno FROM cj
WHERE cno=(SELECT cno FROM kc WHERE cname='离散数学');
```

2. 返回一组值的子查询

当子查询返回的结果不是一个值而是一个集合即多个值时，就不能简单地使用比较运算符，而必须使用多值比较运算符，以指明在 WHERE 子句中应如何使用这些返回值，如表 6.1 所示。

表 6.1　多值比较运算符

运算符	含义
[NOT]IN	字段的值是否在所选集合中
[NOT]ANY	是否将字段的值与子查询返回结果中的一个值进行比较（ANY：满足一个条件则为真）
[NOT]ALL	是否将所选的值与集合中所有的值进行比较
[NOT]EXISTS	EXISTS 表示一个子查询至少返回一行时条件成立，NOT EXISTS 表示一个子查询不返回任何时条件成立

（1）< 属性名 > [NOT] IN (SELECT 子查询)

无 [NOT] 时，只要属性值在 SELECT 子查询结果中，条件表达式的值就为真，否则为假；有 [NOT] 时，则相反。

【例 6.7】 查找选修离散数学的学生的姓名。

```
SELECT sname    FROM xs    WHERE    sno    IN
   (SELECT  sno  FROM  cj  WHERE  cno=
```

```
        (SELECT   cno  FROM  kc WHERE cname='离散数学')
);
```

（2）<属性名> θ [ANY|ALL] (SELECT 子查询)

θ 表示比较运算符，使用 ANY 或 ALL 谓词时必须同时使用比较运算符，其语意如表 6.2 所示。

表 6.2　比较运算符加 ANY 或 ALL 谓词的含义

运算符	含义
>ANY	大于子查询结果中的某个值
>ALL	大于子查询结果中的所有值
<ANY	小于子查询结果中的某个值
<ALL	小于子查询结果中的所有值
>=ANY	大于等于子查询结果中的某个值
>=ALL	大于等于子查询结果中的所有值
<=ANY	小于等于子查询结果中的某个值
<=ALL	小于等于子查询结果中的所有值
=ANY	等于子查询结果中的某个值
=ALL	等于子查询结果中的所有值
<>ANY	不等于子查询结果中的某个值
<>ALL	不等于子查询结果中的所有值

【例 6.8】 查找比所有计算机系的学生年龄都大的学生。

```
SELECT  * FROM xs WHERE dept<>'计算机' AND  birthday<ALL
  (SELECT birthday FROM xs WHERE dept='计算机');
```

该类查询也可以用如下形式等价转换：

```
<属性名> θ (使用组函数的SELECT子查询)
```

其对应转换关系如表 6.3 所示。

表 6.3　ANY 或 ALL 谓词与组函数及 IN 谓词的等价转换关系

	=	<>	<	<=	>	>=
ANY	IN	无意义	<MAX	<=MAX	>MIN	>=MIN
ALL	无意义	NOT IN	<MIN	<=MIN	>MAX	>=MAX

【例 6.9】 查找课程号为“206”的成绩不低于课程号为“101”的最低成绩的学生的学号。

```
SELECT sno,grade FROM cj
WHERE cno='206' AND grade>=ANY(SELECT grade FROM cj WHERE cno='101');
```

等价于：

```
SELECT sno,grade FROM cj
WHERE cno='206' AND grade>=(SELECT MIN(grade) FROM cj WHERE cno='101');
```

3. 子查询的位置

在 SQL99 标准中，子查询可以在 SELECT 语句的任何位置使用。

（1）子查询在 SELECT 子句中使用。

【例 6.10】 求每个学生的学号、姓名、学分及最高学分。

```
SELECT sno,sname,totalcredit,(SELECT MAX(totalcredit) FROM xs) FROM xs;
```

（2）子查询在 FROM 子句中使用。

【例 6.11】 求学分最高的前 5 名学生。

```
SELECT * FROM (SELECT * FROM xs ORDER BY totalcredit DESC) WHERE rownum<6;
```

（3）子查询在 WHERE 子句中使用。

【例 6.12】 与程明同系，或年龄大于王燕的学生的信息。

```
SELECT *  FROM xs WHERE
dept=(SELECT dept FROM xs WHERE sname='程明')
OR birthday>(SELECT birthday FROM xs WHERE sname='王燕');
```

6.2.2 相关子查询

嵌套查询时，子查询的查询条件依赖于父查询中的某个值，则这类查询称为相关子查询。

嵌套查询中 EXISTS 查询条件表达式的语法格式如下：

```
[NOT] EXISTS (SELECT子查询)
```

EXISTS 代表存在量词。在此格式中，子查询不返回任何数据，只产生逻辑值：无 [NOT] 时，子查询查到元组，条件表达式值为真，否则为假；有 [NOT] 时，则相反。

此格式的子查询中，< 目标列表达式 > 一般都用“*”（其他的属性名也可以，但无实际意义。因此，为了方便用户起见，一般用“*”）。

相关子查询的求解方式与非相关子查询是不同的，一般来说，子查询都在其父查询处理前求解，在相关子查询中，子查询的查询条件往往依赖于其父查询的某个属性值。

求解相关子查询的过程：从父查询的关系中依次取一个元组，根据它的值在子查询中进行检查，若 WHERE 子句为真，将此元组放入结果表；若为假，则舍去。这样反复处理，直至父查询关系的元组全部处理完为止。

【例 6.13】 查询所有选修了课程号为“102”的学生姓名。

```
SELECT sname
FROM xs
```

```
WHERE EXISTS(SELECT *
             FROM cj
             WHERE sno=xs.sno AND cno='102');
```

内查询 cj.sno 和外查询 xs.sno 相关。

【例 6.14】 查询选修了全部课程的学生姓名。

```
SELECT sname
FROM  xs
WHERE NOT EXISTS
   (SELECT cno
    FROM kc
    WHERE NOT EXISTS (SELECT *
                      FROM cj
                      WHERE sno= xs.sno AND cno=kc.cno)
);
```

6.3　传统的集合运算

当需要将两个或者更多个 SELECT 语句结合起来时，可以通过集合运算符来完成。Oracle 支持下面 3 种类型的集合运算符。

1. UNION[ALL]

集合并操作，将两个 SELECT 语句各自得到的结果集并为一个集。通常情况下自动删除重复元组，若要保留重复的元组，则要带 ALL 关键字。

【例 6.15】 查询所有选修了 101 或 102 号课程的学生学号。

```
SELECT sno FROM cj WHERE cno='101'
UNION
SELECT sno FROM cj WHERE cno='102';
```

例 6.15 也可以用其他 SQL 语句来实现：

```
SELECT DISTINCT sno FROM cj WHERE cno IN ('101', '102');
```

【例 6.16】 已知客户表和代理商表结构如下：

```
Customers(CID, Cname, City, Discnt)
Agents(AID, Aname, City, Percent)
```

求客户或者代理商所在的城市。

```
Select City From Customers
UNION
Select City From Agents ;
```

注意：这个例子能否找到其他SQL语句来代替呢？

2. INTERSECT

集合交操作，将两个SELECT语句中的公共部分返回。

【例6.17】 查询所有选修了课程号为“101”和“102”的学生学号。

```
SELECT sno FROM cj WHERE cno='101'
INTERSECT
SELECT sno FROM cj WHERE cno='102';
```

注意：这个例子能否找到其他SQL语句来代替呢？

3. MINUS

集合差操作，从第1个查询结果中去掉第2个查询结果中的内容，然后返回最后结果集。

【例6.18】 查询没选修课程号为“102”的学生学号。

```
SELECT sno FROM xs
MINUS
SELECT sno FROM cj WHERE cno='102';
```

注意：集合并、交、差运算都是SQL语句的一部分，但有些数据库管理系统并不支持这些运算，使用时要注意。

本章小结

本章主要介绍多表连接查询，它可分为一般的连接查询、嵌套查询和传统的集合运算等。一般的连接查询是关系数据库中最主要的查询，包括等值连接查询、自然连接查询、非等值连接查询、自身连接查询、外部连接查询。嵌套查询中的子查询又分为相关子查询和非相关子查询。传统的集合运算包括并、交、差3种运算。

习题6

6.1 选择题

（1）在SQL语句中，自然连接使用的关键词是________。

A. NATURAL JOIN B. OUTER JOIN C. INNER JOIN D. ROSS JOIN

（2）在SQL语句中，自身连接必须要定义表的________。

A. 主键　　B. 别名　　C. 外键　　D. 连接属性

（3）在 SQL 语句中，若不满足连接条件的元组也作为结果输出，则必须的连接方式为________。

A. NATURAL JOIN　　B. OUTER JOIN　　C. INNER JOIN　　D. ROSS JOIN

（4）在不相关子查询中，>ANY 谓词与使用________组函数的 SELECT 子查询可以等价转换。

A. >MIN　　B. >=MIN　　C. >MAX　　D. >=MAX

（5）将两个 SELECT 语句各自得到的结果集并为一个集，并删除重复元组的集合操作是________。

A. UNION　　B. UNION ALL　　C. INTERSECT　　D. MINUS

6.2　比较连接查询和子查询的执行效率。

6.3　比较相关子查询和非相关子查询的区别。

实验三　多表查询

【实验目的】

掌握和使用多张表进行连接查询，主要包括连接查询、子查询和相关子查询等内容。

【实验内容】

在实验一的基础上完成下列查询。

（1）连接查询：求选修了课程号为“001”且成绩在 70 分以下或成绩在 90 分以上的学生的姓名、课程名称和成绩。

（2）连接查询与表的别名：求选修了课程号为“001”且成绩在 70 分以下或成绩在 90 分以上的学生的姓名、课程名称和成绩。

（3）自然连接查询：求学生学号、姓名及其选修课程的课程号和成绩。

（4）自身连接查询：求年龄大于“李丽”年龄的所有学生的姓名、系和年龄。

（5）外部连接查询：求未选修任何课程的学生的姓名。

（6）子查询：求与“李丽”年龄相同的学生的姓名和系。

（7）子查询：求选修了课程名为“数据结构”的学生的学号和姓名。

（8）子查询 ANY：求比数学系中某一学生年龄大的学生的姓名和系。

（9）子查询 ALL 或 MAX：求比数学系中全体学生年龄大的学生的姓名和系。

（10）相关子查询 EXISTS：求选修了课程号为“004”的学生的姓名和系。

（11）相关子查询 NOT EXISTS：求未选修课程号为“004”的学生的姓名和系。

（12）子查询：求与“李丽”同系且同龄的学生的姓名和系。

07 第 7 章　数据库常用对象

本章介绍数据库常用对象，包括索引、视图、同义词、序列。索引是用来提高数据库查询效率的对象；视图是用来简化查询操作并提供一定安全性的对象；同义词是用来隐藏一些信息并提供一定安全性的对象；序列是用来自动产生一系列唯一数值的对象，这些唯一数值可用作主码。

7.1　索引

7.1.1　索引的概念

如果一本书没有目录，使用起来就很不方便。想查找某些内容时，就必须从书的第一页开始，逐页向后查找，直到找到为止。若有了目录，则可以先从目录中找到这些内容所在的页码，然后直接翻到该页，从而加快了查找的速度。

SQL 提供了建立索引的语句。表的索引就像书的目录一样。当需要在表中查找某些数据时，SQL 首先查找与该表有关的索引，当查找到索引后，根据索引提供的信息，确定这些数据（行）的存储位置，然后直接从该位置取出所需要的数据（行）。由于索引远远比表结构紧凑，所含的数据少，因此，查找索引是很快的。如果没有索引，SQL 则只能扫描整个表，把这个表中的行依次比较，以找出所需要的数据（行）。建立一个或多个索引，可以提供多种存取路径，加快查找速度。

索引表是根据表中一列或若干列按照一定的顺序建立的列值与记录之间的对应关系表，如图 7.1 所示。通过建立索引结构，形成索引键值与记录指针之间的映射，在 <索引键值，地址指针> 对中，地址指针指向该索引键值的记录所存储的位置。索引结构可以存储在一个单独的文件中，该文件称为索引文件。

索引是一种供服务器在表中快速查找数据（行）的数据结构。在数据中建立索引主要有以下作用。

- 加快查询速度，改善查询性能。
- 保证列值的唯一性，如唯一性索引。
- 有序存储数据，如聚簇索引。

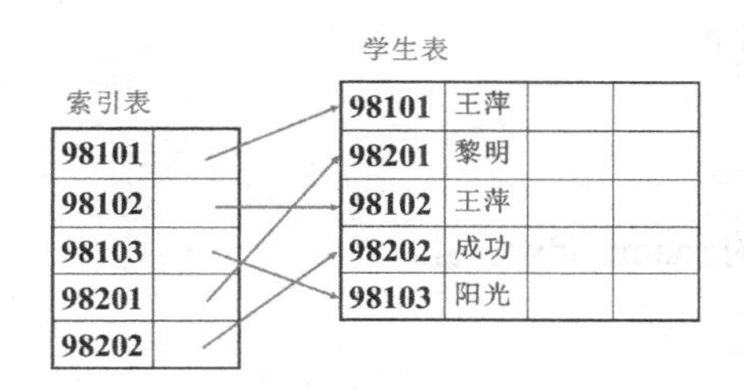

图 7.1　索引表

7.1.2　创建索引

创建索引的一般格式如下：

```
CREATE [UNIQUE] [CLUSTER] INDEX <索引名> ON <表名> (<列名>[<次序>][,<列名>[<次序>]]...);
```

其中，< 表名 > 指定要建索引的基本表的名字。索引可以建在该表的一列或多列上，各列名之间用逗号分隔。每个 < 列名 > 后面还可以用 < 次序 > 指定索引值的排列次序，包括 ASC（升序）和 DESC（降序）两种，默认值为 ASC。

UNIQUE 表明此索引的每一个索引值只对应唯一的数据记录。

CLUSTER 表示要建立的索引是聚簇索引。所谓聚簇索引是指索引项的顺序与表中记录的物理顺序一致的索引。用户可以在最常查询的列上建立聚簇索引以提高查询效率。显然在一个基本表上最多只能建立一个聚簇索引。建立聚簇索引后，更新索引列对应的数据往往会导致表中记录的物理顺序的变更，代价较大，因此对于经常更新的列不宜建立聚簇索引。

目前 SQL 标准中没有涉及索引，但商用关系数据库系统一般都支持索引机制，只是不同的关系数据库系统所支持的索引类型不尽相同。

【例 7.1】 为 XS 表的姓名列创建索引。

```
CREATE INDEX sname_idx ON XS(sname);
```

【例 7.2】 为 XS 表的姓名列创建唯一索引。

```
CREATE UNIQUE INDEX sname_uidx ON XS(sname);
```

【例 7.3】 为 CJ 表创建学号列和课程号列的复合索引。

```
CREATE INDEX cj_idx ON CJ(sno,cno);
```

7.1.3　删除索引

索引一经建立，就由系统使用和维护它，不需用户干预。建立索引是为了减少查询操作的时间，但如果数据增删改频繁，系统会花费许多时间来维护索引。这时，可以删除一些不必要的索引。删除索引时，系统会同时从数据字典中删去有关该索引的描述。

对于不需要的索引，可以使用 DROP INDEX 语句来删除它。

删除索引的一般格式如下：

```
DROP INDEX <索引名>;
```

【例 7.4】 删除 XS 表的 sname_idx 索引。

```
DROP INDEX sname_idx;
```

7.2 视图

视图和基本表不同，视图是一个虚表，即视图所对应的数据存放在数据库的基本表中，数据库中只存储视图的定义（存放在数据字典中），因此不占用存储空间。

7.2.1 创建视图

因为任何一个查询结果本身就是一个表，所以一个查询可被用于定义一个视图。

SQL 用 CREATE VIEW 语句创建视图，其一般格式如下：

```
CREATE [OR REPLACE] VIEW <视图名>[(<列名>[,<列名>]...)]
AS <子查询>
[WITH CHECK OPTION];
```

其中子查询可以是任意复杂的 SELECT 语句，但通常不允许含有 ORDER BY 子句和 DISTINCT 短语。

OR REPLACE 表示如果视图存在，可更改其定义。

WITH CHECK OPTION 表示对视图进行 UPDATE、INSERT 和 DELETE 操作时要保证更新、插入或删除的行满足视图定义中的谓词条件（即子查询中的条件表达式）。

如果 CREATE VIEW 语句仅指定了视图名，省略了组成视图的各个属性列名，则表示该视图由子查询中 SELECT 子句目标列中的诸字段组成。但在下列 3 种情况下必须明确指定组成视图的所有列名。

（1）其中某个目标列不是单纯的属性名，而是组函数或列表达式。

（2）多表连接时选出了几个同名列作为视图的字段。

（3）需要在视图中为某个列启用新的更合适的名字。

需要说明的是，组成视图的属性列名必须依照上面的原则，或者全部省略或者全部指定，没有第 3 种选择。

【例 7.5】 建立计算机系学生的视图。

```
CREATE VIEW CS_Student
  AS
    SELECT sno, sname, sex
    FROM XS
    WHERE dept='计算机';
```

实际上，数据库管理系统执行 CREATE VIEW 语句时，只是把对视图的定义存入数据字典，并不执行其中的 SELECT 语句。只有在对视图查询时，才按视图的定义从基本表中将数据查出。

【例 7.6】 建立计算机系学生的视图，并要求进行修改和插入操作时仍保证该视图只有计算机系的学生。

```
CREATE VIEW CS_Student
  AS
    SELECT sno, sname, sex
    FROM XS
    WHERE dept='计算机'
    WITH CHECK OPTION;
```

由于在定义 CS_Student 视图时加上了 WITH CHECK OPTION 子句，以后对该视图进行插入、修改和删除操作时，数据库管理系统会自动加上 DEPT=' 计算机 ' 的条件。

视图不仅可以建立在单个基本表上，也可以建立在多个基本表上。

【例 7.7】 建立计算机系选修了课程号为“101”的学生的视图。

```
CREATE VIEW CS_S1(sno, sname, grade)
  AS
    SELECT XS. sno, sname, grade
    FROM XS JOIN CJ ON XS.sno=CJ.sno
    WHERE dept='计算机' AND CJ.cno='101';
```

视图不仅可以建立在一个或多个基本表上，也可以建立在一个或多个已定义好的视图上，或同时建立在基本表与视图上。

【例 7.8】 建立计算机系选修了课程号为“101”且成绩在 90 分以上的学生的视图。

```
CREATE VIEW CS_S2
  AS
    SELECT sno, sname, grade
    FROM CS_S1
    WHERE grade>=90;
```

这里的视图 CS_S2 就是建立在视图 CS_S1 之上的。

定义基本表时，为了减少数据库中的冗余数据，表中只存放基本数据，由基本数据经过各种计算派生出的数据一般是不存储的。但由于视图中的数据并不实际存储，所以定义视图时可以根据应用的需要，设置一些派生属性列。由于这些派生属性在基本表中并不实际存在，所以它们有时也称为虚拟列。带虚拟列的视图称为带表达式的视图。

我们还可以用带有组函数和 GROUP BY 子句的查询来定义视图，这种视图称为分组视图。

【例 7.9】 将学生的学号及其平均成绩定义为一个视图。

```
CREATE VIEW S_G(sno, grade)
    AS
```

```
    SELECT sno, avg(grade)
    FROM CJ
    GROUP BY sno;
```

【例 7.10】 将 XS 表中所有女生记录定义为一个视图。

```
CREATE VIEW F_Student
    AS
    SELECT *
    FROM XS
    WHERE sex='女';
```

这里视图 F_Student 是由子查询“SELECT *”建立的。由于该视图一旦建立后，XS 表就构成了视图定义的一部分，如果以后修改了基本表 XS 的结构，则 XS 表与 F_Student 视图的映像关系受到破坏，因而该视图就不能正确工作了。为避免出现这类问题，可以采用下列两种方法。

（1）建立视图时明确指明属性列名，而不是简单地用 SELECT *，即：

```
CREATE VIEW F_Student (sno, sname, sex, dept)
  AS
SELECT sno, sname, sex, dept
FROM XS
WHERE sex='女';
```

这样，如果 XS 表增加新列后，原视图仍能正常工作，只是新增的列不在视图中而已。

（2）在修改基本表之后删除原来的视图，然后重建视图。这是最保险的方法。

7.2.2 删除视图

如果某个视图已不再使用，可用 DROP VIEW 语句将其删除。

删除视图语句的格式如下：

```
DROP VIEW <视图名>;
```

一个视图被删除后，由此视图导出的其他视图也将失效，用户应该使用 DROP VIEW 语句将它们一一删除。

【例 7.11】 删除视图 CS_S1。

```
DROP VIEW CS_S1;
```

执行此语句后，CS_S1 视图的定义将从数据字典中删除。由 CS_S1 视图导出的 CS_S2 视图的定义虽仍在数据字典中，但该视图已无法使用了，因此应该同时删除这两个视图。

需要注意的是，与基本表不同，视图不能修改。如果想修改视图，只能先把它删除，然后重新定义。

7.2.3　查询视图

视图定义后，用户就可以像对基本表查询一样对视图进行查询了。

数据库管理系统执行对视图的查询时，首先进行有效性检查，检查查询涉及的表、视图等是否在数据库中存在，如果存在，则从数据字典中取出查询涉及的视图的定义，把定义中的子查询和用户对视图的查询结合起来，转换成对基本表的查询，再执行这个经过修正的查询操作。将对视图的查询转换为对基本表的查询的过程称为视图的消解（View Resolution），如图 7.2 所示。

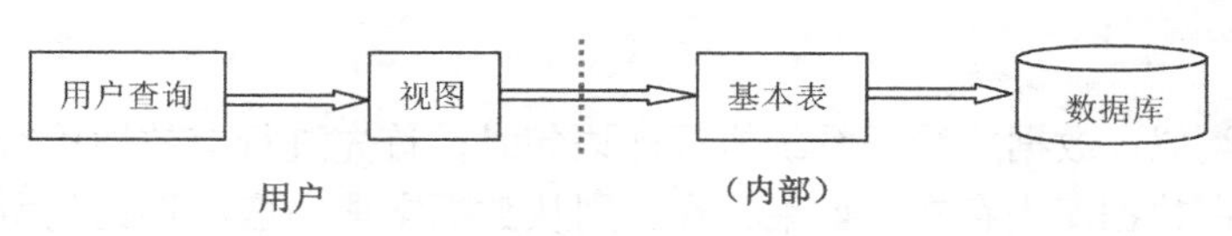

图 7.2　用户进行视图查询的过程

【例 7.12】 在计算机系学生的视图中找出女生。

```
SELECT sno, sname,sex
FROM CS_Student
WHERE sex='女';
```

数据库管理系统执行此查询时，先从数据字典中取出 CS_Student 视图定义中的子查询：

```
SELECT sno, sname, sex
FROM XS
WHERE dept='计算机' ;
```

然后，将两句结合起来，转换成对基本表 XS 的查询，修正后的查询语句如下：

```
SELECT sno, sname, sex
FROM XS
WHERE dept='计算机' AND sex='女';
```

视图是定义在基本表上的虚表，它可以和其他基本表一起使用，实现连接查询或嵌套查询。也就是说，在关系数据库的 3 级模式结构中，外模式不仅包括视图，还可以包括一些基本表。

【例 7.13】 查询计算机系选修了课程号为“101”的学生。

```
SELECT CJ.sno, sname
FROM CS_Student, CJ
WHERE CS_Student.sno=CJ.sno AND CJ.cno='101';
```

本查询涉及虚表 CS_Student 和基本表 CJ，通过这两个表的连接来完成用户请求。

7.2.4　更新视图

更新视图包括插入（INSERT）、删除（DELETE）和修改（UPDATE）3 类操作。

由于视图是不实际存储数据的虚表，因此对视图的更新最终要转换为对基本表的更新。

为防止用户通过视图对数据进行增删改操作时，无意或故意操作不属于视图范围内的基本表数据，可在定义视图时加上 WITH CHECK OPTION 子句，这样在视图上增删改数据时，数据库管理系统会进一步检查视图定义中的条件，若不满足条件，则拒绝执行该操作。

【例 7.14】 将计算机系学生视图 CS_Student 中学号为“001101”的学生姓名改为“刘辰”。

```
UPDATE CS_Student
SET sname='刘辰'
WHERE sno='001101';
```

与查询视图类似，数据库管理系统执行此语句时，首先进行有效性检查，检查所涉及的表、视图等是否在数据库中存在，如果存在，则从数据字典中取出该语句所涉及的视图的定义，把定义中的子查询和用户对视图的更新操作结合起来，转换成对基本表的更新，再执行这个经过修正的更新操作，转换后的更新语句如下：

```
UPDATE XS
SET sname='刘辰'
WHERE sno='001101' AND dept='计算机';
```

【例 7.15】 向计算机系学生视图CS_Student中插入一个新的学生记录，其中学号为“001243”，姓名为“赵新”，性别为“男”。

```
INSERT INTO CS_Student VALUES('001243', '赵新', '男');
```

数据库管理系统将其转换为对基本表的更新，转换后的语句如下：

```
INSERT INTO XS(sno,sname,sex,dept) VALUES('001243', '赵新', '男', '计算机');
```

这里系统自动将系名“计算机”放入 VALUES 子句中。

【例 7.16】 删除计算机系学生视图 CS_Student 中学号为“001210”的记录。

```
DELETE
FROM CS_Student
WHERE sno=' 001210 ';
```

数据库管理系统将其转换为对基本表的更新，转换后的语句如下：

```
DELETE
FROM XS
WHERE sno='001210' AND  dept='计算机';
```

在关系数据库中，并不是所有的视图都是可更新的，因为有些视图的更新不能唯一且有意义地转换成对相应基本表的更新。

一般的数据库管理系统都支持单表行列子集视图的更新，并有下列限制。

- 若视图是由两个以上基本表导出的，则此视图不允许更新。
- 若视图的字段来自字段表达式或常数，则不允许对此视图执行 INSERT 和 UPDATE 操作，但允许执行 DELETE 操作。
- 若视图的字段来自组函数，则此视图不允许更新。
- 若视图定义中含有 GROUP BY 子句，则此视图不允许更新。
- 若视图定义中含有 DISTINCT 短语，则此视图不允许更新。
- 若视图定义中有嵌套查询，并且内层查询的 FROM 子句中涉及的表也是导出该视图的基本表，则此视图不允许更新。

例如，使用如下语句将成绩在平均成绩之上的元组定义成一个视图 GOOD_CJ：

```
CREATE VIEW GOOD_SC
  AS
 SELECT sno, cno, grade
 FROM CJ WHERE grade >(SELECT avg(grade) FROM CJ);
```

导出视图 GOOD_CJ 的基本表是 CJ，内层查询中涉及的表也是 CJ，所以视图 GOOD_SC 是不允许更新的。

- 一个不允许更新的视图上定义的视图也不允许更新。

应该指出的是，不可更新的视图与不允许更新的视图是两个不同的概念。前者指理论上已证明其是不可更新的视图；后者指理论上可以更新，但实际系统中不支持其更新。

7.2.5　视图的特点

视图是定义在基本表之上的，对视图的一切操作最终也要转换为对基本表的操作。而且对于非行列子集视图进行查询或更新时还有可能出现问题。既然如此，为什么还要定义视图呢？这是因为合理使用视图能够带来许多好处。

1. 视图能够简化用户的操作

视图机制使用户可以将注意力集中在他所关心的数据上。如果这些数据不是直接来自基本表，那么视图机制可以通过定义视图使用户眼中的数据结构简单、清晰，并且可以简化用户的数据查询操作。例如，那些定义了若干张表连接的视图，就将表与表之间的连接操作对用户隐蔽起来了。换句话说，用户所做的只是对一个虚表的简单查询，而无须了解这个虚表是怎样得来的。

2. 视图使用户能以多种角度看待同一数据

视图机制能使不同的用户以不同的方式看待同一数据，当许多不同种类的用户使用同一个数据库时，这种灵活性是非常重要的。

3. 视图对重构数据库提供了一定程度的逻辑独立性

第 1 章中已经介绍过数据的物理独立性与逻辑独立性的概念。数据的物理独立性是指用户和用户程序不依赖于数据库的物理结构。数据的逻辑独立性是指当数据库重构时，如增加新的关系或对原有关系增加新的字段等，用户和用户程序不会受影响。层次数据库和网状数据库一般能较好地支持数据的物理独立性，而对于逻辑独立性则不能完全地支持。

在关系数据库中，数据库的重构往往是不可避免的。重构数据库最常见的方式是将一个表“垂直”地分成多个表。例如，将学生关系 XS(Sno, Sname, Sex, Birthday, Dept) 分为 SX(Sno, Sname, Birthday) 和 SY(Sno, Sex, Dept) 两个关系。这时原表 XS 为 SX 表和 SY 表自然连接的结果。

我们使用如下语句建立一个 XS 视图：

```
CREATE VIEW XS(Sno, Sname, Sex, Birthday, Dept)
AS
SELECT SX.Sno, SX.Sname, SY.Sex, SX. Birthday, SY. Dept
FROM SX, SY
WHERE SX.Sno=SY.Sno;
```

这样尽管数据库的逻辑结构改变了，但应用程序并不必修改，因为新建立的视图定义了用户原来的关系，使用户的外模式保持不变，用户的应用程序通过视图仍然能够查找数据。当然，视图只能在一定程度上提供数据的逻辑独立性。由于对视图的更新是有条件的，因此应用程序中修改数据的语句可能仍会因基本表结构的改变而改变。

4. 视图能够对机密数据提供安全保护

有了视图机制，就可以在设计数据库应用系统时，对不同的用户定义不同的视图，使机密数据不出现在不应看到这些数据的用户视图上，这样视图机制就自动提供了对机密数据的安全保护功能。例如，XS 表涉及 3 个系的学生数据，可以在其上定义 3 个视图，每个视图只包含一个系的学生数据，并只允许每个系的学生查询自己所在系的学生视图。

7.3 同义词

我们通过同义词可以给表、索引、视图等数据库对象创建一个别名，来隐藏一些信息，提供一定的安全性。当 DBA 改变数据库对象的名称时，通过同义词可以避免前台应用程序的改变。

同义词分公有和私有两种，每个用户都能使用公有同义词；只有具有访问权限的用户才能使用私有同义词。

创建同义词的语法格式如下：

```
CREATE [OR REPLACE] [PUBLIC]SYNONYM <同义词名> FOR <对象名>;
```

【例 7.17】 创建公共同义词 xs_v 访问视图 CS_Student。

```
CREATE OR REPLACE PUBLIC SYNONYM cs_v FOR CS_Student;
```

【例 7.18】 创建私有同义词 xs_view 访问视图 CS_Student。

```
CREATE OR REPLACE SYNONYM xs_view FOR CS_Student;
```

7.4 序列

序列（SEQUENCE）是 Oracle 提供的用于生成一系列唯一数值的数据库对象，可以自动提供唯一的主码。

创建序列需要 CREATE SEQUENCE 系统权限。创建序列语句的语法格式如下：

```
CREATE SEQUENCE 序列名
[INCREMENT BY n]
[START WITH n]
[{MAXVALUE/ MINVALUE n| NOMAXVALUE}]
[{CYCLE|NOCYCLE}]
[{CACHE n| NOCACHE}];
```

其中涉及的关键字说明如下。

- INCREMENT BY 用于定义序列的步长，如果省略，则默认为 1，如果出现负值，则代表 Oracle 序列的值是按照此步长递减的。
- START WITH 定义序列的初始值（即产生的第一个值），默认为 1。
- MAXVALUE 定义序列能产生的最大值。选项 NOMAXVALUE 是默认选项，代表没有最大值定义，这时对于递增序列，系统能够产生的最大值是 10 的 27 次方；对于递减序列，最大值是 −1。
- MINVALUE 定义序列能产生的最小值。选项 NOMINVALUE 是默认选项，代表没有最小值定义，这时对于递减序列，系统能够产生的最小值是 −10 的 26 次方；对于递增序列，最小值是 1。
- CYCLE 和 NOCYCLE 表示当序列产生的值达到限制值后是否循环。CYCLE 代表循环，NOCYCLE 代表不循环。如果循环，则当递增序列达到最大值时，循环到最小值；当递减序列达到最小值时，循环到最大值。如果不循环，则达到限制值后，继续产生新值就会发生错误。
- CACHE（缓冲）定义存放在内存块中序列的个数，默认为 20 个。NOCACHE 表示不对序列进行内存缓冲。对序列进行内存缓冲，可以改善序列的性能。
- NEXTVAL 返回序列中下一个有效的值，任何用户都可以引用，如下所示：

```
<对象名>.nextval
```

- CURRVAL 中存放序列的当前值，引用如下所示：

```
<对象名>.currval
```

NEXTVAL 应在 CURRVAL 之前指定，二者应同时有效。

【例 7.19】 创建序列 xs_seq，用于生成 XS 表的学号。

```
CREATE SEQUENCE xs_seq
MAXVALUE 999999
START WITH 999000
INCREMENT BY 1
CACHE 50;
```

测试序列值的语句如下：

```
INSERT INTO XS(sno,sname) VALUES(xs_seq.nextval,'aaa');
```

本章小结

本章介绍了数据库常用对象（包括索引、视图、同义词和序列）及其用法。这些对象都是数据库的常用对象，每一个对象都有其不同的用处。不同厂商的数据库产品的对象的用法有所不同，在学习过程中要注意区分。

习题7

7.1 选择题

（1）下列关于视图的描述中，错误的是________。

A. 视图是数据库对象　　B. 视图是虚表

C. 使用视图可以加快查询语句的执行速度　　D. 使用视图可以简化查询语句的编写

（2）能够创建视图的对象是________。

A. 基本表　　B. 视图　　C. 索引　　D. 基本表和视图

（3）下列关于索引的描述中，正确的是________。

A. 一个关系表中的索引越多越好　　B. 表中的任何字段都要创建索引

C. 使用索引可以提高查询效率　　D. 使用索引可以简化查询语句的编写

（4）可用于产生主码的对象是________。

A. 索引　　B. 视图　　C. 同义词　　D. 序列

7.2 简述索引的优点和缺点。

7.3 简述视图的特点，并简述哪类视图不可更新。

7.4 简述同义词的用途。

7.5 简述序列的用途。

实验四　数据库常用对象

【实验目的】

掌握索引与视图相关操作，理解索引和视图的作用。

【实验内容】

在实验一的基础上完成以下操作。

（1）建立索引：为 Score 表按课程号升序、分数降序建立索引，索引名为 SC_GRADE。

（2）删除索引：删除索引 SC_GRADE。

（3）建立视图：建立计算机系的学生的视图 STUDENT_CS。

（4）建立视图：建立由学号和平均成绩两个字段组成的视图 STUDENT_GR。

（5）视图查询：利用视图 STUDENT_CS，求年龄大于 19 岁的学生的全部信息。

（6）视图查询：利用视图 STUDENT_GR，求平均成绩为 88 分以上的学生的学号和平均成绩。

（7）视图更新：利用视图 STUDENT_CS，增加学生 ('96006', ' 张然 ', 'CS', '02', ' 男 ', 19)。

（8）视图更新：利用视图 STUDENT_CS，将学生年龄增加 1 岁。观察其运行结果并分析原因。

（9）视图更新：利用视图 STUDENT_GR，将平均成绩增加 2 分。观察其运行结果并分析原因。

（10）视图更新：删除视图 STUDENT_CS 中学号为“96006”的学生的全部数据。

（11）视图更新：删除视图 STUDENT_GR 的全部数据。

（12）删除视图：删除视图 STUDENT_CS 和 STUDENT_GR。

08 第 8 章 PL/SQL 编程

SQL 语句提供了数据操作的能力，但不支持结构化编程，当要实现复杂的应用时，需要数据库管理系统提供一种过程化的编程支持。Oracle 利用过程化 SQL 语言（Procedure Language/Structure Query Language，PL/SQL）来进行结构化编程。PL/SQL 将 SQL 的数据操作和过程化编程语言的流程控制结合起来，是 SQL 的扩展。在 PL/SQL 中，最重要的是存储过程和触发器。

8.1 PL/SQL 编程概述

PL/SQL 程序的基本结构单元是块，一个 PL/SQL 程序包含了一个或多个块，每个块都可以划分为声明、执行和异常处理 3 个部分，完成一个逻辑操作。PL/SQL 是一种过程语言，所以 PL/SQL 也同其他编程语言一样有常量、变量和控制语句。

8.1.1 PL/SQL 程序块

1. PL/SQL 程序块的组成

PL/SQL 程序块由以下 3 部分组成。

（1）声明部分。这部分包含变量和常量的声明和初始化，由关键字 DECLARE 开始，若不需要，可省略。此处声明的变量只能在该块中使用。当该块执行结束时，声明的内容就不存在了。

（2）执行部分。这部分是 PL/SQL 程序块中的指令部分，由关键字 BEGIN 开始，所有的可执行语句都放在这一部分，其他 PL/SQL 程序块也可以放在这部分。

（3）异常处理部分。这部分是可选的，主要处理异常或错误。

因此 PL/SQL 程序块的语法如下：

```
[DECLARE
  声明语句块;]
BEGIN
  执行语句块;
  [EXCEPTION
    异常的处理块;]
End;
/
```

需要注意以下几点。

① PL/SQL 程序块中的每条语句都必须以分号结束，SQL 语句可以多行，但分号表示该语句的结束。

② 一行中可以有多条 SQL 语句，它们之间以分号分隔。

③ 每个 PL/SQL 程序块由 BEGIN 或 DECLARE 开始，以 END 结束。

④ 注释有单行注释（格式为 -- 注释内容）和多行注释（格式为 /* 注释内容 */）两种。

⑤ 执行部分使用的变量和常量必须事先在声明部分声明，执行部分至少包括一条可执行语句。NULL（空语句，什么操作也不做）是一条合法的可执行语句；事务控制语句 COMMIT 和 ROLLBACK 可以在执行部分使用；所有的 SQL 数据操作语句都可以用于执行部分；而数据定义语言不能在执行部分中使用。

⑥ 在执行部分中可以使用另一个 PL/SQL 程序块，这种程序块称为嵌套块。

⑦ PL/SQL 程序块不直接显示输出结果，而是提供其他方法进行输出。SELECT 语句可以使用 INTO 子句将结果输出到变量，还可以使用 DBMS_OUTPUT 和 UTL_FILES 系统程序包提供的方法进行输出。

⑧ “/” 表示 PL/SQL 程序编写完毕，提交系统进行编译。

2. PL/SQL 程序块的命名和匿名

PL/SQL 程序块有两种：命名程序块和匿名程序块。

命名程序块有存储过程和函数两种。

匿名程序块直接在 SQL Developer 工作表编辑窗口中书写。先用 SET SERVEROUTPUT ON 命令将显示结果的开关打开，在 PL/SQL 中使用 DBMS_OUTPUT 中的方法进行输出时，直接在 SQL Developer 返回值窗口中显示结果。

【例 8.1】 使用匿名程序块输出“hello”。

```
SET SERVEROUTPUT ON
DECLARE
   c varchar2(10);
BEGIN
   c:='hello';
   DBMS_OUTPUT.put_line(c);
END;
/
```

3. PL/SQL 程序块的执行

匿名程序块是通过直接运行脚本来执行的，命名程序块则必须使用 EXECUTE 关键字来执行。如果在另一个命名程序块或匿名程序块中执行命名程序块，那么就不需要 EXECUTE 关键字。

8.1.2 PL/SQL 的变量、数据类型、常量、字符集与运算符

1. 变量

（1）变量的声明

声明变量的语句格式如下：

```
变量名 数据类型 [NOT NULL] [:=初始值];
```

例如，*v_a* varchar2(10):='abc';*v_b* date;*v_c* number(10);

注意：

① 声明变量时可给变量强制加上 NOT NULL 约束，表示变量在声明时必须赋初值。

② PL/SQL 支持的数据类型如表 8.1 所示。

表 8.1 PL/SQL 常用的数据类型

名称	使用格式	含义	示例
char	char(max_length)	用于存储定长的字符型数据，长度 <=2000 字节	char(9);a:= 'abc';
varchar2	varchar2(max_length)	用于存储变长的字符型数据，长度 <=4000 字节	varchar2(10);b:='aaaa';
number	number(p,s)	用来存储整型或浮点型数值	number(9,2);c:=10.23;
date		用来存储日期型数据	date;d=to_date('2009-09-02');
raw	raw(l)	用来存储变长的二进制数据，长度 <=2000 字节	raw(5);
long raw	long raw(l)	用来存储变长的二进制数据，长度 <=2GB	long raw(10);
rowid		用来存储表中行的物理地址（二进制表示），固定的 10 个字节	rowid;
boolean		用来存储 true、false 和 null	boolean;

（2）变量的赋值

给变量赋值有以下 3 种方式。

① 通过赋值语句给变量赋值，例如：

```
c:=12; a:='abced';
```

② 通过键盘输入给变量赋值，例如：

```
B:= &b;
```

运行时系统会提示用户输入 *b* 的值，通过键盘输入的值将存入 *b* 变量。

③ 通过 SELECT INTO 语句给变量赋值，例如：

```
SELECT name INTO name1 FROM table1 WHERE name='王雷';
```

2. 特殊数据类型

为了提高用户的编程效率和解决复杂的业务逻辑需求，PL/SQL 除了可以使用基本数据类型外，还提供了两种特殊的数据类型。

（1）%type

编程时使用 %type 方式声明变量，使变量声明的类型与表中列数据类型保持同步，随表的变化而变化，这样的程序在一定程度上具有更强的通用性。例如，使用如下语句声明一个与 XS 表的指定 sname 列相同类型的变量 stuname，用于存放 sname 字段的值：

```
stuname XS.sname%type;
```

【例 8.2】 查询 XS 表中学号为“001101”的学生的学号与姓名。

```
SET SERVEROUTPUT ON;
DECLARE
   stuno XS.sno%type;
   stuname XS.sname%type;
BEGIN
   SELECT sno,sname INTO stuno,stuname FROM XS WHERE sno='001101';
   DBMS_OUTPUT.put_line(stuno||stuname);
END;
/
```

注意：在 PL/SQL 程序中，SELECT 语句返回的数据是一行时，SELECT 语句总是和 INTO 相配合，INTO 后跟用于接收查询结果的变量，形式如下：

```
SELECT 列名1,列名2...      INTO 变量1,变量2...
 FROM 表名 WHERE 条件;
```

（2）% rowtype

编程时使用 %rowtype 方式声明变量，使变量声明的类型与表中行结构的数据类型保持同步，用来存储从数据表中检索到的一行数据。例如，使用如下语句声明一个变量 xs_record，其结构与 XS 表的一行的结构相同，可以存储 XS 表中一行的数据：

```
DECLARE xs_record XS %rowtype;
```

【例 8.3】 查询 XS 表中学号为“001101”的学生的学号与姓名。

```
SET SERVEROUTPUT ON;
DECLARE
   xs_record XS%rowtype;
BEGIN
   SELECT *INTO xs_record FROM XS WHERE sno='001101';
   DBMS_OUTPUT.put_line(xs_record.sno|| xs_record.sname);
END;
/
```

3. 常量

声明常量的语句格式如下：

```
常量名 constant 数据类型:=初始值;
```

例如：

```
CON constant char(10) :='abcd';
```

注意：

（1）声明时，常量的值被赋值后在程序内部不能被改变。

（2）常量和变量都可被定义为 SQL 和用户定义的数据类型。

4. 有效字符集

变量、常量、过程、函数、包和触发器的命名，可使用以下 3 类字符。

（1）所有的大写和小写英文字母。

（2）数字 0 ~ 9。

（3）符号：_（下画线）、$ 和 #。

注意： PL/SQL 标识符的最大长度是 30 个字符，以字母开头，不区分字母的大小写。

5. 运算符

PL/SQL 的运算符主要有算术运算符、关系运算符、逻辑运算符和字符串运算符。

算术运算符有：+（加）、-（减）、*（乘）、/（除）和 **（乘方或幂）。

关系运算符有：<、<=、>、>=、=、!= 或 <>（不等于）。比较特殊的关系运算符还有：is null（如果操作数为 null 返回 true）、like（比较字符串值）、between（验证值是否在范围之内）和 in（验证操作数在设定的一系列值中）。

逻辑运算符有：and、or 和 not。

字符串运算符有：+、- 和 ||（连接不同类型的数据，系统自动做类型转换）。

8.1.3 PL/SQL 的控制语句

PL/SQL 的控制语句同其他的编程语言一样，有 3 种结构：顺序、选择和循环。顺序结构就是按照书写语句的先后顺序来执行，比较简单。下面重点介绍 PL/SQL 的选择结构和循环结构。

1. 选择结构

（1）IF 语句

IF 语句有 4 种表达方式：单分支 IF、双分支 IF、多分支 IF 和 IF 的嵌套。

① 单分支 IF 的语法格式如下：

```
IF 条件表达式 THEN
  语句块;
END IF;
```

该结构的执行过程是：若条件为真则执行 THEN 后的语句块，否则执行 END IF 后的语句。

注意： END 和 IF 要分开写。

② 双分支 IF 的语法格式如下：

```
IF 条件表达式 THEN
   语句块1;
ELSE
   语句块2;
END IF;
```

该结构的执行过程是：若条件为真则执行 THEN 后的语句块 1，否则执行 ELSE 后的语句块 2。

③ 多分支 IF 的语法格式如下：

```
IF 条件1 THEN
   语句块1;
ELSIF 条件2 THEN
   语句块2;
[ELSIF 条件3 THEN
   语句块3;
    …
ELSIF 条件n THEN
   语句块n;
]
ELSE
   语句块n+1;
END IF;
```

该结构的执行过程是：如果条件 1 成立，则执行语句块 1，否则判断 ELSIF 后面的条件 2，条件 2 成立则执行语句块 2，以此类推，如果所有条件都不成立，则执行 ELSE 后的语句块。

注意：ELSIF 不是 ELSEIF。

④ IF 嵌套的语法格式如下：

```
IF 条件1 THEN
      IF 条件2 THEN
         语句块1;
      ELSE
        语句块2;
      END IF;
ELSE
   语句块3;
END IF;
```

注意：

- 在使用 IF 嵌套结构的时候必须完整嵌入一个 IF 结构。
- 该结构的执行过程是：如果条件 1 为真，继续判断条件 2 是否为真，为真执行语句块 1，否则执行语句块 2；如果条件 1 为假，执行语句块 3。

（2）CASE 语句

CASE 语句的基本格式如下：

```
CASE 变量
 WHEN 变量值1 THEN 语句1;
 WHEN 变量值2 THEN 语句2;
 WHEN 变量值3 THEN 语句3;
       …
 WHEN 变量值n THEN 语句n;
 ELSE 语句n+1;
END CASE;
```

CASE 语句的执行过程是：首先设定一个变量作为条件，然后顺序检查表达式，如果从中找到与条件匹配的表达式值，执行相应的 THEN 后面的语句；如果没有与条件匹配的表达式值，执行 ELSE 后面的语句，执行完成后转到 END CASE 后面继续执行程序中的其他语句。

2. 循环结构

（1）LOOP 循环控制语句

LOOP 循环控制语句是循环结构中最基本的一种，格式如下：

```
LOOP
  语句块;
  [EXIT WHEN <条件>];
END LOOP;
```

这种循环控制语句是不会自动终止的，需要人为控制，才能终止运行此循环结构。一般可以通过加入 EXIT 语句来终止该循环。

（2）WHILE…LOOP 循环控制语句

WHILE…LOOP 循环控制语句的格式如下：

```
WHILE 条件 LOOP
    语句块;
END LOOP;
```

WHILE…LOOP 语句的执行过程是：如果条件为真，则执行循环体内的语句块，否则结束循环，执行 END LOOP 后面的语句。

（3）FOR…LOOP 循环控制语句

FOR…LOOP 循环控制语句的格式如下：

```
FOR 计数器变量 in [reverse] 初始值…终值 LOOP
  语句块;
END LOOP;
```

LOOP 和 WHILE…LOOP 循环控制语句的循环次数都是不确定的，FOR…LOOP 循环的循环次数是固定的，计数器变量以步长为 1 从初始值取到终值的所有值，每取一个值执行一遍循环体。如果使用了 reverse，则计数器变量以步长为 -1 从初始值取到终值的所有值，每取一个值执行一遍循环体。

除此之外，GOTO 语句可以实现语句执行过程的跳转，其格式如下：

```
GOTO label;
```

程序执行到 GOTO 语句时，会立即转到由 label 标记的语句（使用 << 标签 >> 声明）处继续执行。PL/SQL 中对 GOTO 语句有一些限制，对程序块、循环结构、IF 语句而言，从外层跳转到内层是非法的。

8.1.4 游标

游标（CURSOR）用于查询数据库，获取记录集合（结果集）的指针，可以让开发者一次访问一行或多行结果集，在每条结果集上做操作。

游标是 SQL 的一个内存工作区，由系统或用户以变量的形式定义。游标的作用就是临时存储从数据库中提取的数据块。在某些情况下，需要把数据从存放在磁盘的表中读取到计算机内存中进行处理，最后将处理结果显示出来或最终写回数据库。这样处理数据的速度才会提高，否则频繁的磁盘数据交换会降低效率。

1. 游标的类型

游标就是 PL/SQL 中一种实现对表的对象化操作的方法。游标分为以下两种类型。

显式游标：当查询返回结果超过一行时，用户不能使用 SELECT INTO 语句，就需要一个游标来处理结果集。

隐式游标：在执行 SQL 语句时，Oracle 系统会自动产生一个隐式游标，主要用于处理数据操纵语句（INSERT 和 DELETE 语句）的执行结果。当使用隐式游标的属性时，在属性名前加上隐式游标的默认名 SQL。

游标有 %FOUND、%NOTFOUND、%ROWCOUNT、%ISOPEN 等属性。这些属性用于控制程序流程。

（1）%FOUND：布尔型，如果 SQL 语句至少影响一行，则 %FOUND 等于 true，否则等于 false。

（2）%NOTFOUND：布尔型，与 %FOUND 相反。

（3）%ROWCOUNT：整型，返回受 SQL 语句影响的行数。

（4）%ISOPEN：布尔型，判断游标是否被打开，如果打开则 %ISOPEN 等于 true，否则等于 false。

2. 声明游标

在 DECLARE 部分按以下格式声明游标：

```
CURSOR 游标名[(参数1 数据类型[, 参数2 数据类型...])] IS SELECT语句;
```

参数是可选部分，所定义的参数可以出现在 SELECT 语句的 WHERE 子句中。如果定义了参数，则必须在打开游标时传递相应的实际参数。SELECT 语句是对表或视图的查询语句，甚至也可以是联合查询。可以带 WHERE 条件、ORDER BY 或 GROUP BY 等子句，但不能使用

INTO 子句。在 SELECT 语句中可以使用在定义游标之前定义的变量。

3. 打开游标

在可执行部分，按以下格式打开游标：

```
OPEN 游标名[(实际参数1[，实际参数2...])];
```

打开游标时，SELECT 语句的查询结果就被传送到了游标工作区。

4. 提取数据

在可执行部分，按以下格式将游标工作区中的数据提取到变量中。提取操作必须在打开游标之后进行。

```
FETCH 游标名 INTO 变量名1[，变量名2...];
```

或

```
FETCH 游标名 INTO 记录变量;
```

游标打开后有一个指针指向数据区，FETCH 语句一次返回指针所指的一行数据；若要返回多行，则需重复执行 FETCH 语句，可以使用循环语句来实现。控制循环可以通过判断游标的属性来进行。下面对这两种格式进行说明。

第 1 种格式中的变量名是用来从游标中接收数据的变量，需要事先定义。变量的个数和类型应与 SELECT 语句中字段变量的个数和类型一致。

第 2 种格式一次将一行数据提取到记录变量中，需要使用 %ROWTYPE 事先定义记录变量，这种形式使用起来比较方便，不必分别定义和使用多个变量。

定义记录变量的方法如下：

```
变量名 表名|游标名%ROWTYPE;
```

其中的表必须存在，游标名也必须事先定义。

5. 关闭游标

显式游标打开后，必须显式地关闭。游标一旦关闭，游标占用的资源就被释放，游标变成无效的，必须重新打开才能使用。关闭游标的格式如下：

```
CLOSE 游标名;
```

【例 8.4】 查询所有学生的学号与姓名。

```
DECLARE
   stu XS%rowtype;
   CURSOR cur_stu is SELECT * FROM XS;
BEGIN
   open cur_stu;
   LOOP
```

```
        fetch cur_stu INTO stu;
        EXIT WHEN cur_stu%notfound;
        DBMS_OUTPUT.put_line(stu.sno||stu.sname);
    END LOOP;
    close cur_stu;
END;
/
```

游标 FOR 循环是在 PL/SQL 程序块中使用游标的最简单的方式，它简化了对游标的处理。当使用游标 FOR 循环时，Oracle 会隐含地打开游标，提取游标数据并关闭游标。下面采用游标 FOR 循环实现例 8.4。

```
DECLARE
    CURSOR cur_stu is SELECT * FROM XS;
BEGIN
    FOR stucur IN cur_stu LOOP
        DBMS_OUTPUT.put_line(stucur.sno||stucur.sname);
    END LOOP;
END;
/
```

【例 8.5】 查询所有男生的学号与姓名（利用游标 FOR 循环）。

```
DECLARE
    CURSOR cur_stu(v_sex XS.sex%type) is
        SELECT * FROM XS WHERE sex=v_sex;
BEGIN
    FOR stucur IN cur_stu('男') LOOP
    DBMS_OUTPUT.put_line(stucur.sno||stucur.sname);
    END LOOP;
END;
/
```

【例 8.6】 修改所有学生的总学分，返回修改的记录数（利用隐式游标）。

```
BEGIN
  UPDATE XS SET totalcredit=totalcredit+1;
  IF SQL%notfound THEN
    DBMS_OUTPUT.put_line('没有记录被更改');
  ELSE
    DBMS_OUTPUT.put_line('有'||sql%rowcount||'条记录被更改');
  END IF;
END;
/
```

8.1.5 PL/SQL 中的异常

1. 异常基础知识

异常处理块中包含了与异常相关的错误发生及当错误发生时要执行和处理的代码。异常部分的语法如下：

```
EXCEPTION
  WHEN  异常名1  THEN
     语句序列1;
  WHEN  异常名2  THEN
     语句序列2;
  WHEN  OTHERS   THEN
     语句序列n;
END;
```

异常名是在标准包中由系统预定义的标准错误，或是由用户在程序的说明部分自定义的异常，参见下面系统预定义的异常类型。

语句序列就是不同分支的异常处理部分。凡是出现在 WHEN 后面的异常都是可以捕捉到的错误，其他未被捕捉到的错误将在 WHEN OTHERS 部分进行统一处理，OTHERS 必须是 EXCEPTION 部分的最后一个异常处理分支。如要在该分支中进一步判断异常种类，可以通过使用预定义函数 SQLCODE( ) 和 SQLERRM( ) 来获得系统异常号和异常信息。

如果在程序的子块中发生了异常，但子块没有异常处理部分，则异常错误会传递到主程序中。

2. 系统预定义异常

Oracle 的系统异常有很多，但只有一部分常见异常在标准包中予以定义了。定义的异常可以在 EXCEPTION 部分通过标准的异常名来进行判断，并进行异常处理，常见的系统预定义异常如表 8.2 所示。

表 8.2 Oracle 常见的系统预定义异常

异常名	异常标题	异常号	说明
ACCESS_INTO_NULL	ORA-06530	-06530	试图给没有定义的对象赋值
CASE_NOT_FOUND	ORA-06592	-06592	CASE 中未包含相应的 WHEN，并且没有设置 ELSE
COLLECTION_IS_NULL	ORA-06531	-06531	集合元素未初始化
CURSOR_ALREADY_OPEN	ORA-06511	-06511	游标已打开
DUP_VAL_ON_INDEX	ORA-00001	-00001	唯一索引对应的列上有重复的值
INVALID_CURSOR	ORA-01001	-01001	在不合法的游标上进行操作
INVALID_NUMBER	ORA-01722	-01722	内嵌的 SQL 语句不能将字符转换为数字
LOGIN_DENIED	ORA-01017	-01017	连接到 Oracle 数据库时，提供了错误的用户名或密码
NO_DATA_FOUND	ORA-01403	-01403	使用 SELECT INTO 未返回行或应用索引表未初始化的元素
NOT_LOGGED_ON	ORA-01012	-01012	PL/SQL 程序在没有连接 Oracle 数据库的情况下访问数据

续表

异常名	异常标题	异常号	说明
PROGRAM_ERROR	ORA-06501	-06501	PL/SQL 内部问题，可能需要重装 PL/SQL 系统包
ROWTYPE_MISMATCH	ORA-06504	-06504	宿主游标变量与 PL/SQL 游标变量的返回类型不兼容
SELF_IS_NULL	ORA-30625	-30625	使用对象类型时，在 null 对象上调用对象方法
STORAGE_ERROR	ORA-06500	-06500	内存溢出错误
SUBSCRIPT_BEYOND_COUNT	ORA-06533	-06533	元素下标超过嵌套表或 VARRAY 的最大值
SUBSCRIPT_OUTSIDE_LIMIT	ORA-06532	-06532	使用嵌套表或 VARRAY 时，将下标指定为负数
SYS_INVALID_ROWID	ORA-01410	-01410	无效的 ROWID 字符串
TIMEOUT_ON_RESOURCE	ORA-00051	-00051	Oracle 在等待资源时超时
TOO_MANY_ROWS	ORA-01422	-01422	执行 SELECT INTO 时，结果集超过一行
VALUE_ERROR	ORA-06502	-06502	赋值时，变量长度不足以容纳实际数据
ZERO_DIVIDE	ORA-01476	-01476	除数为 0

【例 8.7】 查询全部学生的信息，如果没有查询到学生信息，返回“没有找到数据”；如果查询返回数据是多行，返回“结果集超过一行”。

```
SET SERVEROUTPUT ON
DECLARE
   stuno XS.sno%type;
   stuname XS.sname%type;
BEGIN
   SELECT sno,sname INTO stuno,stuname FROM  XS;
   DBMS_OUTPUT.put_line(stuno||stuname);
EXCEPTION
   WHEN no_data_found THEN
    DBMS_OUTPUT.put_line('数据没找到');
   WHEN too_many_rows THEN
    DBMS_OUTPUT.put_line('结果集超过一行');
   WHEN OTHERS THEN
    DBMS_OUTPUT.put_line('其他异常');
END;
/
```

如果一个系统异常没有在标准包中定义，则需要在声明部分定义一个异常名称，其语法如下：

```
异常名 EXCEPTION;
```

定义后使用 PRAGMA EXCEPTION_INIT 将一个定义的错误同一个特别的 Oracle 错误代码相关联，就可以同系统预定义的错误一样使用了。其语法如下：

```
PRAGMA EXCEPTION_INIT(错误名, - 错误代码);
```

【例 8.8】 向成绩表 CJ 中插入一条学生成绩信息，如果该学生不存在，系统将出现 ORA-2291 错误。系统错误 ORA-2291 并没有在标准包中定义，下面通过声明来定义一个异常名称，并处理 ORA-2291 异常。

```
SET SERVEROUTPUT ON
DECLARE
   e_ora EXCEPTION;
   PRAGMA EXCEPTION_INIT(e_ora,-2291);
   v_sno CJ.sno%type;
BEGIN
   v_sno:=&sno; --从键盘获得学号
   INSERT INTO CJ values('v_sno','101',84);
EXCEPTION
   WHEN e_ora THEN
      DBMS_OUTPUT.put_line('该同学不存在! ');
   WHEN OTHERS THEN
      DBMS_OUTPUT.put_line('其他异常');
END;
/
```

3. 自定义异常

异常不一定必须是 Oracle 返回的系统错误，用户也可以在自己的应用程序中创建可触发及可处理的自定义异常。

程序设计者可以利用引发异常的机制进行程序设计，用户自定义异常类型，可以在声明部分定义新的异常类型，定义的语法如下：

```
错误名 EXCEPTION;
```

用户自定义的异常不能由系统触发，必须由程序显式地触发，触发的语法如下：

```
RAISE 错误名;
```

【例 8.9】 向成绩表 CJ 中插入一条学生成绩信息，如果插入的成绩含有空值，则抛出空值异常。

```
SET SERVEROUTPUT ON
DECLARE
   null_exp EXCEPTION;
   stucj CJ%rowtype;
BEGIN
   stucj.sno:='001241'; stucj.cno:='206';
```

```
    INSERT INTO CJ values(stucj.sno,stucj.cno,stucj.grade);
    IF stucj.grade is null THEN
        raise null_exp;
    END IF;
EXCEPTION
    WHEN null_exp THEN
     DBMS_OUTPUT.put_line('成绩不能为空值');
     rollback;
    WHEN OTHERS THEN
     DBMS_OUTPUT.put_line('其他异常');
END;
/
```

8.2　Oracle 存储过程

8.2.1　存储过程基本知识

存储子程序是指被命名的 PL/SQL 程序块以编译的形式存储在数据库服务器中，可以在应用程序中进行调用。PL/SQL 中的存储子程序包括存储过程和（存储）函数两种。通常，存储过程用于执行特定的操作，不需要返回值；而函数则用于返回特定的数据。在调用时，存储过程可以作为一个独立的表达式被调用，而函数只能作为表达式的一个组成部分被调用。本节主要讲述存储过程。存储过程由 PL/SQL 完成，因此在存储过程内可以包含变量、常量的声明初始化、分支或循环控制语句和 SQL 语句。存储过程可以接收参数、输出参数、返回单个或多个结果集以及返回值。

存储过程具有以下优点。

- 可以在单个存储过程中执行一系列 SQL 语句。
- 可以在存储过程内引用其他存储过程，这可以简化一系列复杂语句。
- 存储过程在创建时即在服务器上进行编译，所以执行起来比单个 SQL 语句快。
- 为了确保数据库的安全性，可以不授权用户直接访问应用程序中的一些表，而是授权用户执行访问数据库的过程。
- 存储过程可以重复执行。

8.2.2　存储过程相关操作

1. 创建存储过程

创建存储过程的语法如下：

```
CREATE [OR REPLACE] PROCEDURE 过程名
 [(参数1 [{in|out|in out}] 数据类型[,参数2 [{in |out |in out}] 数据类型,...])]
 is|as
```

```
    [变量的声明;]
BEGIN
 执行语句;
 [EXCEPTION
      异常处理语句;]
END;
/
```

注意：

（1）参数有 3 种类型 in、out 和 in out。in 表示参数是输入给存储过程的；out 表示参数需要在存储过程执行后返回给调用环境一个值；in out 表示参数在存储过程调用时必须是给定的并且在执行存储过程后返回给调用环境。如果省略了 in、out 和 in out，则默认为 in。in 参数为引用传递，即实参指针被传递给形参；out 和 in out 参数为值传递，即实参的值被复制给形参。

（2）在声明参数时，不能定义形参的长度或精度。

（3）默认情况下，用户创建的存储过程归登录数据库的用户所拥有，DBA 可以通过授权给其他用户来执行该存储过程。

（4）和前文描述的一样，存储过程也可以在编辑器中编辑和修改。

（5）命令中若使用 OR REPLACE，在编辑已存在的同名存储过程时将覆盖原有存储过程中的内容。

---

2. 执行存储过程

执行存储过程有以下两种方式。

（1）直接执行，用 EXECUTE 命令执行存储过程的格式如下：

```
        EXECUTE  过程名[(par1, par2…)];
```

（2）被其他过程调用，调用存储过程的格式如下：

```
DECLARE par1, par2
BEGIN
  过程名(par1, par2…);
END;
```

3. 查看存储过程

存储过程的代码信息保存在 USER_SOURCE 数据字典里，存储过程的名称、类型和有效性等信息保存在 USER_OBJECTS 数据字典里，存储过程与表的联系信息保存在 USER_DEPENDENCIES 数据字典里。可以通过命令“DESC 表名”查看数据字典表的结构，然后通过查询语句查看存储过程的相关信息。

注意：在数据字典里保存的内容全部是大写，而 PL/SQL 中是不区分大小写的。所以在查询数据字典的时候要注意查找内容大写，或使用 upper 转换函数，如查询存储过程 aa 的有效性用下列语句：

```
SELECT * FROM USER_OBJECTS WHERE OBJECT_NAME=upper('aa');
```

或

```
SELECT * FROM USER_OBJECTS WHERE OBJECT_NAME='AA';
```

4. 删除存储过程

当不再需要某个存储过程时，应将其从内存中删除，以释放它占用的内存资源。删除存储过程的语句格式如下：

```
DROP PROCEDURE 存储过程名;
```

5. 重新编译失效的存储过程

当某个存储过程失效了，使用以下格式重新编译使之生效：

```
ALTER PROCEDURE 存储过程名 COMPILE;
```

8.2.3 存储过程示例

【例 8.10】 根据学号和课程号删除学生成绩信息。

```
CREATE OR REPLACE PROCEDURE PRO_DELCJ(stuno in XS.sno%type,stucno in KC.cno%type)
is
BEGIN
  DELETE FROM CJ WHERE sno=stuno and cno=stucno;
EXCEPTION
  WHEN no_data_found THEN
    DBMS_OUTPUT.put_line('数据没找到');
  WHEN OTHERS THEN
    DBMS_OUTPUT.put_line('产生异常');
END;
/
```

【例 8.11】 根据学号和课程号查询学生成绩信息。

```
CREATE OR REPLACE PROCEDURE PRO_SELGRADE
(stuno in XS.sno%type,stucno in KC.cno%type, stugrade out CJ.grade%type)
is
BEGIN
  SELECT grade INTO stugrade FROM CJ WHERE sno=stuno and cno=stucno;
EXCEPTION
  WHEN no_data_found THEN
    DBMS_OUTPUT.put_line('数据没找到');
  WHEN OTHERS THEN
    DBMS_OUTPUT.put_line('产生异常');
END;
/
```

通过匿名块调用存储过程 PRO_SELGRADE。

```
DECLARE
  grade CJ.grade%type;
BEGIN
  pro_selgrade('001241','101',grade);
  DBMS_OUTPUT.put_line(grade);
END;
/
```

8.3 Oracle 触发器

8.3.1 触发器基本知识

1. 触发器概念

触发器（Trigger）是一种特殊的存储过程，编译后存储在数据库服务器中。当特定事件发生时，由系统自动调用执行，而不是显式执行。另外，触发器不接受任何参数，而存储过程需要显式调用，并可以接收和传回参数。

触发器与表联系紧密，主要用于维护那些通过创建表时的声明约束不可能实现的复杂的完整性约束以及对数据库中特定事件进行监控和响应。使用触发器时要明确以下几个问题。

（1）触发的事件，即执行了哪些操作启动了触发器。Oracle 中触发器的触发事件主要包括 INSERT、UPDATE、DELETE 等操作。

（2）触发的对象，即对哪个表和表的哪些列进行操作。

（3）触发的时机，即触发器执行的时间。Oracle 有两个触发时机 BEFORE 和 AFTER。

（4）触发级别，用于指定触发器响应触发事件的方式。默认为语句级触发器，即触发事件发生后，触发器只执行一次。如果指定为 FOR EACH ROW，即为行级触发器，则触发事件每作用于一个记录，触发器就会执行一次。

（5）触发的条件，即触发事件发生后，应满足什么条件才执行触发体。

（6）区分新旧记录。触发事件会进行数据的改变，Oracle 用 NEW 代表新值状态的记录，OLD 代表旧值状态的记录。对于 INSERT 操作没有“旧”值状态的记录，对于 DELETE 操作没有“新”值状态的记录。

2. 触发器类型

根据触发器作用的对象不同，触发器分为以下 3 类。

（1）DML 触发器：建立在基本表上的触发器，响应基本表的 INSERT、UPDATE、DELETE 操作。

（2）INSTEAD OF 触发器：建立在视图上的触发器，响应视图的 INSERT、UPDATE、DELETE 操作。

（3）系统触发器：建立在系统或模式上的触发器，响应系统事件和 CREATE、ALTER、DROP 操作。

8.3.2 触发器相关操作

1. 创建触发器

一个触发器由3部分组成：触发事件或语句、触发限制和触发器动作。触发事件或语句是指激发了触发器的SQL语句，可以为指定表的INSERT、UPDATE或DELETE操作语句。触发限制是指定一个布尔表达式，当触发器激发时该布尔表达式必须为真。触发器作为过程，是PL/SQL程序块，当触发语句被执行且触发限制计算为真时该过程被执行。

利用SQL语句创建DML触发器的语法如下：

```
CREATE [OR REPLACE] TRIGGER [方案名.]<触发器名>
    {BEFORE|AFTER|INSTEAD OF} {UPDATE|INSERT|DELETE} ON {<表名>|<视图名>
    [FOR EACH ROW [WHEN <触发条件>] ]
DECLARE
    变量声明;
BEGIN
    执行语句块;
END;
/
```

说明：

（1）OR REPLACE：表示如果存在同名触发器，则覆盖原有同名触发器。利用该选项可修改已存在的触发器。

（2）BEFORE、AFTER和INSTEAD OF：说明触发器的类型，BEFORE是指触发器在指定操作执行前操作；AFTER是指触发器在指定操作执行后操作；INSTEAD OF指创建替代触发器。

（3）触发事件：指定INSERT、DELETE或UPDATE事件，可以有一个事件，也可以有多个事件并行出现，中间用OR连接。

对于UPDATE事件，还可以用以下形式表示对某些列的修改会引起触发器的动作：

```
UPDATE OF 列名1, 列名2...
```

（4）ON表名：表示为哪一个表创建触发器。

（5）FOR EACH ROW：表示触发器为行级触发器。在行级触发器中，在列名前加限定词“：OLD.”表示变化前的值，在列名前加限定词“：NEW.”表示变化后的值。

（6）WHEN触发条件：表示当该条件满足时，触发器才能执行；在DML触发器中，可以根据需要事件的不同进行不同的操作，在触发器中可使用以下3个条件谓词。

inserting：当触发事件是INSERT操作时，该条件谓词返回true，否则返回false。

updating：当触发事件是UPDATE操作时，该条件谓词返回true，否则返回false。

deleting：当触发事件是DELETE操作时，该条件谓词返回true，否则返回false。

【例8.12】 创建一个DelXs表用于存储从XS表中删除的数据，当从XS表中删除数据时

触发 del_xs 触发器向 DelXs 表中插入删除的数据。

第一步：创建 DelXs 表。

```
CREATE TABLE DelXs
as
SELECT  sno,sname FROM XS WHERE 1=2;
```

第二步：创建 del_xs 触发器。

```
CREATE or REPLACE TRIGGER del_xs
AFTER DELETE ON XS FOR EACH ROW
BEGIN
   INSERT INTO DelXs VALUES(:OLD.sno,:OLD.sname);
END;
```

第三步：删除 XS 表中存在的记录。

```
DELETE FROM XS WHERE sno='001244';
```

第四步：查看 DelXs 中的内容。

```
SELECT * FROM DelXs;
```

注意：

（1）触发器和某一指定的表有关，当该表被删除时，任何与该表有关的触发器同样会被删除。

（2）触发器触发次序如下：

① 执行 BEFORE 语句级触发器；

② 执行行级触发器，行级触发器的执行顺序为：执行 BEFORE 行级触发器→执行 DML 语句→执行 AFTER 行级触发器；

③ 执行 AFTER 语句级触发器。

（3）触发器中不能包含 DDL 语句，ROLLBACK、COMMIT、SAVEPOINT 也不能用。由于在触发器中不能直接使用 COMMIT 语句，所以在触发器中对数据库有写操作时，是无法简单地使用 SQL 语句来完成的，此时可以将其设为自治事务，从而避免出现这种问题。

2. 查看触发器

触发器的信息保存在下列数据字典里：user_triggers、all_triggers 和 dba_triggers。

通过 all_triggers 查看触发器的相关信息。如查看所有触发器信息的语句如下：

```
SELECT * FROM all_triggers;
```

3. 删除触发器

删除触发器的语法格式如下：

```
DROP TRIGGER [方案名.]<触发器名> ;
```

如删除触发器 del_xs 的语法如下：

```
DROP TRIGGER del_xs;
```

4. 启用和禁用触发器

在 Oracle 中，触发器可以启用和禁用，其语法格式为：

```
ALTER TRIGGER [方案名.]<触发器名>  DISABLE|INABLE;
```

其中，DISABLE 为禁用触发器，INABLE 启用触发器。例如，要禁用触发器 del_xs 可以使用以下语句：

```
ALTER TRIGGER del_xs  DISABLE;
```

如果要启用或禁用一个表中的所有触发器，可以使用如下语法：

```
ALTER TABLE <表名>  {DISABLE|INABLE} ALL TRIGGERS;
```

8.3.3 触发器示例

【例 8.13】 创建一个保存成绩表操作日志的表 cj_log(operate_type, operate_date, operate_user)，用于记录对成绩表所做的增、删、改操作。operate_type 用于存放操作类型，operate_date 用于存放操作日期，operate_user 用于存放操作人。

```
CREATE TABLE cj_log(
  operate_type varchar2(20),
  operate_date date,
  operate_user varchar2(20)
);
CREATE OR REPLACE TRIGGER trig_cj BEFORE INSERT or UPDATE or DELETE ON CJ
DECLARE
  ope_type varchar2(20);
BEGIN
 IF inserting THEN    ope_type:='添加';
 ELSIF updating  THEN    ope_type:='更新';
 ELSIF deleting  THEN    ope_type:='删除';
 END IF;
  INSERT INTO cj_log VALUES(ope_type,sysdate,ora_login_user);
END;
/
```

【例 8.14】 创建触发器，若要修改学生数据库中 XS 表中的 sno 和 KC 表中的 cno，CJ 表中的 sno 和 cno 也要做相应的修改。

首先执行下列语句，观察执行结果：

```
Update XS set sno='101202' WHERE sno='001202';
Update KC set cno='111' WHERE cno='101';
```

如果 XS 表的 sno 与 CJ 的 sno，还有 KC 表的 cno 与 CJ 表的 cno 已经建立了参照完整性关系，那么上述两条更新命令是不能被执行的，因为有子记录的存在。如果非要执行这两条更新命令，有什么好的办法吗？

为了实现 XS 表中 sno 和 KC 表中 cno 的修改，CJ 表中的 sno 和 cno 也必须做相应的修改，可以通过建立触发器实现。

参考程序如下：

```
CREATE OR REPLACE trigger uPD_sno
after UPDATE on XS for each row
BEGIN
     IF updating THEN
     UPDATE CJ set sno=:NEW.sno WHERE sno=:OLD.sno;
     END IF;
END;
/
CREATE OR REPLACE trigger sc_upd_Cno
  after UPDATE or INSERT on KC for each row
BEGIN
  IF updating THEN
   UPDATE CJ set cno=:NEW.cno WHERE cno=:OLD.cno;
  END IF;
END;
/
```

触发器建立成功后，执行下列语句，观察执行结果：

```
Update XS set sno='101202' WHERE sno='001202';
Update KC set cno='111' WHERE cno='101';
```

此时，实现了 XS 表中 sno 和 KC 表中 cno 的修改，CJ 表中的 sno 和 cno 也做了相应的修改。

【例 8.15】 创建触发器，若删除了 XS 表中的记录，CJ 表中相应的记录也要删除。

参考程序如下：

```
CREATE OR REPLACE trigger del_cj after DELETE on XS
  for each row
BEGIN
  DELETE FROM CJ WHERE sno=:OLD.sno;
END;
/
```

本章小结

本章介绍了 PL/SQL 编程的相关知识和理论。SQL 语句提供了数据操纵的能力，但不支持结构化编程，当要实现复杂的应用时，需要数据库管理系统提供过程化的编程支持。Oracle 利用 PL/SQL 来进行结构化编程，PL/SQL 将 SQL 的数据操纵和过程化编程语言的流程控制结合起来，是 SQL 的扩展。本章的重点和难点是存储过程和触发器的理解与应用，本章通过一些具体的实例讲解来提高读者的学习效率。

习题8

8.1　选择题

（1）下面关于存储过程的描述，错误的是 ________。

A. 存储过程是一种数据库对象　　B. 存储过程存储在数据库服务器中

C. 存储过程可以调用，不能由系统触发　　D. 存储过程不可以有返回值

（2）下面关于触发器的描述，错误的是 ________。

A. 触发器是一种特殊的存储过程

B. 一个关系表上只能定义一个触发器

C. 触发器在后台服务器上编译运行，执行效率较高

D. 触发器采用的是事件触发机制

8.2　创建包含删除、修改多种触发事件的触发器 TRIG_STUDENT，对 XS 和 CJ 表进行参照完整性关系的维护。对 XS 表进行删除操作，则删除 CJ 表中对应学号的所有记录；对 XS 表的学号进行更新操作，则更新 CJ 表中对应学号的所有记录。

实验五　存储过程与触发器

【实验目的】

掌握存储过程与触发器的相关操作，理解存储过程与触发器的作用。

【实验内容】

1. 在实验一的基础上完成以下操作。

（1）存储过程：创建显示学生总人数的存储过程 STU_COUNT。

（2）存储过程：创建显示学生信息的存储过程 STUDENT_LIST。

（3）存储过程：创建显示某个学生平均成绩的存储过程 PRO_AVG。

（4）存储过程：创建显示所有学生平均成绩的存储过程 ALL_AVG。

（5）存储过程：创建对学生姓名进行模糊查找的存储过程 PRO_NAME。

2. 根据图书借阅关系，假设存在图书表 Book（bookID：图书编号，bookName：图书名，states：状态，状态有“借出”和“在馆”两种）、学生表 Student（stuID：学生号，stuName：学生名）、借阅表 BookLend（stuID，bookID，lendDate：借书日期，returnDate：还书日期），当学生借书时，即在借阅表中插入一条新的记录（图书表中借出一本图书），同时把图书表中的该图书的状态更改为“借出”；当学生还书时，即更新借阅表中的归还日期（即图书归还了），同时把图书表中该图书的状态更改为“在馆”，使用触发器实现，根据提示完成下列程序。

第一步：创建 Book、Student 和 BookLend 三张表，并插入数据。

① 向 Book 表插入一条记录 ('111','JAVA 程序设计 ',' 在馆 ')。

② 向 Student 表插入一条记录 ('169074264',' 韩书 ')。

第二步：创建借书触发器 LEND_TRIG，当 BookLend 表中插入一条记录时，修改图书表中该图书的状态为“借出”。

创建触发器 LEND_TRIG，语句如下：

```
CREATE OR REPLACE TRIGGER LEND_TRIG;
```

第三步：创建还书触发器 RETURN_TRIG，当修改 BookLend 表中的归还时期时，修改图书表中该图书的状态为“在馆”。

创建触发器 RETURN_TRIG，语句如下：

```
CREATE OR REPLACE TRIGGER RETURN_TRIG;
```

第四步：执行以下操作，验证触发器，观察数据库中数据的变化。

（1）“韩书”同学借出了“JAVA 程序设计”书，即向 BookLend 表中插入一条记录，此时 lendDate 取当前系统日期，returnDate 取空值。

（2）“韩书”同学还了“JAVA 程序设计”书，即修改 BookLend 表中的还书日期，此时 returnDate 取当前系统日期。

09 第9章　数据库设计

设计与开发一个信息管理系统的关键是对数据库的设计。一个好的信息管理系统必须有一个科学的数据库设计。

9.1　数据库设计概述

对于数据库应用开发人员来说，要使现实世界的信息计算机化，并对计算机化的信息进行各种操作，就是如何利用数据库管理系统、系统软件和相关的硬件系统，将用户的要求转化成有效的数据结构，并使数据库结构适应用户新要求的过程，这个过程称为数据库设计。

9.1.1　数据库设计的任务

数据库设计是指根据用户需求研制数据库结构的过程，具体地说，是指对于一个给定的应用环境，构造最优的数据库模式，建立数据库及其应用系统，使之能有效地存储数据，满足用户的信息要求和处理要求；也就是说，根据各种应用处理的要求，合理地组织现实世界中的数据，满足硬件和操作系统的特性，利用已有的数据库管理系统建立能够实现系统目标的数据库。

9.1.2　数据库设计的内容

数据库设计包括数据库的结构设计和数据库的行为设计两方面的内容。

1. 数据库的结构设计

数据库的结构设计是指根据给定的应用环境，进行数据库的模式或子模式的设计。它包括数据库的概念设计、逻辑设计和物理设计。

2. 数据库的行为设计

数据库的行为设计是指确定数据库用户的行为和动作。而在数据库系统中，用户的行为和动作指用户对数据库的操作，这些要通过应用程序来实现，所以数据库的行为设计就是应用程序的设计。

9.1.3　数据库设计方法

1978年10月，来自30多个国家和地区的数据库专家在美国新奥尔良（New

Orleans）市专门讨论了数据库设计问题，他们运用软件工程的思想和方法，提出了数据库设计的规范，这就是著名的新奥尔良法，它是目前公认的比较完整和权威的一种规范设计方法。新奥尔良法将数据库设计分成需求分析（分析用户需求）、概念设计（信息分析和定义）、逻辑设计（设计实现）和物理设计（物理数据库设计）等几个阶段。目前，常用的规范设计方法大多起源于新奥尔良法，并在设计的每一阶段采用一些辅助方法来具体实现。

下面简单介绍几种常用的规范设计方法。

1. 基于 E-R 模型的数据库设计方法

基于 E-R（实体 - 联系）模型的数据库设计方法是由美籍华裔计算机科学家陈品山于 1977 年提出的，其基本思想是在需求分析的基础上，用 E-R 图构造一个反映现实世界实体之间联系的企业模式，然后将此企业模式转换成基于某一特定数据库管理系统的概念模式。

2. 基于 3NF 的数据库设计方法

基于 3NF（第三范式）的数据库设计方法是结构化设计方法，其基本思想是在需求分析的基础上，确定数据库模式中的全部属性和属性间的依赖关系，将它们组织在一个单一的关系模式中，然后分析模式中不符合 3NF 的约束条件，将其进行投影分解，规范成若干个 3NF 关系模式的集合。

3. 基于视图的数据库设计方法

此方法先从分析各个应用的数据着手，其基本思想是为每个应用建立自己的视图，然后把这些视图汇总起来合并成整个数据库的概念模式。合并过程中要解决以下问题：

（1）消除命名冲突；

（2）消除冗余的实体和联系；

（3）进行模式重构，在消除了命名冲突和冗余后，需要对整个汇总模式进行调整，使其满足全部完整性约束条件。

除了以上 3 种方法外，规范化设计方法还有实体分析法、属性分析法和基于抽象语义的设计方法等，这里不再详细介绍。

目前许多计算机辅助软件工程（Computer Aided Software/System Engineering，CASE）工具可以自动辅助设计人员完成数据库设计过程中的很多任务，比如 PowerDesigner 工具。

9.1.4 数据库设计的步骤

按规范设计法可将数据库设计分为需求分析、概念设计、逻辑设计、物理设计、数据库实施和数据库运行与维护 6 个阶段。数据库设计中，前两个阶段面向用户的应用要求，面向具体的问题；中间两个阶段面向数据库管理系统；最后两个阶段面向具体的实现方法。前 4 个阶段可统称为“分析和设计阶段”，后两个阶段称为“实现和运行阶段”。6 个阶段的主要工作各有不同。

1. 需求分析阶段

需求分析是整个数据库设计过程的基础，要收集数据库所有用户的信息内容和处理要求，并加以规格化和分析。这是最费时、最复杂的一步，但也是最重要的一步，相当于待构建的数据库大厦的地基，它决定了以后各步设计的速度与质量。需求分析做得不好，可能会导致整个数据库设计返工重做。在分析用户需求时，要确保用户目标的一致性。

2. 概念设计阶段

概念设计是把用户的信息要求统一到一个整体逻辑结构中，此结构能够表达用户的要求，是一个独立于任何数据库管理系统软件和硬件的概念模型。

3. 逻辑设计阶段

逻辑设计是将上一步所得到的概念模型转换为某个数据库管理系统所支持的数据模型，并对其进行优化。

4. 物理设计阶段

物理设计是为逻辑数据模型建立一个完整的能实现的数据库结构，包括存储结构和存取方法。

上述分析和设计阶段是很重要的，如果做出不恰当的分析或设计，则会产生一个不恰当或反应迟钝的应用系统。

5. 数据库实施阶段

根据物理设计的结果把原始数据装入数据库，建立一个具体的数据库并编写和调试相应的应用程序。应用程序的开发目标是开发一个可依赖的、有效的数据库存取程序，来满足用户的处理要求。

6. 数据库运行与维护阶段

这一阶段主要收集和记录实际系统运行的数据，数据库运行的记录用来提高用户要求的有效信息，用来评价数据库系统的性能，进一步调整和修改数据库。在运行中，必须保持数据库的完整性，并能有效地处理数据库故障和进行数据库恢复。在运行和维护阶段，可能要对数据库结构进行修改或扩充。

可以看出，以上 6 个阶段是从数据库应用系统设计和开发的全过程来考察数据库设计的问题。因此，它既是数据库的也是应用系统的设计过程。在设计过程中，要努力使数据库设计和系统其他部分的设计紧密结合，以完善应用系统整体设计。

9.2 需求分析

需求分析是数据库设计的起点，为以后的具体设计做准备。需求分析的结果是否准确地反映了用户的实际要求，将直接影响到后面各个阶段的设计，并影响到设计结果是否合理和实用。经验证明，由于需求的不正确或被误解，直到系统测试阶段才发现许多错误，纠正起来要付出很大代价。因此，必须高度重视系统的需求分析。

9.2.1 需求分析的任务

从数据库设计的角度来看，需求分析的任务是对现实世界要处理的对象（组织、部门、企业等）进行详细地调查，通过对原系统的了解，收集支持新系统的基础数据，并对其进行处理，在此基础上确定新系统的功能，形成需求分析说明书。

具体地说，需求分析阶段的任务包括以下 3 项。

1. 调查分析用户的活动

这个过程通过对新系统运行目标的研究，对现行系统所存在的主要问题以及制约因素的分析，明确用户的需求总目标，确定这个目标的功能域和数据域。

具体做法如下。

（1）调查组织机构情况，包括该组织的部门组成情况、各部门的职责和任务等。

（2）调查各部门的业务活动情况，包括各部门输入和输出的数据与格式、所需的表格与卡片、加工处理这些数据的步骤、输入和输出的部门等。

2. 收集和分析需求数据，确定系统边界

在熟悉业务活动的基础上，协助用户明确对新系统的各种需求，包括用户的信息需求、处理需求、安全性和完整性的需求等。

（1）信息需求指目标范围内涉及的所有实体、实体的属性以及实体间的联系等数据对象，也就是用户需要从数据库中获得信息的内容与性质。由信息要求可以导出数据要求，即在数据库中需要存储哪些数据。

（2）处理需求指用户为了得到需要的信息而对数据进行加工处理的要求，包括对某种处理功能的响应时间和处理的方式（批处理或联机处理）等。

（3）安全性和完整性的需求。在定义信息需求和处理需求的同时必须相应地确定安全性和完整性约束。

在收集完各种需求数据后，对前面调查的结果进行初步分析，确定新系统的边界，确定哪些功能由计算机完成或将来准备由计算机完成，哪些活动由人工完成。由计算机完成的功能就是新系统应该实现的功能。

3. 编写需求规范说明书

系统分析阶段的最后是编写系统分析报告，通常称为需求规范说明书。需求规范说明书是对需求分析阶段的一个总结。编写需求规范说明书是一个不断反复、逐步深入和逐步完善的过程，需求规范说明书应包括如下内容。

（1）系统概况，包括系统的目标、范围、背景、历史和现状。

（2）系统的原理和技术，对原系统的改善。

（3）系统总体结构与子系统结构说明。

（4）系统功能说明。

（5）数据处理概要、工程体制和设计阶段划分。

（6）系统方案及技术、经济、功能和操作上的可行性。

完成需求规范说明书后，在项目单位的领导下要组织有关技术专家评审需求规范说明书，这是对需求分析结构的再审查。审查通过后由项目方和开发方领导签字认可。

随需求规范说明书提供的附件如下。

（1）系统的硬件、软件支持环境的选择及规格要求（所选择的数据库管理系统、操作系统、汉字平台、计算机型号及其网络环境等）。

（2）组织机构图、组织之间联系图和各机构功能业务一览图。

（3）数据流程图、功能模块图和数据字典等图表。

如果用户同意需求规范说明书和方案设计，那么在与用户进行详尽商讨的基础上，最后签订技术协议书。需求规范说明书是设计者和用户一致确认的权威性文献，是今后各阶段设计和工作的依据。

9.2.2　需求分析的方法

用户参加数据库设计是数据应用系统设计的特点，是数据库设计理论不可分割的一部分。在需求分析阶段，如果没有用户的积极参加，任何调查研究是都寸步难行的，设计人员应帮助不熟悉计算机的用户建立数据库环境下的共同概念，所以这个过程中不同背景的人员之间互相了解与沟通是至关重要的，同时方法也很重要。

用于需求分析的方法有很多种，主要的方法有自顶向下和自底向上两种。自顶向下的分析方法（Structured Analysis，SA）是最简单实用的方法。SA 方法从最上层的系统组织结构入手，采用逐层分解的方式分析系统，用数据流图（Data Flow Diagram，DFD）和数据字典（Data Dictionary，DD）描述系统。

下面对数据流图和数据字典做简单的介绍。

1. 数据流图

使用 SA 方法，任何一个系统都可以抽象为图 9.1 所示的数据流图。

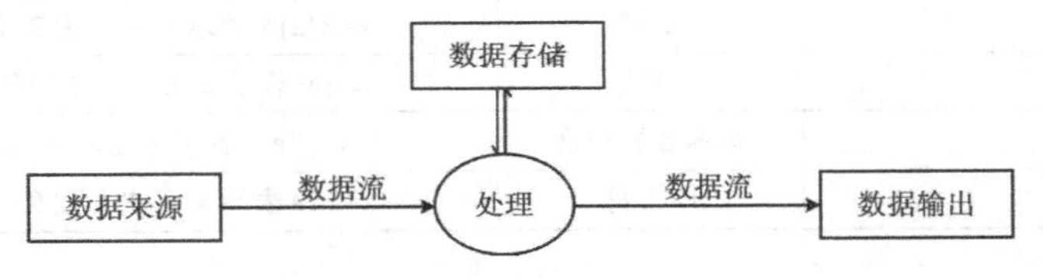

图 9.1　系统顶层数据流图

在数据流图中，用命名的箭头表示数据流，用圆圈表示处理，用两条平行线表示数据存储，用矩形表示源点或终点。

图 9.2 是一个学生选课系统顶层数据流图，图 9.3 是该学生选课系统 0 层数据流图。一个简单的系统可以用一张数据流图表示。当系统比较复杂时，为了便于理解，控制其复杂性，可以采用分层描述的方法。一般用第一层描述系统的全貌，第二层描述各子系统的结构。如果系统结构还比较复杂，那么可以继续细化，直到表达清楚为止。在处理功能逐步分解的同时，它们所用的数据也逐级分解，形成若干层次的数据流图。数据流图表达了数据和处理过程的关系。

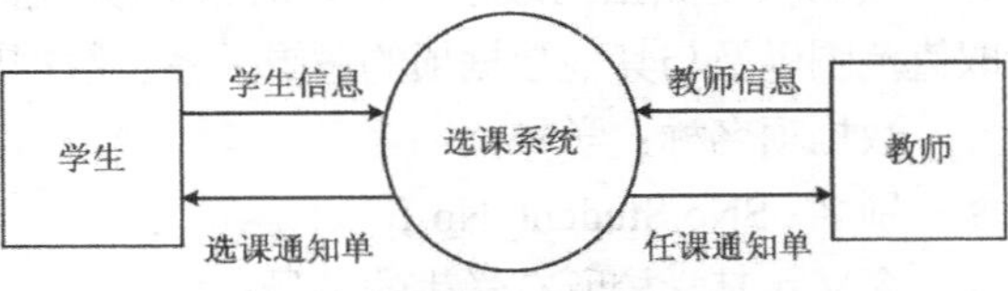

图 9.2　学生选课系统顶层数据流图

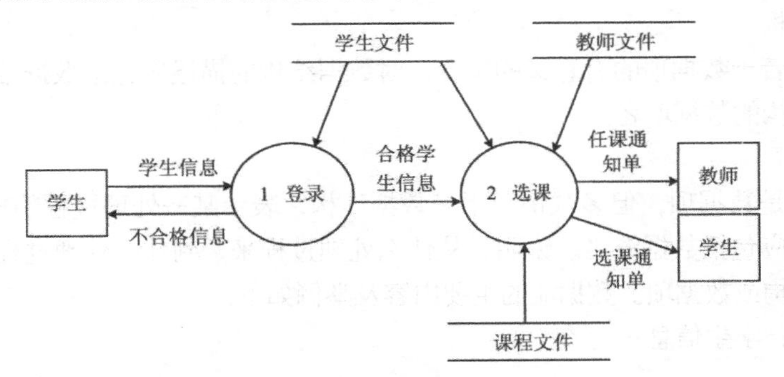

图 9.3　学生选课系统 0 层数据流图

2. 数据字典

数据流图仅描述了系统功能的“分解”，并没能对数据流、加工、数据存储等进行详细说明，因此，分析人员仅靠数据流图来理解一个系统的逻辑功能是不够的。数据字典是系统中各类数据描述的集合，是各类数据属性的清单。对数据库设计来讲，数据字典是进行数据收集和数据分析所获得的主要结果，在数据库设计中占有很重要的地位，它与数据流图共同构成了系统的逻辑模型，是需求规格说明书的主要组成部分。

数据元素组成数据的方式通常有顺序、选择、重复和可选等几种情况，在编写数据字典的过程中，通常使用表 9.1 给出的符号来定义数据。

表 9.1　在数据字典的定义式中出现的符号

符号	含义	示例及说明
=	被定义为	
+	与	x=a+b 表示 x 由 a 和 b 组成
[⋯|⋯]	或	x=[a|b] 表示 x 由 a 或 b 组成
{⋯}	重复	x={a} 表示 x 由 0 个或多个 a 组成
m{⋯}n	重复	x=2{a}5 表示 x 中，由 2 个或 5 个 a 组成
(⋯)	可选	x=(a) 表示 a 可在 x 中出现，也可不出现
“⋯”	基本数据元素	x=“a”表示 x 是取值为 a 的数据元素
..	连接符	x=1..9 表示 x 可取 1 到 9 中的任意一个值

一般来说数据字典中应包括对以下几部分数据的描述。

（1）数据项

数据项是数据的最小单位，对数据项的描述应包括数据项名、含义、别名、类型、长度、取值范围以及与其他数据项的逻辑关系。数据项的主要内容及举例如下：

数据项名称：学号；

别名：SNo,Student_No；

含义：某学校所有学生的编号；

类型：字符型；

长度：9；

取值及含义：9{0⋯9}9，前两位表示入学年份，第 3、4 位表示学院，第 5、6 位表示系，第 7 ~ 9 位表示序号。

（2）数据结构

数据结构是若干数据项的有意义的集合。对数据结构的描述应包括数据结构名、含义说明和组成该数据结构的数据项名。

（3）数据流

数据流可以是数据项，但多数情况下是数据结构，表示某一处理过程的输入或输出数据。对数据流的描述应包括数据流名、说明、从什么处理过程来、到什么处理过程去，以及组成该数据流的数据结构或数据项。数据流的主要内容及举例如下：

数据流名称：学生信息；

别名：无；

简述：学生登录时输入的内容；

来源：学生；

去向：加工 1 “登录”；

组成：学号 + 密码。

（4）数据存储

数据存储的目的是确定最终数据库需要存储哪些信息。

① 考察数据流图中每个数据存储信息，确定其是否应该而且可能由数据库存储，若是，则列入数据库需要存储的信息范围。

② 定义每个数据存储。对数据存储的描述应包括数据存储名、存储的数据项说明、建立该数据存储的应用（即数据处理）、存取该数据存储的处理过程、数据量、存取频率（指每天或每小时或每分钟存取几次）、操作类型（是检索还是更新）和存取方式（是批处理还是联机处理，是顺序存取还是随机存取）等。数据存储的主要内容及举例如下：

数据存储名称：学生记录；

别名：无；

简述：存放学生信息；

组成：学号 + 姓名 + 性别 + 出生年月 + 所在系；

组织方式：索引文件，以学号为关键字；

查询要求：要求能立即查询。

（5）数据库操作

数据处理过程仅仅定义了某一个处理过程与数据存储之间的关系。一个处理过程中通常包括一个或多个数据库操作。数据库操作定义是用来确切描述在一个数据处理过程中每一个操作的输入数据项和输出数据项、操作的数据对象、操作的类型、操作的具体功能、数据操作的选择条件、数据操作的连接条件、操作的数据量、操作的使用频率、要求的响应时间等。

我们可以使用图表的形式表示数据库操作的定义。这种图表称为 DBIPO 图，如图 9.4 所示，它类似于软件工程中的输入加工输出（Imput Processing Output，IPO）图。

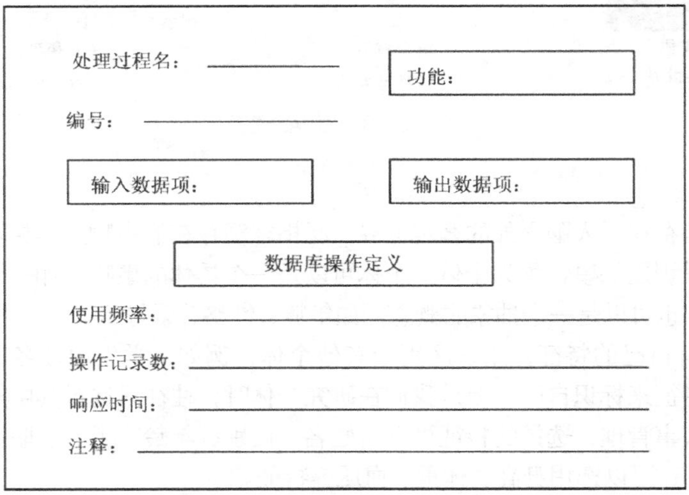

处理过程名：______　　功能：

编号：______

输入数据项：　　输出数据项：

数据库操作定义

使用频率：______

操作记录数：______

响应时间：______

注释：______

图 9.4　DBIPO 图

9.2.3 需求分析注意点

确定用户需求是一件很困难的事情，这是因为以下几点。

（1）应用部门的业务人员常常缺少计算机的专业知识，而数据库设计人员又常常缺少应用领域的业务知识，因此相互的沟通往往比较困难。

（2）不少业务人员往往对开发计算机系统有不同程度的抵触情绪。有的人认为需求调查影响了他们的工作，给他们造成了负担，特别是新系统的建设常常伴随企业管理的改革，会遇到不同部门不同程度的抵触。

（3）应用需求常常在不断改变，使系统设计也常常要进行调整甚至重大改变。

面对这些困难，设计人员应该特别注意以下几点。

（1）重视用户参与的重要性。

（2）用原型法来帮助用户确定他们的需求。

（3）预测系统的未来可能发生的改变。

9.3 概念结构设计

在设计数据库时，对现实世界进行分析、抽象并从中找出内在联系，进而确定数据库的结构，这一过程就称为概念结构设计，又可称为数据建模过程。

9.3.1 3 个世界及其相互关系

数据表示信息，信息反映事物的客观状态，事物、信息、数据三者之间互相联系。从事物的状态到表示状态的数据，经历了 3 个领域，这就是现实世界、信息世界和计算机世界，3 个领域的联系如图 9.5 所示。

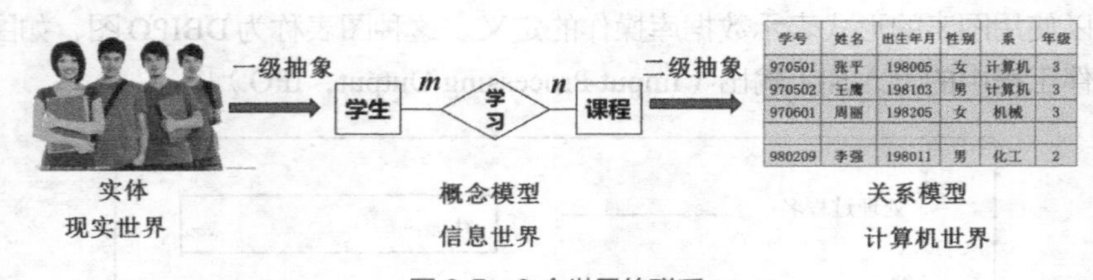

学号	姓名	出生年月	性别	系	年级
970501	张平	198005	女	计算机	3
970502	王鹰	198103	男	计算机	3
970601	周丽	198205	女	机械	3
980209	李强	198011	男	化工	2

图 9.5 3 个世界的联系

1. 现实世界

现实世界是指存在于人脑之外的客观世界，泛指客观存在的事物及其相互间的联系。一个实际存在并且可以识别的事物称为个体。个体可以是一个具体的事物，如一个学生、一台计算机、一辆汽车等，也可以是一个抽象的概念，如年龄、性格、爱好等。

每个个体都有自己的特征，用以区别于其他个体，例如，学生用姓名、性别、年龄、身高、体重等许多特征来标识自己，但是我们在研究个体时，往往只选择其中对研究有意义的特征。例如，对于人事管理，选择的特征可以是姓名、性别、年龄、工资、职务等，而在描述一个人的健康情况时，可以选用身高、体重、血压等特征。

我们把具有相同特征要求的个体称为同类个体，所有同类个体的集合称为总体。例如，所有的“学生”、所有的“课程”、所有的“汽车”等都是一个总体。所有这些客观事物是信息的源泉，是设计数据库的出发点。

2. 信息世界

现实世界中的事物反映到人们的头脑里，经过认识、选择、命名、分类等综合分析而形成了印象和概念，产生了认识，这就是信息，即进入了信息世界。在信息世界中，每一个被认识了的个体称为实体，这是具体事物（个体）在人们头脑中产生的概念，是信息世界的基本单位。个体的特征在头脑中形成的知识称为属性。所以属性是事物某一方面的特征，即属性反映实体的某一特征。换句话说，一个实体是由它所有的属性表示的。例如，一本书是一个实体，可以由书号、书名、作者、出版社、单价 5 个属性来表示。在信息世界里，主要研究的不是个别的实体，而是它们的共性，我们把具有相同属性的实体称为同类实体，同类实体的集合为实体集。

3. 计算机世界

有些信息及客观事物，可以直接用数字表示，例如，学生成绩、年龄、书号等；也有些是用符号、文字或其他形式表示的。在计算机中，所有信息及客观事物只能用二进制数表示，一切信息及客观事物进入计算机世界时，必须是数据化的。可以说，数据是信息及客观事物的具体表现形式。

由此可见，现实世界、信息世界、计算机世界这 3 个领域是由客观到认识、由认识到使用管理的 3 个不同层次，而且后一领域是前一领域的抽象描述。

9.3.2　概念模型

所谓模型就是从特定角度对客观事物及其联系、运动规律的一种简化抽象和描述。在前面提到的信息世界、数据世界中，对客观实体及其联系的描述被称为概念模型，建立概念模型的工具很多，其中比较常用的是 E-R 模型，即实体关系模型（Entity-Relationship Model）。

E-R 模型用在信息系统设计的第一阶段。E-R 模型是建立在语义基础上的，即语义制造模型，与时间、历史等有关。E-R 模型的基本观点：世界是由一组称作实体的基本对象和这些对象之间的联系构成的。

1. 基本概念

在数据库理论中，概念模型是对客观实体及其联系的一种抽象描述。它主要是作为数据库设计人员和用户之间交流的一种工具，同时也是进行数据库设计的一种常用的工具，因此它应具有精确的表达能力以及简单、易于理解、易于操作的特点。

概念模型涉及以下几个概念。

（1）实体（Entity）

客观存在并可相互区别的事物称为实体。实体可以是具体的人、事、物，也可以是抽象的概念或联系。例如，一名教师、一个学校、一辆汽车、一场活动、一次借书、一段婚姻关系等。

（2）实体集（Entity Set）

具有相同特征的实体的集合，称为实体集。例如，计算机系的本科生、男生、教师等。实体集通常用长方形表示，内注实体名。

（3）属性（Attribute）

实体所具有的某一特征称为属性。一个实体可以有很多特征，因此也就可以有很多属性。例如，教师实体可以具有工号、姓名、性别、出生年份、系、职称等属性。属性通常用椭圆形表示，内注属性名。

（4）关键字或码（Key）

能唯一标识实体的属性或属性集称为关键字。例如，工号是教师这个实体的关键字，学号是学生这个实体的关键字，通常用带下画线的属性表示。

（5）联系（Relationship）

实体与实体之间、实体与实体集之间或实体集与实体集之间的联系，称为联系。联系通常用菱形表示，内注联系名，联系名通常为动词，如学生学习课程的 E-R 模型如图 9.6 所示。

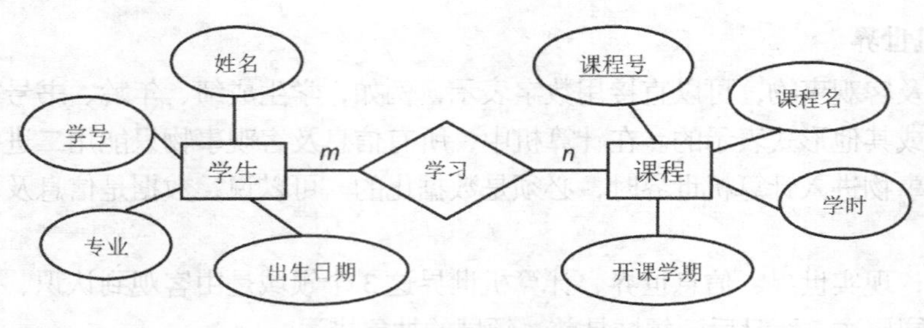

图 9.6 学生学习课程的 E-R 模型

2. 实体集间联系的类型

（1）一元联系：同一实体集合内的实体间的联系。例如班长管理学生，如图 9.7（a）所示；领导管理员工；一个零件由多个零件组成。

（2）二元联系：两个不同实体集合的实体间的联系。例如学生选修课程，如图 9.7（b）所示；学生借阅图书。

（3）多元联系：两个以上不同实体集合的实体间的联系。例如某工程项目需要多个供应商提供多种零件，如图 9.7（c）所示。

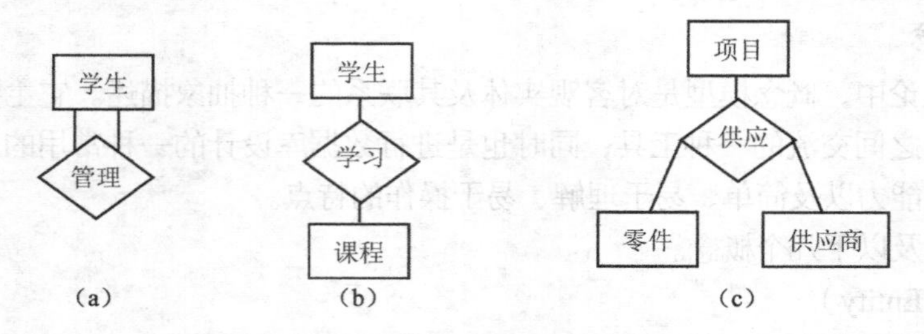

图 9.7 实体集联系的类型

3. 实体集间联系的基数

（1）一对一联系

如果实体集 A 中的每一个实体至多和实体集 B 中的一个（也可以没有）实体相联系，反之亦然，则实体集 A 与实体集 B 之间的联系称为一对一联系，记为 1:1。

例如，一个学校只有一个正校长，一个国家只有一个首都，则学校与校长、国家与首都之间的联系就是一对一联系。学校与校长之间的联系，如图 9.8（a）所示，也可以画成图 9.8（b）所示的图形。在很多情况下，图形比较复杂，实体的属性可以在图中省略，改用文字描述，在以后的例子中，大家会经常见到这种情况。

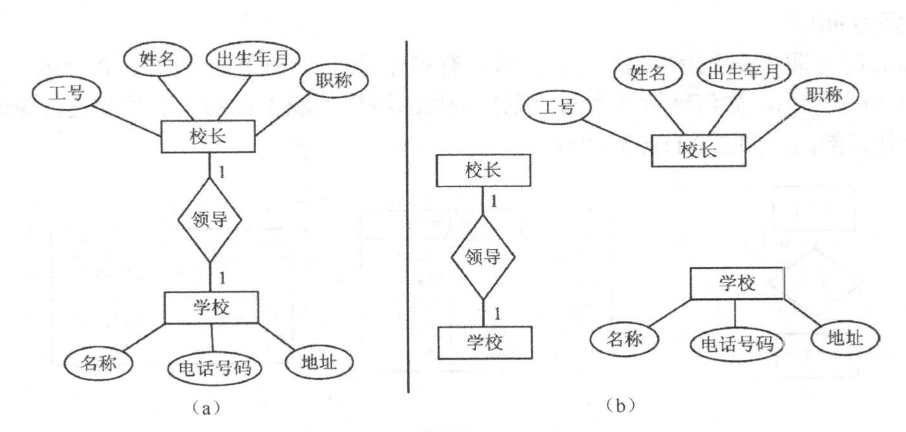

图 9.8 学校与校长之间的联系

（2）一对多联系

如果实体集 A 中至少有一个实体可以和实体集 B 中的多个（一个以上）实体相联系，而实体集 B 中的每一个实体至多和实体集 A 中一个（也可以没有）实体相联系，则实体集 A 与实体集 B 之间的联系称为一对多联系，记为 $1{:}n$。

例如，一个学校有若干个职工，而一个职工只在一个学校任职（不考虑兼职情况），则学校与职工之间的联系是一对多联系，如图 9.9（a）所示。

（3）多对多联系

如果实体集 A 中至少有一个实体可以和实体集 B 中的多个（一个以上）实体相联系，反之亦然，则实体集 A 与实体集 B 之间的联系称为多对多联系，记为 $m{:}n$。

例如，一门课程同时有若干个学生选修，而一个学生可以同时选修多门课程，则课程与学生之间的联系就是多对多联系，如图 9.9（b）所示。

另外，还有多元多对多联系（联系涉及两个以上实体）。例如一个供应商可以供应若干项目的多种零件；而一个项目可以使用不同供应商供应的多种零件；一种零件可由不同供应商供给多个工程项目，如图 9.10 所示。

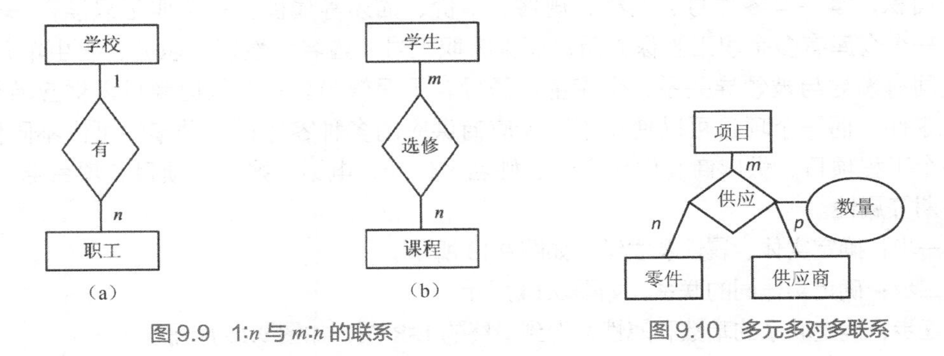

图 9.9 $1{:}n$ 与 $m{:}n$ 的联系

图 9.10 多元多对多联系

4. 完全参与联系与部分参与联系

完全参与联系，又叫强联系，即该端实体至少有一个参与到联系中，最小基数为 1，表示为 1..1（即最少为 1，最多为 1）、1..*m*（最少为 1，最多为 *m*）；部分参与联系，又叫弱联系，即该端实体可以不参与联系，最小基数为 0，表示为 0..1（即最少为 0，最多为 1）、0..*m*（最少为 0，最多为 *m*）。

例如部门与职工之间的关系，一个部门有多个职工，一个职工属于 0 个或一个部门，如图 9.11（a）所示。如何理解 0 个部分呢？例如医院里的职工在刚入职时要进行轮岗，此时他不属于任何部门，如图 9.11（b）所示。

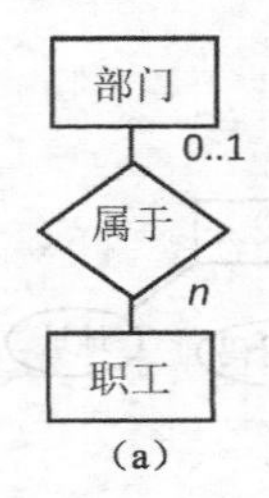

（a）

职工号	部门编号	姓名	…
9801	01	张三	
9802	01	李四	
9803		王五	
9804	02	赵六	
9805	03	钱七	

部门编号	部门名称	…
01	经理办公室	
02	人事部	
03	公关部	
04	技术部	

（b）

图 9.11　部分参与联系

5. 联系的属性

实体间发生联系时往往会产生中间属性，中间属性属于联系，不属于任何实体，即只有当联系动作发生时该属性才存在，联系动作不发生则该属性不存在。

例如学生学习课程的 E-R 模型，如图 9.12 所示。成绩是在学生学习课程这个动作发生下而产生的，如果该学生没有学习这门课程，则没有该课程的成绩。

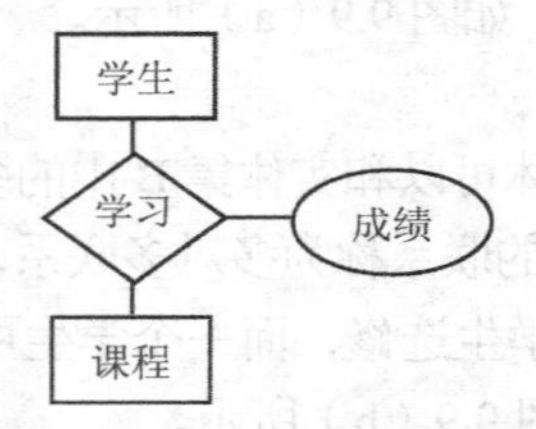

图 9.12　学生学习课程的 E-R 模型

【例 9.1】 以下是用户需要分析所得出的语义，请根据语义画出 E-R 图。

一个仓库可以存放多种零件，一种零件可以存放在多个仓库中；仓库有仓库号、仓库类型和面积，零件有零件号、名称、规格、单价、描述等属性。一个职工只能在一个仓库工作，一个仓库有多个职工当保管员；职工有职工号、姓名、性别、职务、出生年月属性。职工之间有领导与被领导关系，仓库主任领导若干保管员。一个供应商可以供应若干项目的多种零件，而一个项目可以使用不同供应商供应的多种零件；一种零件可由不同供应商供给多个工程项目，供应商有供应商号、姓名、住址、电话、账号，项目有项目号、预算、开工日期等属性。

第一步：确定实体、属性及主键，如图 9.13 所示。

第二步：确定实体间的联系，如图 9.14 所示。

第三步：确定联系的基数和属性，得到最终的 E-R 图，如图 9.15 所示。

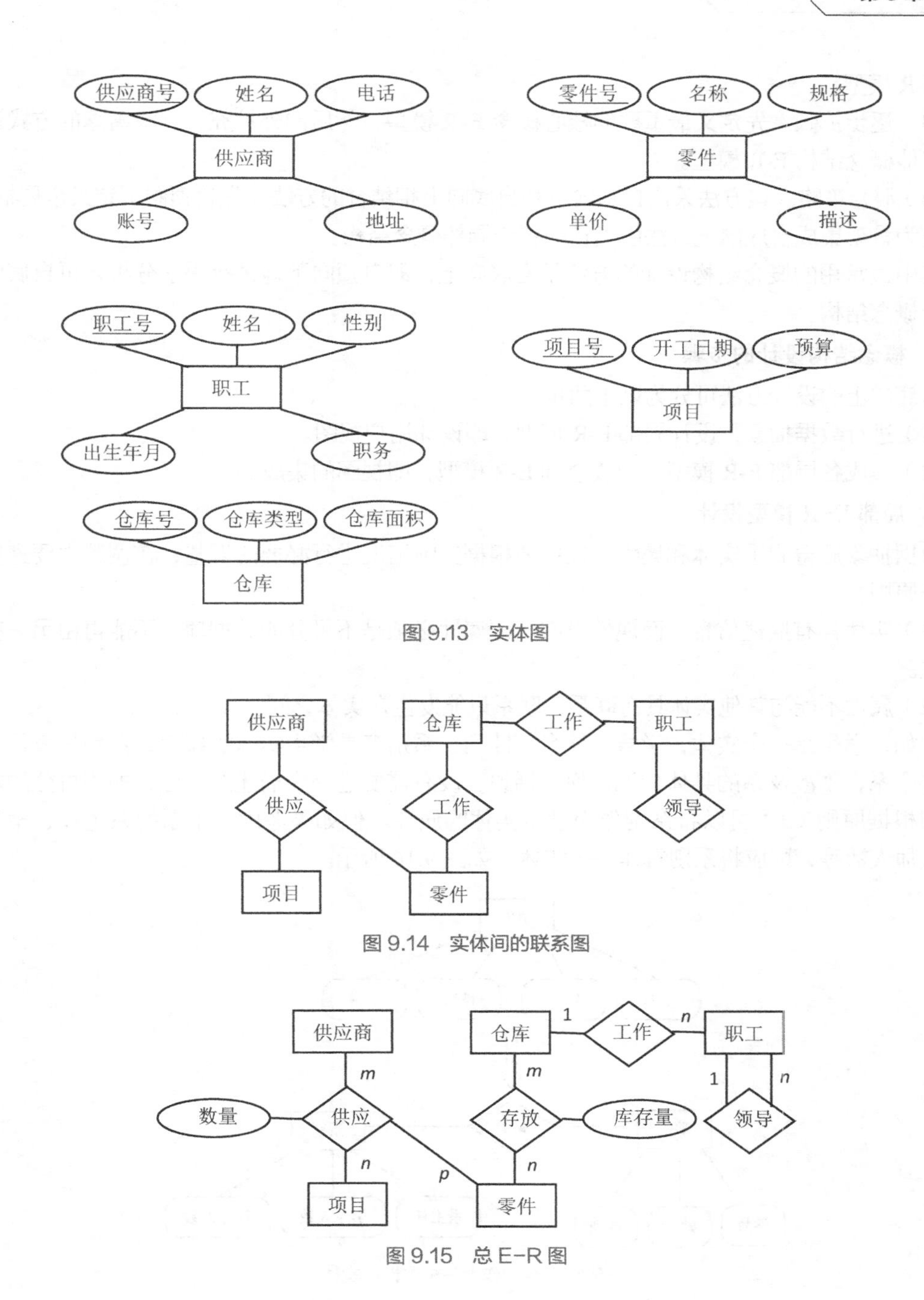

图 9.13　实体图

图 9.14　实体间的联系图

图 9.15　总 E-R 图

9.3.3　概念结构设计的方法与步骤

1. 概念结构设计的方法

设计概念结构的 E-R 模型可采用以下 4 种方法。

（1）自顶向下。先定义全局概念结构 E-R 模型的框架，再逐步细化。

（2）自底向上。先定义各局部应用的概念结构 E-R 模型，然后将它们集成，得到全局概念结构 E-R 模型。

（3）逐步扩张。先定义最重要的核心概念 E-R 模型，然后向外扩充，以滚雪球的方式逐步生成其他概念结构 E-R 模型。

（4）混合策略。该方法采用自顶向下和自底向上相结合的方法，先自顶向下定义全局框架，再以它为骨架集成自底向上方法中设计的各个局部概念结构。

其中最常用的概念结构设计的方法是自底向上，即自顶向下地进行需求分析，再自底向上地设计概念结构。

2. 概念结构设计的步骤

自底向上的设计方法可分为以下两步。

（1）进行数据抽象，设计局部 E-R 模型，即设计用户视图。

（2）集成各局部 E-R 模型，形成全局 E-R 模型，即视图的集成。

3. 局部 E-R 模型设计

数据抽象后得到了实体和属性，往往要根据实际情况进行必要的调整，在调整中要遵循以下两条原则。

（1）实体具有描述信息，而属性没有。即属性必须是不可分的数据项，不能再由另一些属性组成。

（2）属性不能与其他实体具有联系，联系只能发生在实体之间。

例如，学生是一个实体，学号、姓名、性别、系别等是学生实体的属性，系别只表示学生属于哪个系，不涉及系的具体情况，换句话说，没有需要进一步描述的特性，即不可分的数据项，则根据原则（1）可以将系别作为学生实体的属性。但如果考虑一个系的系主任、学生人数、教师人数等，则应将系别看作一个实体，如图 9.16 所示。

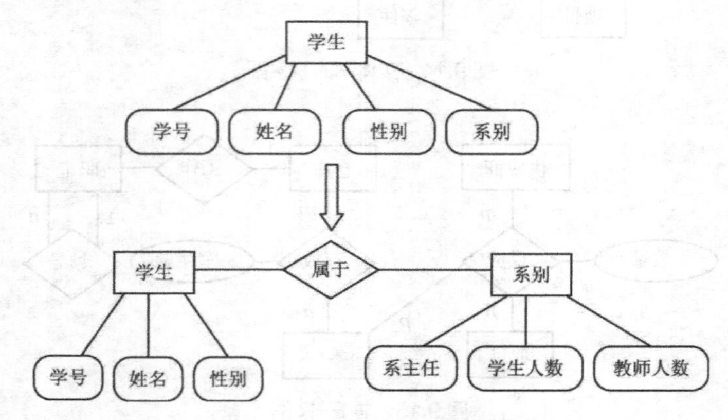

图 9.16 系别作为一个属性或实体

此外，我们可能会遇到这样的情况，可能由于环境和要求的不同，同一数据项有时作为属性，有时则作为实体，此时必须根据实际情况而定。一般情况下，凡是能作为属性对待的数据项，应尽量作为属性，以简化 E-R 图的处理。

下面举例说明局部 E-R 模型设计。

【例 9.2】 在简单的教务管理系统中，有如下语义约束。

一个学生可选修多门课程，一门课程可为多个学生选修，因此学生和课程是多对多的联系；一个教师可讲授多门课程，一门课程可以由多个教师讲授，因此教师和课程也是多对多的联系；一个系可有多个教师，一个教师只能属于一个系，因此系和教师是一对多的联系，同样系和学生也是一对多的联系。

根据上述约定，可以得到图 9.17 所示的学生选课局部 E-R 图和图 9.18 所示的教师任课局部 E-R 图。形成局部 E-R 模型后，应该返回去征求用户意见，以求改进和完善，使之如实地反映现实世界。

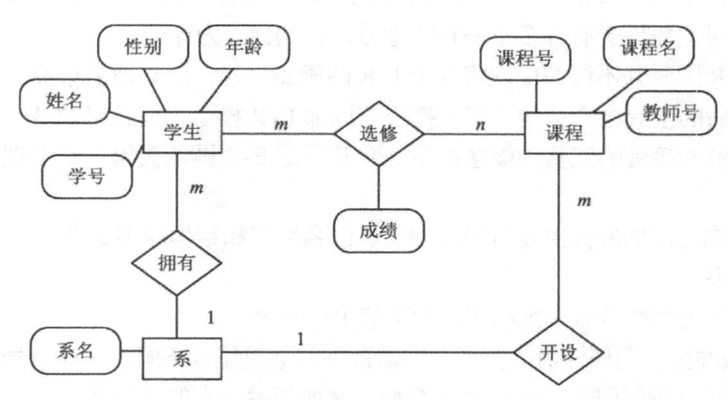

图 9.17　学生选课局部 E-R 图

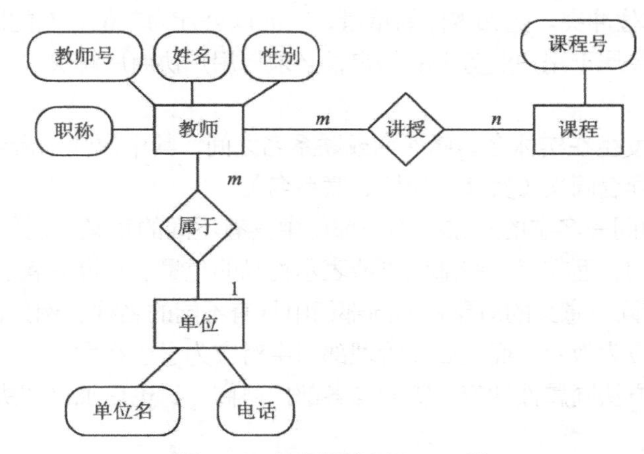

图 9.18　教师任课局部 E-R 图

4. 全局 E-R 模型设计

局部 E-R 模型设计完成之后，下一步就是集成各局部 E-R 模型，形成全局 E-R 模型，即视图集成。视图集成的方法有以下两种。

（1）多元集成法，一次性将多个局部 E-R 图合并为一个全局 E-R 图。

（2）二元集成法，首先集成两个重要的局部视图，然后用累加的方法逐步将一个个新的视图集成进来。

在实际应用中，可以根据系统复杂性选择这两种方案。如果局部视图比较简单，可以采用多元集成法。一般情况下，采用二元集成法，即每次只综合两个视图，这样可降低难度。无论使用哪一种方法，视图集成均分成以下两个步骤。

（1）合并，消除各局部 E-R 图之间的冲突，生成初步 E-R 图。

（2）优化，消除不必要的冗余，生成基本 E-R 图。

5. 合并局部 E-R 图，生成初步 E-R 图

这个步骤将所有的局部 E-R 图综合成全局概念结构。

全局概念结构不仅要支持所有的局部 E-R 模型，而且必须合理地表示一个完整、一致的数据库概念结构。由于各个局部应用不同，通常由不同的设计人员进行局部 E-R 图设计，因此，各局部 E-R 图不可避免地会有许多不一致的地方，我们称之为冲突。

合并局部 E-R 图时并不能简单地将各个 E-R 图画到一起，而必须消除各个局部 E-R 图中的不一致，使合并后的全局概念结构不仅支持所有局部 E-R 模型，而且必须是一个能为全系统中所有用户共同理解和接受的完整的概念模型。合并局部 E-R 图的关键就是合理消除各局部 E-R 图中的冲突。

各局部 E-R 图之间的冲突主要有属性冲突、命名冲突和结构冲突 3 类。

（1）属性冲突

属性冲突又分为属性值域冲突和属性的取值单位冲突。

① 属性值域冲突，即属性值的类型、取值范围或取值集合不同。比如学号，有些部门将其定义为数值型，而有些部门将其定义为字符型。又如年龄，有的可能用出生年月表示，有的则用整数表示。

② 属性的取值单位冲突。比如零件的重量，有的以公斤为单位，有的以斤为单位，有的则以克为单位。属性冲突属于用户业务上的约定，必须与用户协商后解决。

（2）命名冲突

命名不一致可能发生在实体名、属性名或联系名之间，其中属性的命名冲突更为常见。一般表现为同名异义或异名同义（实体、属性、联系名）。

① 同名异义，即同一名字的对象在不同部门中具有不同的意义。例如，“单位”在某些部门表示人员所在的部门，而在另一些部门可能表示物品的重量、长度等属性。

② 异名同义，即同一意义的对象在不同部门中具有不同的名称。例如，“房间”这个名称，在教务管理部门中对应为教室，而在后勤管理部门中对应为学生宿舍。

命名冲突的解决方法同属性冲突，需要与各部门协商、讨论后加以解决。

（3）结构冲突

① 同一对象在不同应用中有不同的抽象，可能为实体，也可能为属性。例如，教师的职称在某一局部应用中被当作实体，而在另一局部应用中被当作属性。

这类冲突在解决时，就是使同一对象在不同应用中具有相同的抽象，或把实体转换为属性，或把属性转换为实体。

② 同一实体在不同应用中属性组成不同，可能是属性个数或属性次序不同。解决办法是，合并后实体的属性组成为各局部 E-R 图中同名实体属性的并集，然后适当调整属性的次序。

③ 同一联系在不同应用中呈现不同的类型。比如 E1 与 E2 在某一应用中可能是一对一联系，而在另一应用中可能是一对多或多对多联系，也可能是在 E1、E2、E3 三者之间有联系。

上述情况应该根据应用的语义对实体联系的类型进行综合调整。

下面以教务管理系统中的两个局部 E-R 图为例，说明如何消除各局部 E-R 图之间的冲突，进行局部E-R模型的合并，从而生成初步E-R图。

首先，这两个局部E-R图中存在着命名冲突，学生选课局部E-R图中的实体“系”与教师任课局部E-R图中的实体“单位”，都是指“系”，即所谓的异名同义，合并后统一改为“系”，这样属性“名称”和“单位”即可统一为“系名”。

其次，还存在着结构冲突，实体“系”和实体“课程”在两个不同应用中的属性组成不同，合并后这两个实体的属性组成为原来局部E-R图中同名实体属性的并集。解决上述冲突后，合并两个局部E-R图，生成图9.19所示的初步的全局E-R图。

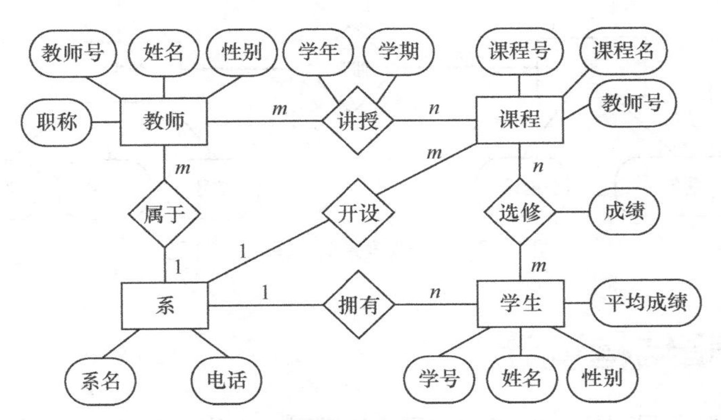

图9.19　教务管理系统的初步E-R图

6. 消除不必要的冗余，设计基本E-R图

所谓冗余，在这里指冗余的数据或实体之间冗余的联系。冗余的数据是指可由基本数据导出的数据，冗余的联系是由其他联系导出的联系。在上面消除冲突合并后得到的初步E-R图中，可能存在冗余的数据或冗余的联系。冗余的存在容易破坏数据库的完整性，给数据库的维护增加困难，应该消除冗余。我们把消除了冗余的初步E-R图称为基本E-R图。

通常采用分析的方法消除冗余。数据字典是分析冗余数据的依据，还可以通过数据流图分析出冗余的联系。

在图9.19所示的初步E-R图中，“课程”实体中的属性“教师号”可由“讲授”这个教师与课程之间的联系导出，而学生的平均成绩可由“选修”联系中的属性“成绩”中计算出来，所以“课程”实体中的“教师号”与“学生”实体中的“平均成绩”均属于冗余数据，做相应的修改。

另外，“系”和“课程”之间的联系“开课”，可以由“系”和“教师”之间的“属于”联系与“教师”和“课程”之间的“讲授”联系推导出来，所以“开课”属于冗余联系。

这样，初步E-R图在消除冗余数据和冗余联系后，便可得到基本的E-R模型，如图9.20所示。

最终得到的基本E-R模型是企业的概念模型，它代表了用户的数据要求，是沟通“要求”和“设计”的桥梁。它决定了数据库的总体逻辑结构，是成功建立数据库的关键。如果概念模型设计不好，就不能充分发挥数据库的功能，无法满足用户的处理要求。

因此，用户和数据库人员必须对这一模型反复讨论，在用户确认这一模型已正确无误地反映了他们的要求后，才能进入下一阶段的设计工作。

教师号
姓名
性别
职称
教师
m
讲授
n
课程号
课程名
课程
n
n
属于
学年
学期
选修
成绩
1
m
系
1
拥有
n
学生
系名
电话
学号
姓名
性别

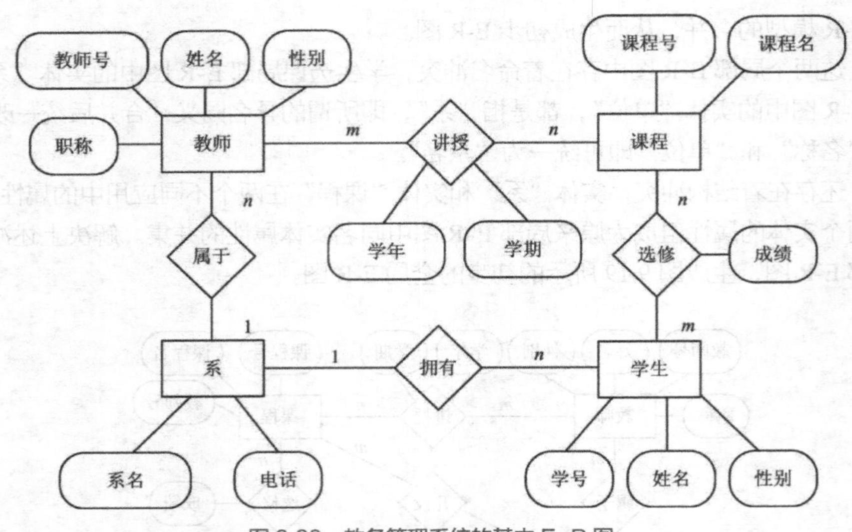

图 9.20　教务管理系统的基本 E-R 图

9.4　逻辑结构设计

概念结构设计阶段得到的 E-R 模型是用户的模型，它独立于任何一种数据模型，独立于任何一个具体的数据库管理系统。为了建立用户所要求的数据库，需要把上述概念模型转换为某个具体的数据库管理系统所支持的数据模型。数据库逻辑设计的任务是将概念结构转换成特定数据库管理系统所支持的数据模型的过程。从此开始便进入了"实现设计"阶段，需要考虑到具体的数据库管理系统的性能、具体的数据模型特点。

从E-R图所表示的概念模型可以转换成任何一种具体的数据库管理系统所支持的数据模型，这里只讨论关系数据库的逻辑设计问题，所以只介绍 E-R 图如何向关系模型转换。

概念设计中得到的 E-R 图是由实体、属性和联系组成的，而关系数据库逻辑设计的结果是一组关系模式的集合。所以将 E-R 图转换为关系模型实际上就是将实体、属性和联系转换成关系模式。在转换中要遵循以下原则。

（1）一个实体转换为一个关系模式，实体的属性就是关系的属性，实体的键就是关系的键。不过，关系的名不一定用实体的名，关系属性也可以改名，但必须一一对应，如图 9.21 所示。

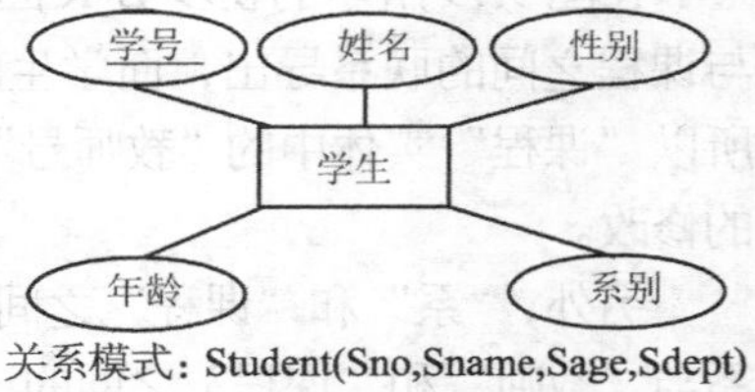

学号
姓名
性别
学生
年龄
系别
关系模式：Student(Sno,Sname,Sage,Sdept)

图 9.21　实体转换为关系模式

（2）对于实体间的联系则有以下不同的情况。

① 1:1 联系有两种转换方案。方案一：可转换为一个独立的关系模式，关系的属性包含两个实体的码和联系本身的属性；方案二：可以与任意一端对应的关系模式合并，需要在该关系模式的属性中加入另一个关系模式的码和联系本身的属性，如图 9.22 所示。

方案一：将联系独立为一关系模型。

部门（部门号，……）

经理（员工号，……）

领导（<u>职工号</u>，部门号）或 领导（职工号，<u>部门号</u>）

方案二：将联系合并到实体中。

部门（部门号，……，员工号）

经理（员工号，……）

② 1:*n* 联系有两种转换方案。方案一：可转换为一个独立的关系模式，关系的属性包含 *n* 端实体的码和联系本身的属性；方案二：可以与 *n* 端的关系模式合并，需要在该关系模式的属性中加入另一个关系模式的码和联系本身的属性，如图 9.23 所示。

图 9.22　1:1 联系转换为关系模式

图 9.23　1:*n* 联系转换为关系模式

方案一：联系独立为一关系模型。

部门（<u>部门号</u>，……）

职工（<u>员工号</u>，……）

领导（<u>职工号</u>，部门号）

方案二：将联系合并到实体中。

部门（部门号，……）

职工（<u>员工号</u>，……，部门号）。

还有一种特殊的 1:*n* 联系，即只有一个实体的 1:*n* 联系，该联系在转换过程中需要在实体关系模式的属性中加入另一个属性，如图 9.24 所示。

③ *m*:*n* 联系只能转换为一个独立的关系模式，与该联系相连的各实体的码以及联系本身的属性均转换为关系的属性，各实体码组成关系的码或关系码的一部分，如图 9.25 所示。

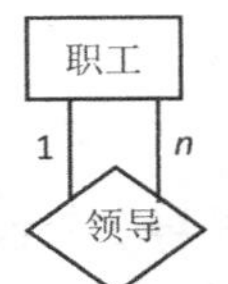

关系模式：职工（<u>职工号</u>，姓名，性别，领导）

图 9.24　单实体 1:*n* 联系转换为关系模式

关系模式：项目（<u>项目编号</u>，……）

职工（<u>职工号</u>，……）

参加（<u>项目编号，职工号</u>，……）

图 9.25　*m*:*n* 联系转换为关系模式

④ 3 个或 3 个以上实体间的多元联系可以转换为一个独立的关系模式。与该多元联系相连的各实体的码以及联系本身的属性均转换为关系的属性，各实体码组成关系的码或关系码的一部分。也可以在关系模式中添加一个 ID 做关系的码，如图 9.26 所示。

方案一：

供应商（<u>供应商号</u>，……）

项目（<u>项目号</u>，……）

零件（<u>零件号</u>，……）

订单（<u>供应商号，项目号，零件号</u>，数量）

方案二：

供应商（<u>供应商号</u>，……）

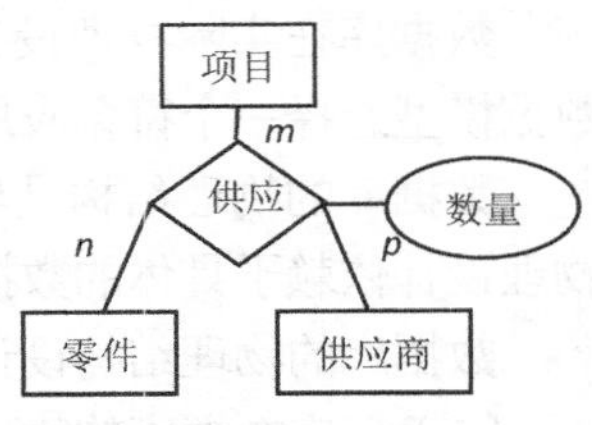

图 9.26　3 个或 3 个以上实体 *m*:*n* 联系转换为关系模式

项目（项目号，……）

零件（零件号，……）

订单（ID，供应商号，项目号，零件号，数量）

【例 9.3】 将例 9.1 设计所得到的 E-R 图转换为相应的关系模式。

第一步：将实体转换为关系模式，并标出主键。

供应商（供应商号，姓名，账号，地址，电话）

项目（项目号，预算，开工日期）

零件（零件号，名称，规格，单价，描述）

职工（职工号，姓名，性别，职务，出生年月）

仓库（仓库号，仓库类型，仓库面积）

第二步：将联系转换为关系模式，每个联系独立转换为一个关系模式，并标出主键。

供应（供应商号，项目号，零件号，数量）

存放（零件号，仓库号，库存量）

职工（职工号，仓库号）

职工（职工号，领导）

第三步：合并主码相同的关系模式，将主码相同的关系模式属性合并为一个关系模式。

职工（职工号，姓名，性别，职务，出生年月）

职工（职工号，仓库号）

职工（职工号，领导）

如将上述三个关系模式合并为一个关系模式：

职工（职工号，姓名，性别，职务，出生年月，仓库号，领导）

第四步：列出合并后的关系模式，标出关系模式的外键。

供应商（供应商号，姓名，账号，地址，电话）

项目（项目号，预算，开工日期）

零件（零件号，名称，规格，单价，描述）

职工（职工号，姓名，性别，职务，出生年月，仓库号，领导）外键：仓库号、领导

仓库（仓库号，仓库类型，仓库面积）

供应（供应商号，项目号，零件号，数量）外键：供应商号、项目号、零件号

存放（零件号，仓库号，库存量）外键：零件号、仓库号

9.5 物理结构设计

数据库在实际物理设备上的存储结构和存取方法称为数据库的物理结构。为设计好的逻辑数据模型选择一个符合应用要求的物理结构就是数据库的物理结构设计。

数据库的物理结构是与给定的硬件环境和数据库管理系统软件产品有关的，因此数据库的物理设计依赖于具体的数据库管理系统产品。

数据库的物理结构设计通常分为以下两步。

（1）确定数据库的物理结构。

（2）对物理结构进行评价，评价的重点是时间和空间效率。

9.5.1　确定物理结构

设计人员必须深入了解给定数据库管理系统的功能、数据库管理系统提供的环境和工具，特别是存储设备的特征；也要了解应用环境的具体要求，如各种应用的数据量、处理频率和响应时间等。只有“知己知彼”才能设计出较好的物理结构。物理结构设计分为以下几部分。

1. 存储记录结构的设计

在物理结构中，数据的基本存取单位是存储记录。有了逻辑记录结构以后，就可以设计存储记录结构，一个存储记录可以和一个或多个逻辑记录相对应。存储记录结构包括记录的组成、数据项的类型和长度，以及逻辑记录到存储记录的映射。某一类型的所有存储记录的集合称为“文件”，文件的存储记录可以是定长的，也可以是变长的。

文件组织或文件结构是组成文件存储记录的表示法。文件结构应该表示文件格式、逻辑次序、物理次序、访问路径、物理设备的分配。物理数据库就是指数据库中实际存储记录的格式、逻辑次序和物理次序、访问路径、物理设备的分配。

决定存储记录结构的主要因素包括存取时间、存储空间和维护代价 3 个方面。设计时应当根据实际情况对这 3 个方面进行综合权衡。一般数据库管理系统也提供一定的灵活性可供选择，包括聚簇和索引两种方式。

（1）聚簇

聚簇（Cluster）指为了提高查询速度，把在一个（或一组）属性上具有相同值的元组集中地存放在一个物理块中。如果存放不下，可以存放在相邻的物理块中。其中，这个（或这组）属性称为聚簇码。

为什么要使用聚簇呢？聚簇有以下两个作用。

① 使用聚簇以后，聚簇码相同的元组集中在一起，因而不必在每个元组中重复存储聚簇值，只要在其中一组中存储一次即可，因此可以节省存储空间。

② 聚簇功能可以大大提高按聚簇码进行查询的效率。例如，假设要查询学生关系中计算机系的学生名单，设计算机系有 300 名学生。在极端情况下，这些学生的记录会分布在 300 个不同的物理块中，这时如果要查询计算机系的学生，就需要做 300 次 I/O 操作，这将影响系统查询的性能。如果按照系别建立聚簇，使同一个系的学生记录集中存放，则每做一次 I/O 操作，就可以获得多个满足查询条件的记录，从而显著地减少访问磁盘的次数。

（2）索引

存储记录是属性值的集合，主关系键可以唯一确定一个记录，而其他属性的一个具体值不能唯一确定是哪个记录。在主关系键上应该建立唯一索引，这样不但可以提高查询速度，而且能避免关系键重复值的录入，确保了数据的完整性。

在数据库中，用户访问的最小单位是属性。如果对某些非主属性的检索很频繁，可以考虑建立这些属性的索引文件。索引文件对存储记录重新进行内部链接，从逻辑上改变了记录的存储位置，从而改变了访问数据的入口点。关系中数据越多，索引的优越性就越明显。

建立多个索引文件可以缩短存取时间，但是会增加索引文件所占用的存储空间以及维护的开销。因此，应该根据实际需要综合考虑。

2. 访问方法的设计

访问方法是为存储在物理设备（通常指辅助存储器）上的数据提供存储和检索功能的方法。一个访问方法包括存储结构和检索机构两个部分。存储结构限定了可能访问的路径和存储记录；检索机构定义了每个应用的访问路径，但不涉及存储结构的设计和设备分配。

存储记录是属性的集合，属性是数据项类型，可作为主键或辅助键。主键唯一地确定了一个记录。辅助键是用作记录索引的属性，可能并不唯一确定某一个记录。

访问路径的设计分成主访问路径与辅访问路径的设计。主访问路径与初始记录的装入有关，通常是用主键来检索的。首先利用这种方法设计各个文件，使其能最有效地处理主要的应用。一个物理数据库很可能有几条主访问路径。辅访问路径是通过辅助键的索引对存储记录重新进行内部链接，从而改变访问数据的入口点。用辅助索引可以缩短访问时间，但增加了辅存空间和索引维护的开销，设计者应根据具体情况做出权衡。

3. 数据存放位置的设计

为了提高系统性能，应该根据应用情况将数据的易变部分、稳定部分、经常存取部分和存取频率较低部分分开存放。

例如，目前许多计算机都有多个磁盘，因此可以将表和索引分别存放在不同的磁盘上，在查询时，由于两个磁盘驱动器并行工作，可以提高物理读写的速度。

在多用户环境下，可以将日志文件和数据库对象（表、索引等）放在不同的磁盘上，以加快存取速度。另外，数据库的数据备份、日志文件备份等，只有在数据库发生故障进行恢复时才使用，而且数据量很大，可以存放在磁带上，以改进整个系统的性能。

4. 系统配置的设计

数据库管理系统产品一般都提供了一些系统配置变量、存储分配参数，供设计人员和 DBA 对数据库进行物理优化。系统为这些变量设定了初始值，但是这些值不一定适合每一种应用环境，在物理结构设计阶段，要根据实际情况重新对这些变量赋值，以满足新的要求。

系统配置变量和参数很多，例如，同时使用数据库的用户数、同时打开的数据库对象数、内存分配参数、缓冲区分配参数（使用的缓冲区长度、个数）、存储分配参数、数据库的大小、时间片的大小、锁的数目等，这些参数值影响存取时间和存储空间的分配，在物理结构设计时要根据应用环境确定这些参数值，以使系统的性能达到最优。

9.5.2 评价物理结构

和前面几个设计阶段一样，在确定了数据库的物理结构之后，要进行评价，重点是时间和空间的效率。

如果评价结果满足设计要求，则可进行数据库实施。

实际上，往往需要经过反复测试才能优化物理设计。

9.6 数据库实施

数据库实施是指根据逻辑结构设计和物理结构设计的结果，在计算机上建立实际的数据库结构、装入数据、进行测试和试运行的过程。

数据库实施主要包括以下工作。

- 建立实际数据库结构。
- 装入数据。
- 应用程序编码与调试。
- 数据库试运行。
- 整理文档。

9.6.1 建立实际数据库结构

数据库管理系统提供的数据定义语言可以定义数据库结构。可使用 SQL 的 CREATE TABLE 语句定义所需的基本表，使用 CREATE VIEW 语句定义视图。

9.6.2 装入数据

装入数据又称为数据库加载（Loading），是数据库实施阶段的主要工作。在数据库结构建立好之后，就可以向数据库中加载数据了。

数据库的数据量一般都很大，它们分散于一个企业（或组织）中各个部门的数据文件、报表或多种形式的单据中，它们存在着大量的重复，并且其格式和结构一般都不符合数据库的要求，必须把这些数据收集起来加以整理，去掉冗余并转换成数据库所规定的格式，这样处理之后才能装入数据库，需要耗费大量的人力、物力，是一项非常单调乏味但又意义重大的工作。

由于应用环境和数据来源的差异，所以不可能存在普遍通用的转换规则，现有的数据库管理系统并不提供通用的数据转换软件来完成这一工作。

对于一般的小型系统，装入数据量较少，可以采用人工方法来完成。

首先将需要装入的数据从各个部门的数据文件中筛选出来，转换成符合数据库要求的数据格式，然后输入到计算机中，最后进行数据校验，检查输入的数据是否有误。

但是，人工方法不仅效率低，而且容易产生差错。对于数据量较大的系统，应该由计算机来完成这一工作。通常，设计一个数据输入子系统，其主要功能是从大量的原始数据文件中筛选、分类、综合和转换数据库所需的数据，把它们加工成数据库所要求的结构形式，最后装入数据库中，同时还要采用多种检验技术检查输入数据的正确性。

为了保证装入数据库中数据的正确无误，必须高度重视数据的校验工作。在设计输入子系统时应该考虑多种数据检验技术，在数据转换过程中应使用不同的方法进行多次检验，确认正确后方可入库。

如果在数据库设计时，原来的数据库系统仍在使用，则数据的转换工作是将原来系统中的数据转换成新系统中的数据结构。同时还要转换原来的应用程序，使之能在新系统下有效地运行。

数据的转换、分类和综合常常需要重复多次才能完成，因而输入子系统的设计和实施是很复杂的，需要编写许多应用程序，这一工作需要耗费较多的时间，为了保证数据能够及时入库，应该在数据库物理结构设计的同时编制数据输入子系统，不能物理结构设计完成后才开始。

9.6.3 应用程序编码与调试

数据库应用程序的设计属于一般的程序设计范畴，但数据库应用程序有自己的特点。例如，大量使用屏幕显示控制语句、输出报表形式多样、重视数据的有效性和完整性检查、有灵活的交互功能。

为了加快应用系统的开发速度，一般选择第四代语言开发环境，利用自动生成技术和软件复用技术，在程序设计编写中往往采用工具（如 CASE）软件来帮助编写程序和文档。

数据库结构建立好之后，就可以开始编制与调试数据库的应用程序，这时由于数据入库的工作尚未完成，调试程序时可以先使用模拟数据。

9.6.4 数据库试运行

应用程序编写完成，并有了一小部分数据装入后，应该按照系统支持的各种应用分别试验应用程序在数据库上的操作情况，这就是数据库的试运行阶段，或者称为联合调试阶段。在这一阶段要完成两方面的工作。

（1）功能测试。实际运行应用程序，测试它们能否完成各种预定的功能。

（2）性能测试。测量系统的性能指标，分析系统是否符合设计目标。

系统的试运行对系统设计的性能检验和评价是很重要的，因为有些参数的最佳值只有在试运行后才能找到。如果测试的结果不符合设计目标，则应返回到物理结构设计阶段，重新修改设计和编写程序，有时甚至需要返回到逻辑结构设计阶段，调整逻辑结构。

重新设计物理结构甚至逻辑结构，会导致数据重新入库。由于数据装入的工作量很大，所以可分期分批地组织数据装入，先输入小批量数据做调试用，待试运行基本合格后，再大批量输入数据，逐步增加数据量，逐步完成运行评价。

数据库的实施和调试不是几天就能完成的，需要一定的时间。在此期间由于系统还不稳定，随时可能发生硬件或软件故障，加之数据库刚刚建立，操作人员对系统还不熟悉，对其规律缺乏了解，容易发生操作错误，这些故障和错误很可能破坏数据库中的数据，这种破坏很可能在数据库中引起连锁反应，破坏整个数据库，因此必须做好数据库的转储和恢复工作，要求设计人员熟悉数据库管理系统的转储和恢复功能，并根据调试方式和特点加以实施，尽量减少对数据库的破坏。

9.6.5 整理文档

在程序的编码调试和试运行阶段，应该将发现的问题和解决方法记录下来，将它们整理存档作为资料，供以后正式运行和改进时参考。

全部调试工作完成之后，应该编写应用系统的技术说明书和使用说明书，在正式运行时随系统一起交给用户。

完整的文档资料是应用系统的重要组成部分，但这一点常被忽视。必须强调这一工作的重要性，以引起用户与设计人员的充分注意。

9.7 数据库的运行与维护

数据库试运行结果符合设计目标后，数据库就投入正式运行，进入运行与维护阶段。数据库系统投入正式运行，标志着数据库应用开发工作的基本结束，但并不意味着设计过程已经结束。

由于应用环境不断发生变化，用户的需求和处理方法不断发展，数据库在运行过程中的存储结构也会不断变化，从而必须修改和扩充相应的应用程序。

数据库运行与维护阶段的主要任务包括以下 3 项内容。

（1）维护数据库的安全性与完整性。

（2）监测并改善数据库性能。

（3）重新组织和构造数据库。

9.7.1　维护数据库的安全性与完整性

按照设计阶段提供的安全规范和故障恢复规范，DBA 要经常检查系统的安全是否受到侵犯，根据用户的实际需要授予用户不同的操作权限。

数据库在运行过程中，由于应用环境发生变化，对安全性的要求可能发生变化，DBA 要根据实际情况及时调整相应的授权和密码，以保证数据库的安全性。

同样，数据库的完整性约束条件也可能会随应用环境的改变而改变，这时 DBA 也要对其进行调整，以满足用户的要求。

另外，为了确保系统在发生故障时，能够及时地进行恢复，DBA 要针对不同的应用要求定制不同的转储计划，定期对数据库和日志文件进行备份，以使数据库在发生故障后恢复到某种一致性状态，保证数据库的完整性。

9.7.2　监测并改善数据库性能

目前许多数据库管理系统产品都提供了监测系统性能参数的工具，DBA 可以利用系统提供的这些工具，经常对数据库的存储空间状况及响应时间进行分析评价，结合用户的反映情况确定改进措施，及时改正运行中发现的错误，按用户的要求对数据库的现有功能进行适当的扩充。

9.7.3　重新组织和构造数据库

数据库建立后，除了数据本身是动态变化的以外，随着应用环境的变化，数据库也必须变化以适应应用要求。

数据库运行一段时间后，由于记录的不断增加、删除和修改，会改变数据库的物理存储结构，使数据库的物理特性受到破坏，从而降低数据库存储空间的利用率和数据的存取效率，导致数据库的性能下降。因此，需要对数据库进行重新组织，即重新安排数据的存储位置，回收垃圾，减少指针链，改进数据库的响应时间和空间利用率，提高系统性能。这与操作系统对“磁盘碎片”处理的概念相类似。

数据库的重新组织只是使数据库的物理存储结构发生变化，而数据库的逻辑结构不变，所以根据数据库的三级模式，可以知道数据库重新组织对系统功能没有影响，只是为了提高系统的性能。

数据库应用环境的变化可能导致数据库的逻辑结构发生变化，比如要增加新的实体，增加某些实体的属性，这样实体之间的联系就会发生变化，使原有的数据库设计不能满足新的要求，必须对原来的数据库进行重新构造，适当调整数据库的模式和内模式，比如增加新的数据项，增加或删除索引，修改完整性约束条件等。

数据库管理系统一般都提供了重新组织和构造数据库的应用程序，以帮助 DBA 完成数据库的重组和重构工作。

只要数据库系统在运行，就需要不断地进行修改、调整和维护。一旦应用变化太大，数据库重新组织也无济于事，这就表明数据库应用系统的生命周期结束，应该建立新系统，重新设计数据库。从头开始数据库设计工作，标志着一个新的数据库应用系统生命周期的开始。

本章小结

本章介绍了数据库设计的 6 个阶段，包括系统需求分析、概念结构设计、逻辑结构设计、物理结构设计、数据库实施、数据库运行与维护。对于每一阶段，都分别详细讨论了其相应的任务、方法和步骤。

需求分析是整个设计过程的基础，需求分析做得不好，可能会导致整个数据库设计返工重做。将需求分析所得到的用户需求抽象为信息结构（即概念模型）的过程就是概念结构设计，概念结构设计是整个数据库设计的关键所在，这一过程包括设计局部 E-R 图、综合成初步 E-R 图、E-R 图的优化。将独立于数据库管理系统的概念模型转化为相应的数据模型，这是逻辑结构设计所要完成的任务。一般的逻辑结构设计分为 3 步：初始关系模式设计、关系模式规范化、模式的评价与改进。 物理设计就是为给定的逻辑模型选取一个适合应用环境的物理结构，物理结构设计包括确定物理结构和评价物理结构两步。根据逻辑结构设计和物理结构设计的结果，在计算机上建立起实际的数据库结构，装入数据，进行应用程序的设计，并试运行整个数据库系统，这是数据库实施阶段的任务。数据库设计的最后阶段是数据库的运行与维护，包括维护数据库的安全性与完整性，监测并改善数据库性能，必要时进行数据库的重新组织和构造。

习题9

9.1　选择题

（1）从 E-R 模型向关系模型转换时，一个 $m{:}n$ 联系转换为关系模式时，该关系模式的候选键是________。

A. *m* 端实体的关键字　　B. *n* 端实体的关键字

C. *m* 端实体关键字与 *n* 端实体关键字组合　　D. 重新选取其他属性

（2）概念结构设计阶段得到的结果是________。

A. 数据字典描述的数据需求

B. E-R 图表示的概念模型

C. 某个数据库管理系统所支持的数据逻辑结构

D. 包括存储结构和存取方法的物理结构

（3）在关系数据库的设计中，设计关系模式是 ________ 的任务。

A. 需求分析阶段　　B. 概念结构设计阶段

C. 逻辑结构设计阶段　　D. 物理结构设计阶段

（4）逻辑结构设计阶段得到的结果是 ________。

A. 数据字典描述的数据需求

B. E-R 图表示的概念模型

C. 某个数据库管理系统所支持的数据逻辑结构

D. 包括存储结构和存取方法的物理结构

（5）物理结构设计阶段得到的结果是 ________。

A. 数据字典描述的数据需求

B. E-R 图表示的概念模型

C. 某个数据库管理系统所支持的数据逻辑结构

D. 包括存储结构和存取方法的物理结构

（6）在关系数据库的设计中，设计视图是 ________ 的任务。

A. 需求分析阶段　　B. 概念结构设计阶段

C. 逻辑结构设计阶段　　D. 物理结构设计阶段

9.2　请设计一个图书馆数据库，此数据库中对每个借阅者保存读者记录，包括读者号、姓名、性别、年龄、单位；对每本书存有书号、书名、作者、出版社；对每本被借出的书存有读者号、图书号、借出日期和应还日期。要求画出 E-R 图，再将其转换为关系模型。

9.3　假设某公司在多个地区设有销售部经销本公司的各种产品，每个销售部聘用多名职工，且每名职工只属于一个销售部。销售部有部门名称、地区和电话等属性，产品有产品编码、品名和单价等属性，职工有职工号、姓名和性别等属性，每个销售部的销售产品有数量属性。

（1）根据上述语义画出 E-R 图，要求在图中画出属性并注明联系的类型。

（2）试将 E-R 图转换成关系模型，并指出每个关系模式的主码和外码。

9.4　某商场可以为顾客办理会员卡，每个顾客只能办理一张会员卡，顾客信息包括顾客姓名、地址、电话、身份证号，会员卡信息包括号码、等级、积分。

（1）若顾客具有多个地址和多个电话号码，地址包括省、市、区、街道，电话号码包括区号、号码。

（2）若顾客具有多个地址，每个地址具有多个电话号码，地址包括省、市、区、街道，电话号码包括区号、号码。

根据上述语义分别画出 E-R 图，并将 E-R 图转换成关系模式，并指出每个关系模式的主码和外码。

9.5　某数据库记录乐队、成员和歌迷的信息，乐队信息包括名称、多个成员、一个队长，队长也是乐队的成员，成员信息包括名字、性别，歌迷信息包括名字、性别、喜欢的乐队、喜欢的成员。

（1）画出基本的 E-R 图。

（2）修改 E-R 图，使之能够表示成员在乐队的工作记录，包括进入乐队时间以及离开乐队时间。

9.6　考虑某个 T 公司的数据库信息。

（1）部门具有部门编号、部门名称、办公地点等属性。

（2）部门员工具有员工编号、姓名、级别等属性，员工只在一个部门工作。

（3）每个部门有唯一一个部门员工作为部门经理。

（4）实习生具有实习编号、姓名、年龄等属性，只在一个部门实习。

（5）项目具有项目编号、项目名称、开始日期、结束日期等属性。

（6）每个项目由一名员工负责，由多名员工、实习生参与。

（7）一名员工只负责一个项目，可以参与多个项目，参与每个项目具有工作时间比。

（8）每个实习生只参与一个项目。

画出 E-R 图，并将 E-R 图转换为关系模型（包括关系名、属性名、码）。

实验六　数据库设计

【实验目的】

掌握数据库的概念结构设计、逻辑结构设计和物理结构设计方法，掌握数据库设计工具 PowerDesigner 的使用方法，进行数据库设计。

【实验内容】

设计一个采购、销售和客户管理应用数据库。其中，一个供应商可以供应多种零件，一种零件也可以有多个供应商。客户按订单采购商品，一个客户有多个订单，一个订单包含多个商品明细列表，一条明细记录的是某供应商供应某零件的信息。客户和供应商都分别属于不同的国家这里，国家按世界五大洲划分所属地区。

经过分析得出，系统中有零件 Part、供应商 Supplier、客户 Customer、订单 Order、订单明细 Orderitem、国家 Nation、地区 Region 7 个关系模式。每个关系模式的属性和码如下。

零件 Part：<u>零件编号 partID</u>、零件名称 name、零件制造商 mfgr、类型 type、大小 Size、零售价格 retailprice、备注 comment。

供应商 Supplier：<u>供应商编号 supperID</u>、供应商名称 name、地址 address、国籍 nation ID、电话 phone、备注 comment。

客户 Customer：<u>客户编号 custID</u>、客户名称 name、地址 address、电话 phone、国籍 nation ID、备注 comment。

订单 Order：<u>订单编号 orderID</u>、订单日期 orderdate、订单优先级 orderpriority、记账员 clerk、备注 comment。

订单明细 orderItem：<u>订单明细编号 ItemID</u>、<u>订单编号 orderID</u>、零件号 partID、零件供应商号 supperID、零件数量 quantity、零件总价 extendedprice、退货标记 retwinflag。

国家 Nation：<u>国家编号 nationID</u>、国家名称 name、所属地区 regionID。

地区 Region：地区编号 regionID、地区名称 name。

具体要求如下。

（1）根据上述语义，分析实体之间的联系，画出 E-R 图。

（2）根据 E-R 图使用 PowerDesigner 工具进行概念结构设计。

（3）将概念结构转化为逻辑结构。

（4）将逻辑结构转化为物理结构。

（5）生成 SQL 语句。

第 10 章　数据库规范化设计

关系数据库是由一组关系组成的，而每个关系又都是由属性组成的。在构造关系时，经常会存在数据冗余和更新异常等现象，这是关系中各属性间的相互依赖性和独立性造成的。本章将介绍函数依赖、关系模式的规范化和模式分解方法。

10.1　基本概念

关系数据库理论中的重要概念是数据依赖。关系模式中各属性间相互依赖、相互制约的联系称为数据依赖。这种约束关系通过属性值之间的依赖关系来体现。

数据依赖一般分为函数依赖、多值依赖和连接依赖，其中函数依赖（Function Dependency，FD）和多值依赖（Multivalue Dependency，MVD）是比较重要的。

函数依赖是关系模式中属性之间的一种逻辑依赖关系。

10.1.1　函数依赖

定义 10.1　设关系 $R(U)$ 是属性集 U 上的关系模式，X、Y 是 U 的子集。若对于 $R(U)$ 的任意一个可能的关系 r，r 中不可能存在两个元组在 X 上的属性值相等，而在 Y 上的属性值不等，则称 X 函数决定 Y，或 Y 函数依赖 X，记作 $X \rightarrow Y$。我们称 X 为决定因子，Y 为依赖因子，当 Y 函数不依赖于 X 时，记作 $X \nrightarrow Y$。

【例 10.1】 对于关系模式 *SCD*(SNO,CNO,SNAME,SAGE,SDEPT,DNAME,GRADE) 和属性组 U ={SNO,SNAME,SAGE,SDEPT,DNAME,CNO,GRADE}，得出属性组 U 上的函数依赖。

现实世界的事实如下。

- 一个系有若干学生，但一个学生只属于一个系。
- 一个系只有一个系主任。
- 一个学生可以选修多门课程，每门课程有若干学生选修。

● 每个学生所学的每门课程都有一个成绩。

从上述事实可以得到属性组 U 上的一组函数依赖：

F = {SNO→SNAME,SNO→SAGE,SNO→SDEPT,SDEPT→DNAME,(SNO,CNO)→GRADE}。

一个“SNO”有多个“GRADE”的值与其对应，因此“GRADE”不能唯一地确定，“GRADE”不能函数依赖于“SNO”，表示为 SNO $\nrightarrow$ GRADE，但“GRADE”可以被 (SNO,CNO) 唯一地确定，表示为 (SNO,CNO) → GRADE。

有关函数依赖有以下几点说明。

（1）函数依赖不是指关系模式 R 的某个或某些关系实例满足的约束条件，而是指 R 的所有关系实例均要满足的约束条件。

（2）函数依赖是语义范畴的概念。我们只能根据语义来确定一个函数依赖，例如，姓名→年龄这个函数依赖只有在学生不存在重名的情况下成立。如果有相同名字的人，则“年龄”就不再函数依赖于“姓名”了。

（3）函数依赖与属性之间的联系类型有关。在关系模式中，如果属性 X 与 Y 有 1:1 联系时，则存在函数依赖 $X \rightarrow Y$ 和 $Y \rightarrow X$，即 $X \Leftrightarrow Y$。例如，当学生不重名时，学号 ⇔ 姓名。

如果属性 X 与 Y 有 m:1 联系时，则只存在函数依赖 $X \rightarrow Y$，例如，“SNO”与“SAGE”之间为 m:1 联系，所以有 SNO → SAGE。

如果属性 X 与 Y 有 m:n 联系时，则 X 与 Y 之间不存在任何函数依赖关系。例如，一个学生可以选修多门课程，每门课程可以有多个学生选修，所以“SNO”与“CNO”之间不存在任何函数依赖关系。

定义 10.2　在关系模式 $R(U)$ 中，对于 U 的子集 X 和 Y，若 $X \rightarrow Y$，且 $Y \not\subset X$，则称 $X \rightarrow Y$ 是非平凡的函数依赖。若 $Y \subseteq X$，则称 $X \rightarrow Y$ 是平凡的函数依赖。

对于任意关系模式，平凡函数依赖都是必然成立的，若不特别声明，总是讨论非平凡的函数依赖。

10.1.2　完全函数依赖

定义 10.3　在关系模式 $R(U)$ 中，如果 $X \rightarrow Y$，并且对于 x 的任何一个真子集 X'，都有 $X' \nrightarrow Y$，则称 Y 完全函数依赖于 X，记作 $X \xrightarrow{f} Y$；否则称 Y 部分函数依赖于 X，记作 $X \xrightarrow{p} Y$。

由定义可知，当 X 是单个属性时，由于 X 不存在真子集，那么如果 $X \rightarrow Y$，则 Y 完全函数依赖于 X。因此只有当决定因子是组合属性时，讨论部分函数依赖才有意义。

【例 10.2】 在 *STUDENT*（SNO,SNAME,SAGE,SSEX,SDEPT）关系中，因为（SNO,SNAME）→SSEX，SNO → SSEX，因此（SNO,SNAME）$\xrightarrow{p}$ SSEX。

在 *SCORE*（SNO,CNO,GRADE）关系中，因为（SNO,CNO）→ GRADE，但 SNO $\nrightarrow$ GRADE，CNO $\nrightarrow$ GRADE，因此（SNO,CNO）$\xrightarrow{f}$ GRADE。

10.1.3　传递函数依赖

定义 10.4　在关系模式 $R(U)$ 中，如果 $X \rightarrow Y$，$Y \rightarrow Z$，且 $Y \not\subset X$，$Y \nrightarrow X$，则称 Z 传递函数依赖于 X，记作 $X \xrightarrow{t} Z$。

从定义可知，条件 $Y \nrightarrow X$ 十分必要，如果 X、Y 互相依赖，实际上处于等价地位，此时

$X \to Z$ 则为直接函数依赖联系，而非传递依赖。

【例 10.3】 在关系模式 *STD*(SNO,SDEPT,DNAME) 中，有 SNO → SDEPT，SDEPT → DNAME，因此，SNO $\xrightarrow{t}$ DNAME。

10.1.4 码

码是关系模式中的一个重要概念，下面用函数依赖的概念来定义码。

定义 10.5 设 K 为关系模式 $R<U,F>$ 中的属性或属性组合，若 $K \xrightarrow{f} U$，则 K 为 R 的候选码（Candidate Key）。若候选码多于一个，则选定其中的一个为主码（Primary Key）。主码用下画线标记出来。

包含在任何一个候选码中的属性，叫作主属性（Prime Attribute）。不包含在任何码中的属性称为非主属性（Nonprime Attribute）或非码属性（Non-key Attribute）。最简单的情况是单个属性是码。最极端的情况是整个属性组是码，称为全码（All-key）。

【例 10.4】 在关系模式 *S*(SNO,SDEPT,SAGE) 中，SNO 是码。

在关系模式 *R*(TEACHER,COURSE,STUDENT) 中，假设一个教师可以讲授多门课程，某一门课程可以有多个教师讲授，学生也可以听不同教师讲授不同的课程，这个关系模式的码为 (TEACHER,COURSE,STUDENT)，即全码。

定义 10.6 关系模式 R 中属性或属性组 X 并非 R 的码，但 X 是另一个关系模式 S 的码，则称 X 是 R 的外部码（Foreign key），也称外码。

【例 10.5】 *SCORE* (SNO,CNO,GRADE) 中，SNO 不是码，但 SNO 是关系模式 *STUDENT* (SNO,SDEPT,SAGE) 的码，则学号是关系模式 *SCORE* 的外码。

主码与外码提供了一个表示关系间联系的手段。关系模式 *STUDENT* 与 *SCORE* 的联系就是通过学号来体现的。

10.2 函数依赖的公理系统

函数依赖的公理系统是模式分解算法的基础，1974 年阿姆斯壮（Armstrong）提出了一套有效而完备的公理系统——Armstrong 公理系统。

10.2.1 函数依赖的逻辑蕴含

对于满足一组函数依赖 F 的关系模式 $R<U, F>$，其任何一个关系 r，若函数依赖 $X \to Y$ 都成立（即 r 中任意两元组 t,s，若 $t[X]=s[X]$，则 $t[Y]=s[Y]$），则称 F 逻辑蕴含 $X \to Y$。

10.2.2 Armstrong 公理系统

Armstrong 公理系统 设 U 为属性集总体，F 是 U 上的一组函数依赖，于是有关系模式 $R<U,F>$。对 $R<U, F>$ 来说有以下推理规则。

（1）自反律（Reflexivity）：若 $Y \subseteq X \subseteq U$，则 $X \to Y$ 为 F 所蕴含。

（2）增广律（Augmentation）：若 $X \to Y$ 为 F 所蕴含，且 $Z \subseteq U$，则 $XZ \to YZ$ 为 F 所蕴含。

（3）传递律（Transitivity）：若 $X \to Y$ 及 $Y \to Z$ 为 F 所蕴含，则 $X \to Z$ 为 F 所蕴含。

注意：由自反律所得到的函数依赖均是平凡的函数依赖，自反律的使用并不依赖于 F。

根据 Armstrong 公理系统可以得到下面三条有用的推理规则。

（1）合并规则（Union Rule）：由 $X \to Y$ 及 $X \to Z$，有 $X \to YZ$。

（2）伪传递规则（Pseudotransitivity Rule）：由 $X \to Y$ 及 $WY \to Z$，有 $XW \to Z$。

（3）分解规则（Decomposition Rule）：由 $X \to Y$ 及 $Z \subseteq Y$，有 $X \to Z$。

根据合并规则和分解规则，很容易得到这样一个重要事实：$X \to A_1A_2 \cdots A_k$ 成立的充分必要条件是 $X \to A_i$ 成立（i=1, 2, …, k）。

定理 10.1　Armstrong 公理系统的推理规则是正确的。

下面从定义出发证明推理规则的正确性。

证明过程如下。

（1）设 $Y \subseteq X \subseteq U$。

对 $R<U,F>$ 的任一关系 r 中的任意两个元组 t,s：

若 $t[X]=s[X]$，由于 $Y \subseteq X$，有 $t[Y]=s[Y]$，所以 $X \to Y$ 成立。自反律得证。

（2）设 $X \to Y$ 为 F 所蕴含，且 $Z \subseteq U$。

对 $R<U,F>$ 的任一关系 r 中的任意两个元组 t,s：

若 $t[XZ]=s[XZ]$，则有 $t[X]=s[X]$ 和 $t[Z]=s[Z]$。

由 $X \to Y$，有 $t[Y]=s[Y]$，所以 $t[YZ]=s[YZ]$，即 $XZ \to YZ$ 为 F 所蕴含，增广律得证。

（3）设 $X \to Y$ 及 $Y \to Z$ 为 F 所蕴含。

对 $R<U,F>$ 的任一关系 r 中的任意两个元组 t,s：

若 $t[X]=s[X]$，由于 $X \to Y$，有 $t[Y]=s[Y]$。

再由 $Y \to Z$，有 $t[Z]=s[Z]$，所以 $X \to Z$ 为 F 所蕴含，传递律得证。

10.2.3　函数依赖集闭包和属性依赖集闭包

定义 10.7　在关系模式 $R<U,F>$ 中为 F 所蕴含的函数依赖的全体叫作 F 的闭包，记作 F^+。

一般，$F \leqslant F^+$。如果 $F = F^+$，则称 F 是函数依赖的完备集。

定义 10.8　设有关系模式 $R<U, F>$，X 是 U 的子集，称所有用公理从 F 推出的函数依赖集 $X \to A_i$ 中的 A_i 为属性集 X 关于函数依赖 F 的闭包，记作 X_F^+。即：

$$X_F^+ = \{A_i \mid A_i \in U,\ X \to A_i \in F^+\}$$

由公理的自反性可知 $X \to X$，因此 $X \subseteq X_F^+$。

算法 10.1　求属性集 X（$X \subseteq U$）关于 U 上的函数依赖 F 的闭包 X_F^+。

输入：X，F。

输出：X_F^+。

步骤如下。

（1）令 $X(0)=X$，i=0。

（2）求 B，令 $B = \{A \mid (\exists V)(\exists W)(V \to W \in F \wedge V \subseteq X^{(i)} \wedge A \in W)\}$。

（3）$X^{(i+1)}=B\cup X^{(i)}$。

（4）判断是否 $X^{(i+1)}=X^{(i)}$。

（5）若相等或 $X^{(i)}=U$，则 $X^{(i)}$ 就是 X_F^+，算法终止。

（6）否则 $i=i+1$，返回步骤（2）。

【例 10.6】 已知关系 $R<U,F>$，其中 $U=\{A,B,C,D,E\}$，$F=\{AB\to C, B\to D, C\to E, EC\to B, AC\to B\}$，求$(AB)_F^+$。

解：设 $X^{(0)}=AB$。

计算 $X^{(1)}$，逐一扫描 F 集合中各个函数依赖，找左部为 A、B 或 AB 的函数依赖。得到 $AB\to C$，$B\to D$。于是$X^{(1)}=AB\cup CD=ABCD$。

因为 $X^{(1)}\neq X^{(0)}$，所以再找出左部为 $ABCD$ 子集的那些函数依赖，又得到 $C\to E$，$AC\to B$，于是$X^{(2)}=X^{(1)}\cup BE=ABCDE$。

因为 $X^{(2)}$ 已等于全部属性集合，所以$(AB)_F^+=ABCDE$。

对算法 10.1，令 $a_i=|X^{(i)}|$，$\{a_i\}$ 形成一个步长大于 1 的严格递增的序列，序列的上界是 $|U|$，因此该算法最多 $|U|-|X|$ 次循环就会终止。

10.2.4 Armstrong 公理的有效性和完备性

Armstrong 公理的有效性指的是，在 F 中根据 Armstrong 公理推导出来的每一个函数依赖一定为 F 所逻辑蕴含，即在 F^+ 中。Armstrong 公理的完备性指的是，F^+ 所逻辑蕴含的每一个函数依赖，必定可以由 F 出发根据 Armstrong 公理推导出来。

建立公理体系的目的在于有效而准确地计算函数依赖的逻辑蕴含，即由已知的函数依赖推出未知的函数依赖。公理的有效性保证了按公理推出的所有函数依赖都为真，公理的完备性保证了可以推出所有的函数依赖，这样就保证了计算和推导的可靠和有效。

定理 10.2 Armstrong 公理系统是有效的、完备的。

Armstrong 公理系统的有效性可由定理 10.1 得到证明。这里给出完备性的证明。

证明完备性的逆否命题，即若函数依赖 $X\to Y$ 不能由 F 从 Armstrong 公理导出，那么它必然不为 F 所蕴含，它的证明分三步。

（1）若 $V\to W$ 成立，且$V\subseteq X_F^+$，则X_F^+。

证明：因为$V\subseteq X_F^+$，所以有 $X\to V$ 成立，于是 $X\to W$ 成立（因为 $X\to V$，$V\to W$），所以 $W\subseteq X_F^+$。

（2）构造一张二维表 r，它由下列两个元组构成，可以证明 r 必是 $R<U,F>$ 的一个关系，即 F 中的全部函数依赖在 r 上成立。

$$\overbrace{11\cdots\cdots1}^{X}\quad\overbrace{00\cdots\cdots0}^{U-X_F^+}$$
$$11\cdots\cdots1\quad 11\cdots\cdots1$$

若 r 不是 $R<U,F>$ 的关系，则必是由于 F 中有某一个函数依赖 $V\to W$ 在 r 上不成立所致。由 r 的构成可知，V 必定是X_F^+的子集，而 W 不是X_F^+的子集，与第（1）步的结论$W\subseteq X_F^+$矛盾。所以 r 必是 $R<U,F>$ 的一个关系。

（3）若 $X\to Y$ 不能由 F 从 Armstrong 公理导出，则 Y 不是X_F^+的子集，因此必有 Y 的子集 Y'，

满足 $Y' \subseteq U - X_F^+$，则 $X \to Y$ 在 r 中不成立，即 $X \to Y$ 必不为 $R<U,F>$ 蕴含。

10.2.5　函数依赖集的等价和覆盖

定义 10.9　设 F 和 G 是两个函数依赖集，如果 $F^+= G^+$，则称 F 和 G 等价。F 和 G 等价说明 F 覆盖 G，同时 G 覆盖 F。

定理 10.3　$F^+= G^+$ 的充分必要条件是 $F \subseteq G^+$ 且 $G \subseteq G^+$。

必要性显然，只证充分性。证明过程如下。

（1）若 $F \subseteq G^+$，则 $X_F^+ \subseteq X_{G^+}^+$。

（2）任取 $X \to Y \in F^+$，则有 $Y \subseteq X_F^+ \subseteq X_{G^+}^+$。

所以 $X \to Y \in (G^+)^+ = G^+$，即 $F^+= G^+$。

（3）同理可证 $G \subseteq F^+$，所以 $F^+= G^+$。

而要判定 $F \subseteq G^+$，只需逐一对 F 中的函数依赖 $X \to Y$ 考察 Y 是否属于 X_G^+ 就行了。因此定理 10.3 给出了判断两个函数依赖集是否等价的可行算法。

10.2.6　函数依赖集的最小化

定义 10.10　如果函数依赖集 F 满足下列条件，则称 F 为一个极小函数依赖集也称为最小依赖集或最小覆盖。

（1）F 中任一函数依赖的右部仅含有一个属性。

（2）F 中不存在这样的函数依赖 $X \to A$，使得 F 与 $F-\{X \to A\}$ 等价。

（3）F 中不存在这样的函数依赖 $X \to A$，X 有真子集 Z 使得 $F-\{X \to A\} \cup \{Z \to A\}$ 与 F 等价。

条件（1）说明在最小函数依赖集中的所有函数依赖都应该是“右端没有多余的属性”的最简单的形式；条件（2）保证了最小函数依赖集中无多余的函数依赖；条件（3）要求最小函数依赖集中每个函数依赖的左端没有多余的属性。

例如，在关系模式 $S<U,F>$ 中，U={SNO,SDEPT,DNAME,CNO,GRADE}，F={SNO → SDEPT, SDEPT → DNAME, (SNO,CNO) → GRADE}，F'={ SNO → SDEPT, SNO → DNAME,SDEPT → DNAME,(SNO,CNO) → GRADE,(SNO,SDEPT) → SDEPT}。

根据定义可以验证 F 是最小覆盖，而 F' 不是。因为 F'−{SNO → DNAME} 与 F' 等价，F'−{(SNO,SDEPT) → SDEPT } 与 F' 等价。

定理 10.4　每一个函数依赖集 F 均等价于一个极小函数依赖集 F_m，此 F_m 称为 F 的最小依赖集。

证明：这是一个构造性的证明，分三步对 F 进行“极小化处理”，找出 F 的一个最小依赖集。

（1）逐一检查 F 中各函数依赖 $FD_i : X \to Y$，若 $A_1A_2\cdots A_k$，$k>2$，则用 $\{ X \to A_j | j=1,2,\cdots,k\}$ 来取代 $X \to Y$。

（2）逐一检查 F 中各函数依赖 $FD_i : X \to A$，令 $G=F-\{X \to A\}$，若 $A \in X_G^+$，则从 F 中去掉此函数依赖（因为 F 与 G 等价的充要条件是 $A \in X_G^+$）。

（3）逐一检查 F 中各函数依赖 $FD_i : X \to A$，设 $B_1B_2\cdots B_m$，逐一考察 $B_i(i=1,2,\cdots,m)$，若

$A \in (X-B_i)^+_F$，则用 $X \to B_i$ 取代 X（因为 F 与 $F-\{X \to A\} \cup \{Z \to A\}$ 等价的充要条件是 $A \in Z^+_F$，其中 $Z=X-B_i$）。

最后剩下的 F 就一定是极小依赖集，并且与原来的 F 等价。因为对 F 的每一次"改造"都保证了改造前后的两个函数依赖集等价。

上述步骤既是对定理的证明，也是求最小函数依赖集的算法。

应当指出，F 的最小依赖集 F_m 不一定是唯一的，它与对各函数依赖及 $X \to A$ 中 X 各属性的处置顺序有关。

【例 10.7】 设 $F=\{A \to CD, C \to AD, D \to A\}$，对 F 进行极小化处理。

解：

（1）根据分解规则把 F 中的函数依赖转换成右部都是单属性的函数依赖集合，分解后的函数依赖集仍用 F 表示。$F=\{A \to C, A \to D, C \to A, C \to D, D \to A\}$。

（2）去除 F 中冗余的函数依赖。

① 判断 $A \to C$ 是否冗余。

设：$G_1=\{A \to D, C \to A, C \to D, D \to A\}$，得：$A^+_{G_1}=D$，

$QC \notin A^+_{G_1}$，$\therefore A \to C$ 不冗余。

② 判断 $A \to D$ 是否冗余。

设：$G_2=\{A \to C, C \to A, C \to D, D \to A\}$，得：$A^+_{G_2}=ACD$，

$QD \in A^+_{G_2}$，$\therefore A \to D$ 冗余（以后的检查不再考虑 $A \to D$）。

③ 判断 $C \to A$ 是否冗余。

设：$G_3=\{A \to C, C \to D, D \to A\}$，得：$C^+_{G_3}=CDA$，

$QA \in C^+_{G_3}$，$\therefore C \to A$ 冗余（以后的检查不再考虑 $C \to A$）。

④ 判断 $C \to D$ 是否冗余。

设：$G_4=\{A \to C, D \to A\}$，得：$C^+_{G_4}=C$，

$QD \notin C^+_{G_4}$，$\therefore C \to D$ 不冗余。

⑤ 判断 $D \to A$ 是否冗余。

设：$G_5=\{A \to C, C \to D\}$，得：$D^+_{G_5}=D$，

$QA \notin D^+_{G_5}$，$\therefore D \to A$ 不冗余。

由于该例中的函数依赖表达式的左部均为单属性，因而不需要进行第三步的检查。

$F_m=\{A \to C, C \to D, D \to A\}$。

【例 10.8】 求 $F=\{AC \to B, A \to C, C \to A\}$ 的最小函数依赖集 F_m。

解：

（1）将 F 中的函数依赖都分解成右部都是单属性的函数依赖。很显然 F 满足条件。

（2）去除 F 中冗余的函数依赖。

① 判断 $AC \to B$ 是否冗余。

设：$G_1=\{A \to C, C \to A\}$，得：$AC^+_{G_1}=AC$，

$QB \notin AC^+_{G_1}$，$\therefore AC \to B$ 不冗余。

② 判断 $A \to C$ 是否冗余。

设：$G_2=\{AC \to B, C \to A\}$，得：$A^+_{G_2}=A$，

$QC \notin AC_{G_2}^{+}$，$\therefore A \to C$ 不冗余。

③ 判断 $C \to A$ 是否冗余。

设：$G_3 = \{AC \to B, A \to C\}$，得：$C_{G_3}^{+} = C$，

$QA \notin C_{G_3}^{+}$，$\therefore C \to A$ 不冗余。

经过检验后的函数依赖集仍然为 F。

（3）去掉各函数依赖左部冗余的属性。本题只需考虑 $AC \to B$ 的情况。

方法 1：在决定因子中去掉 C，若 $B \in A_F^{+}$，则以 $A \to B$ 代替 $AC \to B$。

求得：$A_F^{+} = ACB$，

$QB \in A_F^{+}$，$\therefore$ 以 $A \to B$ 代替 $AC \to B$。

故：$F_m=\{A \to B, A \to C, C \to A\}$。

方法 2：也可以在决定因子中去掉 A，若 $B \in C_F^{+}$，则以 $C \to B$ 代替 $AC \to B$。

求得：$C_F^{+} = ACB$，

$QB \in C_F^{+}$，$\therefore$ 以 $C \to B$ 代替 $AC \to B$。

故：$F_m=\{C \to B, A \to C, C \to A\}$。

10.3　关系模式的规范化

关系数据库的规范化理论最早是由关系数据库的创始人埃德加·科德提出的，后来许多专家学者对关系数据库理论做了深入的研究和发展，形成了一整套有关关系数据库设计的理论。在该理论出现以前，层次和网状数据库的设计只是遵循其模型本身固有的原则，而无具体的理论依据可言，因而带有盲目性，可能在以后的运行和使用中发生许多意想不到的问题。

在关系数据库系统中，关系模型包括一组关系模式，各个关系不是完全孤立的，数据库的设计比层次和网状模型更为重要。关系数据库系统设计的关键是关系模式的设计。一个好的关系数据库包括多少关系模式，每一个关系模式包括哪些属性，如何将这些相互关联的关系模式组建一个适合的关系模型，这些工作决定了整个系统运行的效率，是系统成败的关键所在，所以必须在关系数据库的规范化理论的指导下逐步完成。

10.3.1　范式

规范化的基本思想是消除关系模式中的数据冗余，消除数据依赖中不合适的部分，解决数据插入、删除时发生的异常现象。这就要求关系数据库设计出来的关系模式要满足一定的条件。我们把关系数据库的规范化过程中为不同程度的规范化要求设立的不同标准称为范式（Normal Form）。经常用到的范式有 5 种：第一范式、第二范式、第三范式、第四范式和第五范式。每种范式都规定了一些限制约束条件。

满足最低要求的叫作第一范式，简称为 1NF；在第一范式的基础上进一步满足一些要求的叫作第二范式，简称为 2NF；其余以此类推。各范式之间存在以下关系：

5NF ⊂ 4NF ⊂ BCNF ⊂ 3NF ⊂ 2NF ⊂ 1NF。

1. 第一范式

定义 10.11　如果一个关系模式 R<U,F> 中的所有属性都是不可分的基本数据项，则 $R \in$ 1NF。

例如，关系模式 *SCD*(<u>SNO,CNO</u>,SNAME,SAGE,SDEPT,DNAME,GRADE) 中，所有属性都是不可再分的简单属性，即 $SCD \in$ 1NF。

满足 1NF 的关系称为规范化关系，不满足 1NF 条件的关系称为非规范化关系。关系数据库中，凡非规范化关系必须化成规范化关系。关系模式如果仅仅满足 1NF 是不够的，它会出现插入异常、删除异常、数据冗余度大、修改复杂等问题。

【例 10.9】 关系模式 *SCD*(<u>SNO,CNO</u>,SNAME,SAGE,SDEPT,DNAME,GRADE) 中存在以下问题。

（1）插入异常。假如我们要插入一个学号 =“S0010”，系名 =“数理系”，但还未选课的学生，即这个学生无课程号，这样的元组不能插入 *SCD* 中，因为插入时必须给定码值，而此时码值的一部分为空，因而学生的信息无法插入。

（2）删除异常。假定某个学生，如“S008”号学生选修了高等数学这门课。现在他不选修高等数学了。高等数学是主属性，删除了高等数学课程，则整个元组就被删除，“S008”的其他信息也跟着被删除了，于是产生了删除异常，即不应删除的信息也被删除了。

（3）数据冗余度大。如果一个学生选修了 12 门课程，那么他的系名、系主任值就要重复存储 12 次。

（4）修改复杂。某个学生从数理系转到计算机系，本来只需修改此学生元组中的系名值。但因为关系模式 *SCD* 中还含有系主任属性，学生转系会同时改变系主任值，因而还必须修改元组中系主任的值。如果这个学生选修了 *N* 门课，由于系名，系主任重复存储了 *N* 次，当数据更新时必须无遗漏地修改 *N* 个元组中全部系名和系主任信息，这就造成了修改的复杂化。

2. 第二范式

定义 10.12 若关系模式 $R \in$ 1NF，且每一个非主属性完全函数依赖于 *R* 的码，则 $R \in$ 2NF。

关系模式 *SCD* 出现上述问题的原因是“SNAME”“SAGE”“SDEPT”等属性对码的部分函数依赖，显然关系模式 *SCD* 不属于 2NF。为了消除部分函数依赖，我们可以采用投影分解法将 *SCD* 分解为 *S*(SNO,SNAME,SAGE,SDEPT,DNAME) 和 *SC*(<u>SNO,CNO</u>,GRADE) 两个关系模式。

在分解后的两个关系模式中，非主属性都完全函数依赖于码了，*S* 和 *SC* 都属于 2NF。可见，从 1NF 关系中消除非主属性对码的部分函数依赖，则可得到 2NF 关系。

采用投影分解法将一个 1NF 关系分解为多个 2NF 关系，可以在一定程度上减轻原 1NF 关系中存在的插入异常、删除异常、数据冗余度大和修改复杂等问题。但是属于 2NF 的关系模式仍然可能存在插入异常、删除异常、数据冗余度大和修改复杂等问题。

例如，2NF 关系模式 *S*(SNO,SNAME,SAGE,SDEPT,DNAME) 中有下列函数依赖：

SNO → SDEPT，SDEPT → DNAME，SNO → DNAME，所以“DNAME”传递函数依赖于“SNO”，*S* 中存在非主属性对码的传递函数依赖。*S* 中仍然存在以下问题。

（1）插入异常。如果某个系刚刚成立，还没有在校学生的情况下，我们就无法把这个系的信息存入数据库。

（2）删除异常。如果某个系的学生全部毕业了，我们在删除该系学生信息的同时，把这个系的信息也丢掉了。

（3）数据冗余度大。每个系的学生都是同一个系主任，系主任却重复出现，重复次数与该系学生人数相同。

（4）修改复杂。当学校调整系主任时，必须修改这个系所有学生的系主任值。

所以 *S* 仍是一个不好的关系模式。

3. 第三范式

定义 10.13　如果关系模式 $R<U,F>$ 中不存在这样的码 *X*、属性组 *Y* 及非主属性 *Z*（$Z \not\subset Y$），使得 $X \rightarrow Y$（$Y \nrightarrow X$）和 $Y \rightarrow Z$ 成立，则 $R \in$ 3NF。

由定义可以证明，若 $R \in$ 3NF，则每一个非主属性既不部分函数依赖于码，也不传递函数依赖于码，3NF 实质上消除非主属性对码的部分函数依赖和传递函数依赖。

3NF 是一个可用的关系模式应满足的最低范式，一个关系模式如果不属于 3NF，实际上它是不能使用的。

关系模式 *S*(SNO,SNAME,SAGE,SDEPT,DNAME) 中存在传递函数依赖，所以 *S* 不属于 3NF。对关系模式 *S* 按 3NF 的要求进行分解，将 *S* 分解为 *ST*(SNO,SNAME,SAGE,SDEPT) 和 *SD*(SDEPT,DNAME) 两个关系模式。

分解后的两个关系模式中既没有非主属性对码的部分函数依赖，也没有非主属性对码的传递函数依赖，两个关系模式都属于 3NF 了。

分解后的关系模式又进一步解决了上述问题。

（1）*SD* 关系中可以插入没有在校学生的系信息。

（2）某个系的学生全部毕业了，只是删除 *ST* 关系中学生的相应元组，*SD* 关系中关于该系的信息仍存在。

（3）各系系主任的信息只在 *SD* 关系中存储一次。

（4）当学校调整某个系的系主任时，只需修改 *SD* 关系中一个相应元组的系主任属性值。

但是，3NF 只限制了非主属性对码的依赖关系，而没有限制主属性对码的依赖关系。

如果发生了这种依赖，仍有可能存在数据冗余、插入异常、删除异常和修改复杂等问题。这时，则需对 3NF 进一步规范化，消除主属性对码的依赖关系。为了解决这种问题，出现了一个新范式——Boyce-Codd 范式，通常简称为 BCNF 或 BC 范式。它弥补了 3NF 的不足。

【例 10.10】　在关系模式 *STJ*(TEACHER,COURSE,STUDENT) 中，假设每个教师只教一门课。每门课由若干教师教，某一学生选定某门课，就确定了一个固定的教师。

于是，我们有函数依赖 (STUDENT,COURSE) → TEACHER，TEACHER → COURSE，(STUDENT,TEACHER) → COURSE。显然，(STUDENT,COURSE) 和 (STUDENT,TEACHER) 都是候选码，“STUDENT”“TEACHER”“COURSE”都是主属性，虽然“COURSE”对候选码 (STUDENT,TEACHER) 存在部分函数依赖，但这是主属性对候选码的部分函数依赖，所以关系模式 *STJ* 属于 3NF。

3NF 的 *STJ* 关系模式也存在以下问题。

（1）插入异常。如果某个学生刚刚入校，尚未选修课程，则因受主属性不能为空的限制，有关信息无法存入数据库中。同样原因，如果某个教师开设了某门课程，但尚未有学生选修，则有关信息也无法存入数据库中。

（2）删除异常。如果选修过某门课程的学生全部毕业了，在删除这些学生元组的同时，相应教师开设该门课程的信息也同时丢掉了。

（3）数据冗余度大。虽然一个教师只教一门课，但每个选修该教师该门课程的学生元组都要记录这一信息。

（4）修改复杂。某个教师开设的某门课程改名后，所有选修了该教师该门课程的学生元组都要进行相应修改。

因此虽然关系模式 *STJ* 属于 3NF，但它仍不是一个理想的关系模式。

4. BC 范式

定义 10.14 设关系模式 $R<U,F> \in$ 1NF，如果对于 R 的每个函数依赖 $X \rightarrow Y$，若 $Y \not\subset X$，则 X 必包含候选码，那么 $R \in$ BCNF。

也就是说，关系模式 $R<U,F>$ 中，若每一个决定因子都包含码，则 $R<U,F> \in$ BCNF。由 BCNF 的定义可知，一个满足 BCNF 的关系模式有以下特点。

（1）所有非主属性都完全函数依赖于每个候选码。

（2）所有主属性都完全函数依赖于每个不包含它的候选码。

（3）没有任何属性完全函数依赖于非码的任何一组属性。

如果 R 属于 BCNF，由于 R 排除了任何属性对码的传递依赖与部分依赖，所以 R 一定属于 3NF。但是，若 R 属于 3NF，则 R 未必属于 BCNF。

关系模式 *STJ* 出现上述问题的原因在于主属性“COURSE”依赖于“TEACHER”，即主属性“COURSE”部分依赖码 (STUDENT,TEACHER)。为解决这一问题，仍然可以采用投影分解法，将 *STJ* 分解为两个关系模式: *ST*(STUDENT,TEACHER)，其码为“STUDENT”；*TJ*(TEACHER,COURSE)，其码为“TEACHER”。

显然，在分解后的关系模式中没有任何属性对码的传递函数依赖与部分函数依赖，即关系模式 *ST*、*TJ* 都属于 BCNF。可见，采用投影分解法将一个 3NF 关系分解为多个 BCNF 关系，可以进一步解决 3NF 关系中存在的插入异常、删除异常、数据冗余、修改复杂等问题。

【例 10.11】将关系模式 *SNC*(SNO,SNAME,CNO,GRADE) 规范到 BCNF。

分析 *SNC* 数据冗余的原因，原因是在这一个关系中存在两个实体，一个是学生实体，属性有“SNO”“SNAME”；另一个是选课实体，属性有“SNO”“CNO”和“GRADE”。根据分解的原则，我们可以将 *SNC* 分解成两个关系: *S*1(SNO,SNAME)，用来描述学生实体；*S2*(SNO,CNO,GRADE)，用来描述学生与课程的联系。

对于 *S*1，有“SNO”和“SNAME”两个候选码，对于 *S*2，主码为 (SNO,CNO)。

在这两个关系中，无论主属性还是非主属性都不存在对码的部分依赖和传递依赖，*S*1 属于 BCNF，*S*2 也属于 BCNF。

关系 *SNC* 转换成 BCNF 后，数据冗余度明显降低。学生的姓名只在关系 *S*1 中存储一次，学生要改名时，只需改动一条学生记录中的相应的 SNAME 值，从而不会发生修改异常。

BCNF 和 3NF 的区别在于: 3NF 只对非主属性消除了插入异常，而 BCNF 则是针对所有属性，包括主属性和非主属性。

如果一个关系数据库中的所有关系模式都属于 BCNF，那么在函数依赖范畴内，它已实现了模式的彻底分解，达到了最高的规范化程度，消除了插入异常和删除异常。

10.3.2　多值依赖与第四范式

前面讨论的规范化都是建立在函数依赖的基础上，函数依赖表示的是关系模式中属性间的一对一或一对多的联系，但它并不能表示属性间的多对多的关系，因而有些关系模式虽然已经规范到 BCNF，仍然存在一些弊端。

1. 多值依赖

【例 10.12】 关系模式 *CTB*(CNO,TEACHER,BOOK) 中，一门课程由多个教师讲授，他们使用相同的一套参考书，我们用非规范化的关系来表示课程、教师、参考书间的关系，如表 10.1 所示。

表 10.1　非规范化的关系模式

CNO	TEACHER	BOOK
*C*1	{*T*1,*T*2}	{*B*1,*B*2}
*C*2	{*T*2,*T*3}	{*B*3,*B*4}

规范化后的关系如表 10.2 所示。

表 10.2　规范化的关系

CNO	TEACHER	BOOK
*C*1	*T*1	*B*1
*C*1	*T*1	*B*2
*C*1	*T*2	*B*1
*C*1	*T*2	*B*2
*C*2	*T*2	*B*3
*C*2	*T*2	*B*4
*C*2	*T*3	*B*3
*C*2	*T*3	*B*4

可以看出，规范化后的关系模式 *CTB*(<u>CNO,TEACHER,BOOK</u>) 具有唯一的候选码（CNO,TEACHER,BOOK），即全码，因而 *CTB* 属于 BCNF，但仍存在以下问题。

（1）数据冗余度大：一门课程有多少任课教师，参考书就要重复存储多少次。

（2）插入异常：当某门课程增加教师时，该门课程有多少本参考书就必须插入多少个元组。同样，当某门课程需要增加一本参考书时，它有多少个教师就必须插入多少个元组。

（3）删除异常：当删除一门课程的某个教师或者某本参考书时，需要删除多个元组。

（4）更新异常：当一门课程的教师或参考书改变时，需要修改多个元组。

产生以上问题的原因主要有以下两个方面。

（1）就 CTB 中 CNO 的一个具体值来说，有多个教师值与其对应。同样，CNO 与 BOOK 间也存在着类似的联系。

（2）CTB 中的一个确定的 CNO 值，与其所对应的一组 TEACHER 与 BOOK 值无关。

从以上两个方面可以看出，CNO 与 TEACHER 间的联系显然不是函数依赖，而是一种新的数据依赖——多值依赖（Multivalue Dependence）。

定义 10.15 设有关系模式 $R<U,F>$，U 是属性全集，X、Y、Z 是属性集 U 的子集，且 $Z=U-X-Y$，如果对于 R 的任一关系 r，对于 X 的一个确定值，存在 Y 的一组值与之对应，且 Y 的这组值仅仅决定于 X 的值而与 Z 值无关，此时称 Y 多值依赖于 X，或 X 多值决定 Y，记为 $X\rightarrow\rightarrow Y$。

如在 CTB 中，对 $(C2,B3)$ 有一组 TEACHER 值 $(T2,T3)$，对 $(C2,B4)$ 有一组 TEACHER 值 $(T2,T3)$，这组值仅取决于 CNO 的取值，而与 BOOK 的取值无关，则 CNO→→TEACHER，同样 CNO→→BOOK。

多值依赖具有以下性质。

（1）多值依赖具有对称性。即若 $X\rightarrow\rightarrow Y$，则 $X\rightarrow\rightarrow Z$，其中 $Z = U-X-Y$。

（2）函数依赖可以看成是多值依赖的特殊情况。即若 $X\rightarrow Y$，则 $X\rightarrow\rightarrow Y$。这是因为当 $X\rightarrow Y$ 时，对 X 的每一个值 x，Y 有一个确定的值 y 与之对应，所以 $X\rightarrow\rightarrow Y$。

（3）在多值依赖中，若 $X\rightarrow\rightarrow Y$ 且 $Z = U-X-Y \neq \Phi$，则称 $X\rightarrow\rightarrow Y$ 为非平凡的多值依赖，否则称为平凡的多值依赖。

多值依赖与函数依赖有以下区别。

（1）函数依赖规定某些元组不能出现在关系中，也称为相等产生依赖。

（2）多值依赖要求某种形式的其他元组必须在关系中，也称为元组产生依赖。

多值依赖的有效性与属性集的范围有关。

（1）$X\rightarrow Y$ 的有效性仅取决于 X、Y 属性集，它在任何属性集 W（$XY\subseteq W\subseteq U$）上都成立，若 $X\rightarrow Y$ 在 $R(U)$ 上成立，则对于任何 $Y'\subseteq Y$，均有 $X\rightarrow Y'$ 成立。

（2）$X\rightarrow\rightarrow Y$ 的有效性与属性集范围有关。

$X\rightarrow\rightarrow Y$ 在属性集 W（$XY\subseteq W\subseteq U$）上成立，但在 U 上不一定成立。

$X\rightarrow\rightarrow Y$ 在 U 上成立，则 $X\rightarrow\rightarrow Y$ 在属性集 W（$XY\subseteq W\subseteq U$）上成立。

若在 $R(U)$ 上，$X\rightarrow\rightarrow Y$ 在属性集 W（$XY\subseteq W\subseteq U$）上成立，则称 $X\rightarrow\rightarrow Y$ 为 $R(U)$ 的嵌入式多值依赖。

若 $X\rightarrow\rightarrow Y$ 在 $R(U)$ 上成立，则不能断言对于 $Y'\subseteq Y$，有 $X\rightarrow\rightarrow Y'$ 成立。

2. 第四范式

定义 10.16 关系模式 $R<U,F>\in$ 1NF，如果对于 R 的每个非平凡多值依赖 $X\rightarrow\rightarrow Y(Y\not\subseteq X)$，$X$ 必含有码，则称 $R<U,F>\in$ 4NF。

如关系模式 CTB 中，CNO→→TEACHER，CNO→→BOOK，码为（CNO,TEACHER, BOOK），则 $CTB\notin$4NF。

将 CTB 分解为 CT(CNO,TEACHER) 和 CB(CNO,BOOK)，因为 CNO→→TEACHER 和 CNO→→BOOK 均是平凡函数依赖，所以 CT 和 CB 都是 4NF。

4NF 就是限制关系模式的属性之间不允许有非平凡且非函数依赖的多值依赖。根据定义，4NF 要求对于每一个非平凡的多值依赖 $X\rightarrow\rightarrow Y$，$X$ 都含有候选码，于是就有 $X\rightarrow Y$，所以

4NF 所允许的非平凡多值依赖实际上是函数依赖。

显然，如果一个关系模式属于 4NF，则必然也属于 BCNF。

函数依赖和多值依赖是两种最重要的数据依赖，如果只考虑函数依赖，则 BCNF 是规范化程度最高的关系范式。如果考虑多值依赖，则 4NF 是规范化程度最高的关系范式。

数据依赖中除函数依赖和多值依赖外，还存在着连接依赖。连接依赖是与关系分解和连接运算有关的数据依赖，存在连接依赖的关系模式仍可能遇到数据冗余、插入、修改、删除异常等问题。如果消除了属于 4NF 关系模式中存在的连接依赖，则可进一步达到 5NF 的关系模式。这里不再讨论连接依赖和 5NF，有兴趣的读者可以参阅相关书籍。

10.3.3　关系模式的规范化

一个关系只要其分量都是不可分的数据项，它就是规范化的关系，但这只是最基本的规范化。规范化程度有不同的级别，即不同的范式。而提高规范化级别的过程就是逐步消除关系模式中不合适的数据依赖的过程。

一个低一级范式的关系模式，通过模式分解可以转换为若干个高一级范式的关系模式，这个过程就叫关系模式的规范化。

规范化的目的就是使关系结构合理，消除存储异常，使数据冗余度尽量小，便于插入、删除和更新。

规范化的基本原则就是遵循“一事一地”的原则，即一个关系只描述一个实体或者实体间的联系，若多于一个实体，就把它分离出来。因此，所谓规范化，实质上是概念的单一化，即一个关系表示一个实体。

规范化就是对原关系进行投影，消除决定属性不是候选码的任何函数依赖，具体可分为以下几步。

（1）对 1NF 关系进行投影，消除原关系中非主属性对码的部分函数依赖，将 1NF 转换为若干个 2NF 关系。

（2）对 2NF 关系进行投影，消除原关系中非主属性对码的传递函数依赖，将 2NF 转换为若干个 3NF 关系。

（3）对 3NF 关系进行投影，消除原关系中主属性对码的部分函数依赖和传递函数依赖（也就是说，使决定属性都成为投影的候选码），得到一组 BCNF 关系。

（4）对 BCNF 关系进行投影，消除原关系中非平凡且非函数依赖的多值依赖，得到一组 4NF 关系。

关系模式规范化的基本步骤如图 10.1 所示。

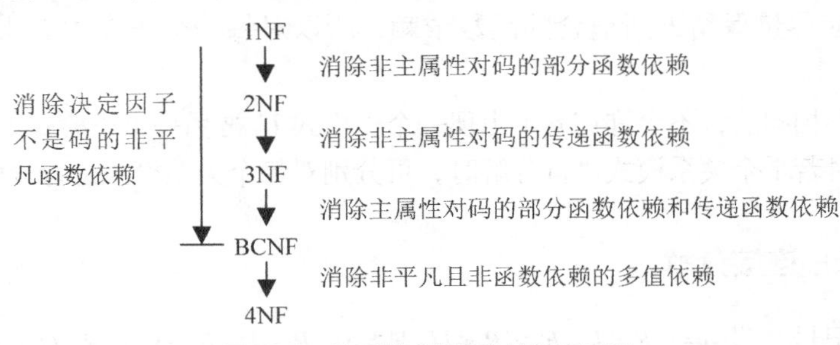

图 10.1　关系模式规范化的基本步骤

10.4 模式分解

人们为了获得操作性能较好的关系模式，通常需要把一个关系模式分解为多个关系模式。模式分解的方法很多，不同的分解会得到不同的结果。在这些方法中，只有能够保证分解后的关系模式与原关系模式等价的方法才是有意义的。模式的分解涉及属性的划分和函数依赖集的划分。

判断关系模式的一个分解是否与原关系模式等价可以有以下 3 种不同的标准。

（1）分解要具有无损连接性。

（2）分解要保持函数依赖性。

（3）分解既要保持函数依赖性，又要具有无损连接性。

10.4.1 函数依赖集的投影

定义 10.17 设 F 是 $R\langle U,F\rangle$ 的函数依赖集，$U_1 \subseteq U$，$F_1=\{X \to Y \mid X \to Y \in F^+ \wedge X,\ Y \subseteq U_1\}$，称 F_1 是 F 在 U_1 上的投影，记为 $F(U_1)$。

从定义可以看出：F 投影的函数依赖的左部和右部都在 U_1 中，这些函数依赖可以在 F 中出现，也可以不在 F 中出现，但一定能由 F 推出。

10.4.2 模式分解概述

定义 10.18 设 $U_1,U_2,\cdots,U_n \subseteq U$，$F$ 是 $R\langle U,F\rangle$ 函数依赖集，若模式 $R_1\langle U_1,F_1\rangle,R_2\langle U_2,F_2\rangle,\cdots,R_n\langle U_n,F_n\rangle$ 满足如下条件：

（1）$\bigcup_{i=1}^{n} U_i = U$；

（2）F_i 分别是 F 在 U_i（i=1,2,⋯,n）上的投影；

（3）不存在 $U_i \subseteq U_j (i,j=1,2,\cdots,n)$，

则称 $R_1\langle U_1,F_1\rangle,R_2\langle U_2,F_2\rangle,\cdots,R_n\langle U_n,F_n\rangle$ 是 $R\langle U,F\rangle$ 的分解，记为 $\rho=\{R_1\langle U_1,F_1\rangle,R_2\langle U_2,F_2\rangle,\cdots,R_n\langle U_n,F_n\rangle\}$。

关于模式分解，说明如下。

（1）分解是完备的。U 中的属性全部分散在分解 ρ 中。

（2）在分解中，U_i 属性不同，可能使某些函数依赖消失，即不能保证分解对函数依赖集 F 是完备的，但应尽量保留 F 所蕴含的函数依赖，所以对每一个子模式 R_i 均取 F 在 U_i 上的投影。

（3）分解是不相同的，不允许在 ρ 中出现一个子模式 U_i 被另一个子模式 U_j 包含的情况。

（4）当需要对若干个关系模式进行分解时，可分别对每个关系模式进行分解。

10.4.3 无损连接分解

先定义一个记号：设 $\rho=\{R_1\langle U_1,F_1\rangle,R_2\langle U_2,F_2\rangle,\cdots,R_n\langle U_n,F_n\rangle\}$ 是 $R\langle U,F\rangle$ 的一个分解，r

是 $R<U,F>$ 的一个关系，定义 $m_\rho(r)=\bowtie_{i=1}^{k}\pi_k(r)$，即 $m_\rho(r)$ 是 r 在 ρ 中各关系模式上投影的连接。这里$\pi_{R_i}(r)=\{t.U_i|t\in r\}$。

定义 10.19　若 $\rho=\{R_1<U_1,F_1>,R_2<U_2,F_2>,\cdots,R_n<U_n,F_n>\}$ 是 $R<U,F>$ 的一个分解，若对于 $R<U,F>$ 的任何一个关系 r，都有 $r=m_\rho(r)$，则称 ρ 是 $R<U,F>$ 的一个无损连接分解。

判别一个分解的无损连接性的方法如下。

设 $U=\{A_1,A_2,\cdots,A_n\}$，$\rho=\{R_1<U_1,F_1>,R_2<U_2,F_2>,\cdots,R_n<U_n,F_n>\}$ 是 $R<U,F>$ 的一个分解，$F=\{FD_1,FD_2,\cdots,FD_\rho\}$，记 FD_i 为 $X_i\to A_{l_i}$。

（1）建立一张 n 列 k 行的表。每一列对应一个属性，每一行对应分解中的一个关系模式。若属性 A_j 属于 U_i，则在 j 列 i 行处填上 a_j，否则填上 b_{ij}。

（2）对每一个 FD_i，找到 X_i 所对应的列中具有相同符号的那些行。考察这些行中 l_i 列的元素，若其中有 a_{li}，则全部改为 a_{li}，否则全部改为 b_{mli}，m 是这些行的行号最小值。

应当注意的是，若某个 b_{tli} 被改动，那么该表的 li 列中凡是 b_{tli} 的符号（不管它是否是开始找到的那些行）均应做相应的修改。

如在某次更改之后，有一行成为 $a_1,a_2,\cdots,a_n$，则算法终止，ρ 具有无损连接性，否则 ρ 不具有无损连接性。

（3）比较扫描前后，表有无变化。如有变化，则返回（2），否则算法终止。

如果发生循环，那么前次扫描至少应使表减少一个符号，表中符号有限，因此循环必然终止。

【例 10.13】　$U=\{A,B,C,D\}$，$F=\{AB\to C,C\to D\}$，$\rho=\{(A,B,C),(C,D)\}$

原始表

	A	B	C	D
ABC	a_1	a_2	a_3	b_{14}
CD	b_{21}	b_{22}	a_3	a_4

$AB\to C$

	A	B	C	D
ABC	a_1	a_2	a_3	b_{14}
CD	b_{21}	b_{22}	a_3	a_4

$C\to D$

	A	B	C	D
ABC	a_1	a_2	a_3	$\boxed{a_4}$
CD	b_{21}	b_{22}	a_3	a_4

最终的表中第一行为 a_1,a_2,a_3,a_4，所以分解具有无损连接性。

定理 10.5　对于 $R<U,F>$ 的一个分解 $\rho=\{R_1<U_1,F_1>,R_2<U_2,F_2>\}$，如果 $U_1\cap U_2\to U_1-U_2\in F^+$ 或 $U_1\cap U_2\to U_2-U_1\in F^+$，则 ρ 具有无损连接性。

10.4.4　保持函数依赖的分解

定义 10.20　若$F^+=(\bigcup_{i=1}^{k}F_i)^+$，则 $R<U,F>$ 的分解 $\rho=\{R_1<U_1,F_1>,R_2<U_2,F_2>,\cdots,R_n<U_n,F_n>\}$ 保持函数依赖。

例如，设 U={SNO,SDEPT,CNO,GRADE,SNAME}，F={SNO→GRADE,SNO→SDEPT,SNO→SNAME}。

$R<U,F>$ 模式的 2 个分解 ρ_1,ρ_2 如下。

ρ_1：U_1={SNO,CNO,GRADE}

F_1={(SNO,CNO) → GRADE }

U_2={ SNAME,SDEPT }

$F_2=\Phi$

ρ_1：U_1={ SNO,CNO,GRADE }

F_1={(SNO,CNO) → GRADE }

U_2={SNO,SDEPT,SNAME}

F_2={SNO → SDEPT,SNO → SNAME}

ρ_1 不保持函数依赖，而 ρ_2 保持函数依赖。

10.4.5 模式分解算法

关于模式分解的几个重要事实如下。

（1）若要求分解保持函数依赖，那么模式分解总可以达到 3NF，但不一定能达到 BCNF。

（2）若要求分解既保持函数依赖，又具有无损连接性，可以达到 3NF，但不一定能达到 BCNF。

（3）若要求分解具有无损连接性，那一定可以达到 4NF。

它们由算法 10.2 ~ 算法 10.5 来实现。

算法 10.2 转换为达到 3NF 的保持函数依赖的分解（合成法）。

（1）对 $R<U,F>$ 中的函数依赖集 F 进行“极小化处理”（得到的依赖集仍记为 F）。

（2）找出不在 F 中出现的属性，把它们构成一个关系模式，并从 U 中去掉这些属性（剩余属性仍记为 U）。

（3）若有 $X \rightarrow A \in F$，且 $XA=U$，则 $\rho=\{R\}$，算法终止。

（4）否则，对 F 按具有相同左部的原则分组（设为 k 组），每一组函数依赖所涉及的全部属性形成一个属性集 U_i。令 F_i 为 F 在 U_i 上的投影，则 $\rho=\{ R_1<U_1,F_1>,R_2<U_2,F_2>,\cdots,R_k<U_k,F_k>\}$ 是 $R<U,F>$ 的一个保持函数依赖的分解，并且每个 $R_i<U_i,F_i> \in$ 3NF。

例如，U={SNO, SDEPT, DNAME, CNO, GRADE}，F={SNO → SDEPT, SNO → DNAME,SDEPT → DNAME, (SNO,CNO) → GRADE}，极小函数依赖集 F={ SNO → SDEPT,SDEPT → DNAME, (SNO,CNO) → GRADE } 可以分组为 {(SNO,SDEPT),SNO → SDEPT},{(SDEPT,DNAME), SDEPT → DNAME},{(SNO, CNO, GRADE),(SNO,CNO) → GRADE }。

算法 10.3 转换为达到 3NF 既有无损连接性又保持函数依赖的分解。

（1）设 $\rho=\{ R_1<U_1,F_1>,R_2<U_2,F_2>,\cdots,R_k<U_k,F_k>\}$ 是 $R<U,F>$ 的一个保持函数依赖的 3NF 分解，设 X 是 $R<U,F>$ 的码。

（2）若有某个 $U_i \subseteq U$，则 ρ 为所求。

（3）否则 $\tau = \rho \cup \{R^* < X, F_x >\}$ 为所求。

算法 10.4 转换为达到 BCNF 的无损连接分解（分解法）。

（1）令 $\rho=\{R<U,F>\}$

（2）检查 ρ 中各关系模式是否均属于 BCNF。若是，则算法终止。

（3）设 ρ 中 $R_i<U_i,F_i>$ 不属于 BCNF，则存在函数依赖 $X \rightarrow A \in F_i^+$，且 X 不是 R_i 的码，则 XA 是 R_i 的真子集，将 R_i 分解为 $\sigma=\{S_1,S_2\}$，其中 $U_{S_1}=XA, U_{S_2}=U_i-\{A\}$，以 σ 代替 $R_i<U_i,F_i>$ 返回（2）。

由于 U 中属性有限，因而有限次循环后算法一定会终止。

例如，U={SNO, SDEPT, DNAME, CNO, GRADE}，F={ SNO → SDEPT, SDEPT → DNAME, (SNO,CNO) → GRADE }。

（1）U_1={ SNO, SDEPT }，F_1={ SNO → SDEPT }；

U_2={SNO, DNAME, CNO, GRADE}，F_2={SNO → DNAME, (SNO,CNO) → GRADE }。

（2）U_1={SNO, SDEPT}，F_1={SNO → SDEPT}；

U_2={SNO, DNAME}，F_2={SNO → DNAME}；

U_3={SNO, CNO, GRADE}，F_3={ (SNO,CNO) → GRADE }。

算法 10.5 达到 4NF 的具有无损连接性的分解。

（1）令 $\rho=\{R<U,F>\}$。

（2）检查 ρ 中各关系模式是否均属于 BCNF。若是，则算法终止。

（3）设 ρ 中 $R_i<U_i,F_i>$ 不属于 4NF，则存在非平凡多值依赖 $X \rightarrow\rightarrow A$，$X$ 不是 R_i 的码，则 XA 是 R_i 的真子集，将 R_i 分解为 $\sigma=\{S_1,S_2\}$，其中 $U_{S_1}=XA$，$U_{S_2}=U_i-\{A\}$，以 σ 代替 $R_i<U_i,F_i>$ 返回（2）。

例如：$U=\{A,B,C,D,E,F\}$，$F=\{A \rightarrow\rightarrow BCF, B \rightarrow AC, C \rightarrow F\}$。

（1）$U_1=\{A,\mathrm{E},\mathrm{D}\}$；

$U_2=\{A,B,C,F\}$，$F_2=\{A \rightarrow\rightarrow BCF, B \rightarrow AC, C \rightarrow F\}$。

（2）$U_1=\{A,E,D\}$；

$U_2=\{C,F\}$，$F_2=\{C \rightarrow F\}$；

$U_3=\{A,B,C\}$，$F_3=\{B \rightarrow AC\}$。

本章小结

本章对数据库规范化设计进行了详细的介绍。

首先，介绍了数据依赖的基本概念，包括函数依赖、平凡函数依赖、非平凡函数依赖、部分函数依赖、完全函数依赖、传递函数依赖的概念；码、候选码、外码的概念和定义。其次，介绍了多值依赖的概念以及范式的概念，包括 1NF、2NF、3NF、BCNF、4NF 的概念和判定方法。

在本章中，读者需要重点了解什么是关系模式的插入异常和删除异常，以了解规范化理论的重要意义；牢固掌握数据依赖的基本概念，范式的概念，从 1NF 到 4NF 的定义；理解各个级别范式中存在的问题（插入异常、删除异常、数据冗余等）及其解决方法，能够根据数据依赖分析某一个关系模式属于第几范式，并理解各个级别范式的关系及其证明。

习题10

10.1 已知关系模式 R(SNO,CNO,GRADE,TNAME,TADDR)，其属性分别表示学号、课程号、成绩、教师名、教师地址等意义。语义为每个学生每学一门课程只有一个成绩，每门课程只有一个教师任教，每个教师只有一个地址（不允许教师重名）。

求解：

（1）关系模式 R 的基本函数依赖；

（2）关系模式 R 的码；

（3）关系模式 R 满足第几范式，为什么？

（4）将关系模式 R 分解为 3NF，并说明理由。

10.2 已知关系模式 $R(A,B,C,D,E)$，其函数依赖集为 $F=\{A\rightarrow C,C\rightarrow A,B\rightarrow AC,D\rightarrow AC\}$。

求解：

（1）计算 $(AD)+$；

（2）求 F 的最小等价函数依赖集 $F_{\min}$；

（3）求关系模式 R 的所有候选码；

（4）关系模式 R 最高属于第几范式？

（5）将关系模式 R 分解到 3NF。

10.3 建立一个关于系、学生、班级、学会等信息的关系数据库，其中，各属性定义如下。

学生属性：学号、姓名、出生年月、系名、班级号、宿舍区。

班级属性：班号、专业明、系名、人数、入校年份。

系属性：系名、系号、系办公室地点、人数。

学会属性：学会名、成立年份、地点、人数。

语义如下。

一个系有若干专业，每个专业每年只招一个班，每个班有若干学生。一个系的学生住在同一宿舍区。每个学生可参加若干学会，每个学会有若干学生。学生参加某学会有一个入会年份。

请给出关系模式，写出每个关系模式的极小函数依赖集，指出是否存在传递函数依赖，对于函数依赖左部是多属性的情况讨论函数依赖是完全函数依赖，还是部分函数依赖。

请指出各关系的候选码、外部码，并指出是否有全码存在。

10.4 指出下列关系模式是第几范式，并说明理由。

（1）$R(A, B, C)$，$F=\{A\rightarrow C, C\rightarrow A, A\rightarrow BC\}$。

（2）$R(A,B,C,D)$，$F=\{B\rightarrow D, AB\rightarrow C\}$。

（3）$R(A, B, C)$，$F=\{AB\rightarrow C\}$。

（4）$R(A, B, C)$，$F=\{B\rightarrow C, AC\rightarrow B\}$。

第 11 章　事务及其并发控制

所谓事务（Transaction）是用户定义的一个数据库操作序列，这些操作要么全做要么全不做，是一个不可分割的逻辑单位。例如，在关系数据库中，一个事务可以是一条 SQL 语句、一组 SQL 语句或整个程序。事务是数据恢复和并发控制的基本单位，具有 4 个特性：原子性、一致性、隔离性和持续性。

为了维护数据库事务的这 4 个特性，数据库提供了针对事务的并发控制机制，包括使用封锁技术和设置事务隔离级别等方法。

11.1　事务处理

Oracle 中事务的开始可以既由用户显式控制，即通过 SET TRANSACTION 开始一个事务，也可以隐式开始，即当第一条 SQL 语句开始执行时，或者前一个事务结束以后的第一条 SQL 语句开始执行时，一个新的事务就开始了。而事务的结束一般是使用 COMMIT 或 ROLLBACK 来标识。COMMIT 表示提交，即提交事务的所有操作。具体地说就是将事务中所有对数据库的更新写回到磁盘上的物理数据库中，事务正常结束。ROLLBACK 表示回滚，即在事务运行的过程中发生了某种故障，事务不能继续执行，系统将事务中对数据库的所有已完成的操作全部撤销，回滚到事务开始时的状态。这里的操作指对数据库的更新操作。

1. 事务提交

（1）事务提交的一般格式如下：

```
COMMIT[WORK];
```

事务提交说明如下。

① 提交命令用于提交自上次提交以后对数据库中数据所做的改动。

② WORK 为可选项，加 WORK 是为了加强语句的可读性，加或不加的意义完全相同。

在 Oracle 数据库中，为了维护数据的一致性，系统为每个用户分别设置了一个数据缓冲区，如图 11.1（a）所示。对表中数据所做的增、删、改操作都在数据缓冲区中进行，即对图 11.1（b）中的命中块中的数据进行操作，操作后的结果放在脏块中。在执行提交命令之前，数据库中的数据（永久存储介质上的数据）并没有发生任何改变，用户本人通过查询命令查看到的数据是脏块中的数据，其他用户通过查询命令查看到的数据是命中块中的数据，并没有看到对数据库所做的改动。但当执行 COMMIT 命令后，系统用脏块中的数据覆盖命中块中的数据，同时更新外存中的日志文件和数据文件。提交命令就是使对数据的改变永久化。

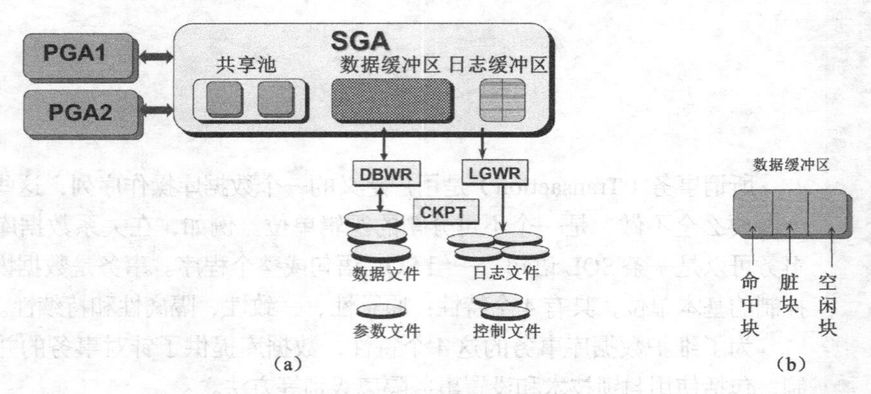

图 11.1　Oracle 的内存逻辑结构

（2）事务提交的方式如下。

① 显式提交：使用 COMMIT 命令提交所有未提交的更新操作。

② 隐式提交：使用 DDL 命令以及 CONNECT、EXIT、GRANT、REVOKE 等命令隐含 COMMIT 操作，只要使用这些命令，系统就会进行提交。

③ 自动提交：如果使用了 SET 命令设置自动提交环境，即将 AUTOCOMMIT 设置为 ON（默认为 OFF），则每次执行一条 INSERT、UPDATE、DELETE 命令，系统就会立即自动提交。

【例 11.1】 在一个用户 A 的 CJ 表中插入一条数据，在另一个用户 B 中观察数据提交前后的情况。

```
A: INSERT INTO CJ(sno, cno, grade) VALUES('002201', '102', 85);
A: SELECT * FROM CJ WHERE cno='102';
B: SELECT * FROM CJ WHERE cno='102';
A: COMMIT;
B: SELECT * FROM CJ WHERE cno='102';
```

上述程序说明如下。

① 第 1 条 SQL 语句产生的时候，一个新的事务就开始了。

② 执行完第 2 条和第 3 条语句后，事务并没有结束，所以当前只有 A 用户可以看到数据的修改，B 用户看不到数据的修改。同时该条记录被数据库自动锁定，其他用户不能修改和删除该条语句。

③ 第 4 条语句向数据库发出了 COMMIT 命令，此时结束当前事务，所做的修改就永久地写入了数据库中，同时对当前的锁定自动解除。此时，任意一个连接到当前数据库的用户看到

的数据都是更新后的数据。

2. 事务回退

当我们在执行 SQL 语句出现错误时，通常会希望通过一个显式的指令来撤销当前的修改，ROLLBACK 命令就提供了这样一个功能，其一般格式如下。

```
ROLLBACK;
```

事务回退说明如下。

（1）在尚未对数据库提交的时候，可以用事务回退命令 ROLLBACK 将数据库回退到上次 COMMIT 后的状态。

（2）一旦事务已经提交，就不能再使用事务回退命令进行回退了。

【例 11.2】 修改 CJ 表中 sno 为“002201”且 cno 为“102”的成绩并撤销，观察撤销前后的数据变动。

```
UPDATE CJ SET GRADE=90 WHERE sno='002201'and cno='102';
SELECT * FROM JC WHERE sno='002201' and cno='102';
ROLLBACK;
```

上述程序说明如下。

（1）第 1 条 SQL 语句产生的时候，一个新的事务就开始了。

（2）执行完第 2 条语句后，事务并没有结束，所以只有当前正在操作的用户可以看到数据的修改，其他用户看不到数据的修改。同时该条记录被数据库自动锁定，其他用户不能修改和删除该条语句。

（3）第 3 条语句向数据库发出了 ROLLBACK 命令，此时结束当前事务，所做的修改也被取消，同时对当前的锁定自动解除。此时，任意一个连接到当前数据库的用户看到的数据库中的记录都是修改前的数据，并可以对其进行修改和删除。此时如果下面还有 SQL 语句，则意味着下一个事务即将开始。

需要注意以下几点。

（1）如果应用程序或服务器发生严重故障，一般 Oracle 会自动地撤销修改，即隐式地执行 ROLLBACK。

（2）如果用户和数据库的连接忽然中断（PL/SQL 内部的 SQL 语句或 SQL 程序块的执行情况忽然中断），而此时没有使用 COMMIT 或者 ROLLBACK 命令来终止当前的事务，Oracle 会隐式地执行 ROLLBACK。

3. 保存点

Oracle 不仅允许回退整个未提交的事务，还可以利用“保存点”机制回退一部分事务。

在事务执行的过程中，可以通过建立保存点将一个较长的事务分割为几个较小的部分。利用保存点，用户可以在一个长事务中的任意时刻保持当前的工作，随后用户可以选择回退保存点之后的操作，但是保留保存点之前的操作。例如，在一个事务中包含很多条语句，在成功执行了 10000 条语句之后建立一个保存点，如果在 10001 条语句插入了错误的数据，用户可以通过回退到保存点，将事务的状态恢复到刚刚执行完第 10000 条语句之后的状态，而不必撤销整个事务。

保存点的格式如下：

```
SAVEPOINT <保存点名称>;
```

在定义了一个保存点后，就可以利用下面的语法将一个事务撤销到该保存点：

```
ROLLBACK TO SAVEPOINT <保存点名称>;
```

【例 11.3】 对 CJ 表插入 4 条记录并设置 4 个保存点，测试保存点的使用。

```
INSERT INTO CJ(sno, cno, grade) VALUES('20001', '04', 85);
SAVEPOINT A;
INSERT INTO CJ(sno, cno, grade) VALUES('20002', '03', 95);
SAVEPOINT B;
INSERT INTO CJ(sno, cno, grade) VALUES('20003', '03', 80);
SAVEPOINT C;
INSERT INTO CJ(sno, cno, grade) VALUES('20004', '01', 90);
SAVEPOINT D;
SELECT * FROM CJ
ROLLBACK TO SAVEPOINT B;
SELECT * FROM CJ;
COMMIT;
SELECT * FROM CJ;
```

程序说明如下。

（1）第一条 SQL 语句的产生隐式代表一个新事务的开始。

（2）此段程序中设置了 4 个保存点 A、B、C、D。

（3）第一次执行“SELECT * FROM CJ;”语句将会出现如下结果：

sno	cno	grade
20001	04	85
20002	03	95
20003	03	80
20004	01	90

（4）执行“ROLLBACK TO SAVEPOINT B;”时会将事务回滚到保存点 B，此时再执行“SELECT * FROM CJ;”语句，将会出现如下结果：

sno	cno	grade
20001	04	85
20002	03	95

（5）执行 COMMIT 命令标志着当前事务的结束，此时再执行“SELECT * FROM CJ;”语句，将会出现如下结果：

sno	cno	grade
20001	04	85
20002	03	95

通过上面的实例可得出如下结论：事务回滚到保存点 B 的位置，下面的 INSERT 语句全部被撤销。即执行“ROLLBACK TO SAVEPOINT B;”语句时，保存点 B 与“ROLLBACK TO SAVEPOINT B;”语句之间的语句的执行全部被取消，且之间的 SQL 语句所占有的系统资源与拥有的锁都被自动释放。但是当前的事务并没有结束，只是撤销到保存点 B，我们还可以再次撤销到其他的保存点。

11.2 JDBC 事务处理

前面我们所讨论的事务处理都是在服务器端进行的，但是在实际的应用中，事务处理也会放在客户端进行控制。例如一个 Java 应用系统，如果要对数据库操作进行事务处理，则可以通过 Java 数据库连接（Java Database Connectivity，JDBC）来实现，用 Java 程序实现事务处理，此时的事务处理可以称为 JDBC 事务。

JDBC 事务处理是用 Connection 对象实现的。JDBC Connection 接口（java.sql.Connection）提供了自动提交和手工提交两种事务模式。java.sql.Connection 提供了以下几个控制事务的方法。

- public void setAutoCommit(boolean)：设置事务提交方式。
- public boolean getAutoCommit()：获取事务提交方式。
- public void commit()：提交事务的方法。
- public void rollback()：撤销事务的方法。

【例 11.4】 用 JDBC 事务来实现银行财务转账，A 账户转 10000 元到 B 账户。设 A 账户与 B 账户初始都有 100000 元存款，账户表如表 11.1 所示。

表 11.1 账户表（account）

accountiD	balance
111	100000
222	100000

问题分析：A 账户转 10000 元到 B 账户，根据事务的原子性，即 A 账户和 B 账户的两个更新操作是一个整体，要么都执行，要么都不执行，具体的 Java 代码如下：

```
import java.sql.*;
public class Trans {
    public static void main(String[] args) {
        try {
              Class.forName("oracle.jdbc.driver.OracleDriver");// 注册驱动
        } catch (ClassNotFoundException e) {
              e.printStackTrace();
        }
        Connection con=null;
        Statement stat=null;
        try {
             con=DriverManager.getConnection("jdbc:oracle:thin:@localhost:1521:xe", "cyb", "cyb");
```

```
            // 创建连接对象con
            con.setAutoCommit(false);// 关闭自动提交
            stat=con.createStatement();
            String str1="update account set balance=balance-1000 where accountID='111'";
            stat.executeUpdate(str1);
            String str2="update account set balance=balance+1000 where accountID='222'";
            stat.executeUpdate(str2);
            con.commit(); //提交数据
        } catch (SQLException e) {
            e.printStackTrace();
            try {
                con.rollback();// 若出现SQL执行异常，则撤销所做的操作
            } catch (SQLException e1) {
                // TODO Auto-generated catch block
                e1.printStackTrace();
            }
        }finally{
        if(stat!=null){
                try {
                    stat.close();
                } catch (SQLException e) {
                    // TODO Auto-generated catch block
                    e.printStackTrace();
                }
            }
        if(con!=null){
            try {
                con.close();
            } catch (SQLException e) {
                // TODO Auto-generated catch block
                e.printStackTrace();
            }
        }

        }

    }
}
```

11.3 事务的特性

事务是并发控制的基本单位，事务具有 4 个特性：原子性（Atomicity）、一致性（Consistency）、隔离性（Isolation）和持续性（Durability）。这 4 个特性简称为 ACID 特性。

1. 原子性

事务是数据库的逻辑单位，对于事务中的操作，要么都做，要么都不做。

2. 一致性

事务执行的结果必须是使数据库从一个一致性状态转变到另一个一致性状态。因此当数据库只包含成功事务提交的结果时，就说数据库处于一致性状态。如果数据库系统运行中发生故障，有些事务尚未完成就被迫中断，这些未完成事务对数据库所做的修改有一部分已写入物理数据库，这时数据库就处于一种不正确的状态，或者说是不一致性状态。例如，某公司在银行中有 A 和 B 两个账号，现在公司想从账号 A 中取出 1 万元，存入账号 B。那么就可以定义一个事务，该事务包括两个操作，第 1 个操作是从账号 A 中减去 1 万元，第 2 个操作是向账号 B 中加入 1 万元。这两个操作要么全做，要么全不做。不管全做还是全不做，数据库都处于一致性状态。如果只做一个操作则用户逻辑上就会发生错误，即少了 1 万元，这时数据库就处于不一致性状态。可见一致性与原子性是密切相关的。

3. 隔离性

一个事务的执行不能被其他事务干扰。也就是说，一个事务内部的操作及使用的数据对其他并发事务是隔离的，并发执行的各个事务之间不能互相干扰。事务的隔离性是通过数据库的隔离级别来实现的。

4. 持续性

持续性也称永久性，指一个事务一旦提交，它对数据库中数据的改变就应该是永久性的，接下来的其他操作或故障不应该对其执行结果有任何影响。

11.4　事务的并发控制

数据库的特点之一就是数据资源是共享的，可以由多个用户使用。为了充分利用数据库资源，应该允许多个用户并行地存取数据库。这样就会产生多个用户并发地存取同一数据的情况。如果多个用户同时操作一个数据库，同时操作一个基本表，甚至同时操作一条记录或同时操作一个字段，这些用户会不会发生冲突呢？会不会破坏数据库数据的一致性，使用户得到一个不正确的数据呢？

当多个用户并发地存取数据库时，就会产生多个事务同时存取同一数据的情况。若对并发操作不加以控制或控制不当，就可能会存取不正确的数据，破坏事务的隔离性和数据库的一致性。因此，在多用户环境中，数据库管理系统应该采取措施防止并发操作对数据库带来的危害。并发控制机制就是在多个事务对数据库并发操作的情况下，对数据库的操作实行的管理和控制。

数据库管理系统的并发控制机制负责协调并发事务的执行，保证数据库的完整性和一致性，避免用户存取不正确的数据。并发控制机制是衡量一个数据库管理系统性能的重要标志之一。

多个事务对数据库的并发操作会给数据库带来一些问题，主要有丢失修改、不可重复读、读“脏”数据三类，如图 11.2 所示。

时间	事务T_1	事务T_2	事务T_1	事务T_2	事务T_1	事务T_2
1	读A=10		读B=10		读C=10	
2		读A=10		读B=10	$C \leftarrow C \times 5$	
3	$A \leftarrow A-1$			$B \leftarrow B \times 5$	写回C=50	
4		$A \leftarrow A-1$		写回B=50		读C=50
5	写回A=9		读B=50			
6		写回A=9	（两次读取的		Rollback	
7			值不一样）		（C恢复为10）	
8						

（a）丢失修改　（b）不可重复读　（c）读“脏”数据

图 11.2　三类数据不一致性问题

11.4.1　丢失修改

丢失修改（Lost Update）是指两个事务T_1和T_2读入同一数据并修改，T_2提交的结果破坏了T_1提交的结果，导致T_1的修改被丢失，如图 11.2（a）所示。我们以火车售票系统中的一个活动序列为例。

（1）旅客甲来到 1# 售票窗口，购买 1 张 2009 年 1 月 1 日 T65 次列车的硬卧车票，售票员 1（事务T_1）读出当日 T65 次列车的余票信息，A=10。

（2）旅客乙来到 2# 售票窗口，购买 1 张 2009 年 1 月 1 日 T65 次列车的硬卧车票，售票员 2（事务T_2）也读到了当日 T65 次列车相同的余票信息，A=10。

（3）售票员 1 售给旅客甲 1 张当日 T65 次列车 15 车厢 9 号下铺的硬卧票，修改余票额$A \leftarrow A-1$，所以A为 9，把A写回数据库。

（4）售票员 2 也卖给旅客乙 1 张当日 T65 次列车 15 车厢 9 号下铺的硬卧票，修改余票额$A \leftarrow A-1$，所以A仍为 9，把A写回数据库。

结果把 2009 年 1 月 1 日 T65 次列车 15 车厢 9 号下铺的硬卧票售出了 2 张，而数据库中当日该车次的硬卧票余票额却只减少了 1，并且把同一张卧铺票售给了两个人。

11.4.2　不可重复读

不可重复读（Non-Repeatable Read）也称不一致分析问题。很多应用可能需要校验功能，这时往往需要连续两次或多次读数据进行校验分析，由于有其他事务的干扰，前后结果不一致，从而产生校验错误。例如在图 11.2（b）中，事务T_1读取数据后，事务T_2执行更新操作，使T_1无法再现前一次读取结果。具体地讲，不可重复读包括以下 3 种情况。

（1）事务T_1读取某一数据后，事务T_2对其做了修改，当事务T_1再次读该数据时，得到与前一次不同的值。例如，在图 11.2（b）中，T_1读取B=10 进行运算，T_2读取同一数据B，对其进行修改后将B=50 写回数据库。T_1为了对读取值校对，重读B，B已为 50，与第一次读取值不一致。

（2）事务T_1按一定条件从数据库中读取了某些数据记录后，事务T_2删除了其中部分记录，当 T1 再次按相同条件读取数据时，发现某些记录神秘地消失了。

（3）事务T_1按一定条件从数据库中读取某些数据记录后，事务T_2插入了一些记录，当 T1 再次按相同条件读取数据时，发现多了一些记录。

后两种不可重复读的情况也称为“幻影”或“幻读”现象。

11.4.3 读"脏"数据

读"脏"数据（Dirty Read）也称为提交依赖问题，是指事务 T_1 修改某一数据，但尚未提交，事务 T_2 读取同一数据后，T_1 由于某种原因被撤销，这时 T_1 已修改过的数据恢复原值，T_2 读到的数据就与数据库中的数据不一致，则 T_2 读到的数据就为"脏"数据，即不正确的数据。例如，在图 11.2（c）中，T_1 读取 C=10 并进行运算将 C 值修改为 50，T_2 读取 C=50，而 T_1 由于某种原因撤销本次修改，C 恢复原值 C=10。但 T_2 读到的 C 值为 50，与数据库内容（C=10）不一致，这就是"脏"数据。

在数据库技术中，把未提交随后又被撤销的更新数据称为"脏"数据。

产生上述 3 类数据不一致性的主要原因是并发操作破坏了事务的隔离性。并发控制就是要用正确的方式调度并发操作，保证事务的隔离性，使一个用户事务的执行不受其他事务的干扰，从而避免造成数据的不一致性。

11.5 封锁

封锁（Locking）是实现并发控制的一个非常重要的技术。其基本思想很简单，即当一个事务需要存取一个数据对象（基本表、若干元组或若干个数据项）时，事务必须获得该对象的某种控制权，以避免来自其他事务的干扰，使得其他事务无法访问该对象，尤其是阻止其他事务更新该对象。

11.5.1 封锁机制

所谓封锁就是事务 T 在对某个数据对象（如基本表、若干元组或若干个数据项）操作之前，先向系统发出请求，对其加锁。加锁后事务 T 就对该数据对象有了一定的控制，在事务 T 释放它的锁之前，其他事务不能更新此数据对象。

一个好的数据库管理系统应该可以在同一时刻允许尽可能多的用户访问某个数据对象，即并发性，而且还要保证操作结果的正确性，即数据一致性。

数据库管理系统采用的基本的封锁类型有两种：排他锁（Exclusive Locks，X 锁）和共享锁（Share Locks，S 锁）。

X 锁又称为写锁。若事务 T 对数据对象 A 加上 X 锁，则只允许 T 读取和修改 A，其他任何事务都不能再对 A 加任何类型的锁，直到 T 释放 A 上的锁。这就保证了其他事务在 T 释放 A 上的锁之前不能再读取和修改 A。

S 锁又称为读锁。若事务 T 对数据对象 A 加上 S 锁，则事务 T 可以读取 A，但不能修改 A，其他事务只能再对 A 加 S 锁，而不能加 X 锁，直到 T 释放 A 上的 S 锁。这就保证了其他事务可以读取 A，但在 T 释放 A 上的 S 锁之前不能对 A 做任何修改。

我们约定：使用 Lock X(A) 表示对数据对象 A 实现 X 封锁。如果 X 封锁没有获准，那么事务进入等待状态，等待封锁获准后，事务重新执行 Lock X(A) 操作。使用 Lock S(A) 表示对数据对象 A 实现 S 封锁。如果 S 封锁没有获准，那么事务进入等待状态，等待封锁获准后，事务重新执行 Lock S(A) 操作。使用 Upgrade(A) 表示当事务获准对数据对象 A 的 S 封锁后，在数据对象 A 的修改前把 S 封锁升级为 X 封锁。使用 Unlock (A) 表示释放数据对象 A 上的任何封锁。

X 锁和 S 锁的控制方式可用封锁类型相容矩阵（Compatibility Matrix）表示，如表 11.2 所示。该相容矩阵解释如下："Y"表示相容，封锁请求被满足；"N"表示冲突，封锁请求不能被满足。

如果两个封锁是不相容的，后提出封锁请求的事务要等待；“—”表示未加任何封锁。

表 11.2 封锁类型相容矩阵

T_2	T_1		
	X 锁	S 锁	—
X 锁	N	N	Y
S 锁	N	Y	Y
—	Y	Y	Y

11.5.2 封锁协议

在运用 X 锁和 S 锁这两种基本封锁对数据对象加锁时，还需要约定一些规则，例如，应何时申请 X 锁或 S 锁、持锁时间、何时释放等。这些规则称为封锁协议（Locking Protocol）。对封锁方式规定不同的规则，就形成了各种不同级别的封锁协议。

（1）事务 T_1 在读数据对象 A 时，需获得该对象上的 S 锁。

（2）事务 T_1 在更新数据对象 A 时，需获得该对象上的 X 锁。如果事务 T_1 先前已获得了该数据对象上的 S 锁，就必须将其从 S 锁升级到 X 锁。

（3）如果另一事务 T_2 的申请锁请求因为事务 T_1 已具有的锁冲突而被拒绝，事务 T_2 将处于等待状态，直至获得所需要的锁。

（4）X 锁将一直保持到事务结束。根据不同的封锁级别要求，S 锁或者保持到事务结束，或者读完数据对象后释放。

下面分析使用封锁协议如何解决 3 类不一致性问题，如图 11.3 所示。

时间	事务T_1	事务T_2	事务T_1	事务T_2	事务T_1	事务T_2
1	Lock X(A)		Lock S(A)		Lock X(C)	
2	读A=10		Lock S(B)		读C=10	
3		Lock X(A)	读A=50		C←C×5	
4	A←A-1	Wait	读B=10		写回C=50	
5	写回A=9	Wait	A←A+B			Lock S(C)
6	Commit	Wait	(A=60)			Wait
7	UnLock (A)	Wait		Lock X(B)	Rollback	Wait
8		重做Lock X(A)	读A=50	Wait	(C恢复为10)	Wait
9		读A=9	读B=10	Wait	UnLock (C)	Wait
10		A←A-1	A←A+B	Wait		重做Lock S(C)
11		写回A=8	Commit	Wait		读C=10
12		Commit	(UnLock (A))	Wait		Commit
13		UnLock (A)	(UnLock (B))	Wait		UnLock (C)
14				重做Lock X(B)		
15				读B =10		
16				B←B×2		
17				写回B=20		
18				Commit		
19				UnLock (B)		

（a）无丢失修改　　（b）可重复读　　（c）不读“脏”数据

图 11.3 使用封锁协议解决 3 类数据不一致性

1. 丢失修改问题

在图 11.3（a）中，事务 T_1 在读取数据对象 A 进行修改之前先对 A 加 X 锁，当事务 T_2 读取数据对象 A 进行修改之前也要先请求对 A 加 X 锁，由于锁冲突被拒绝，T_2 事务等待。T_1 完成修改操作并 Commit 后，T_1 释放 A 上的 X 锁，使 T_2 获得 A 上的 X 锁以继续运行下去，此时再读取 A=9，按此新的值运算，得到结果值 A=8，保存并 Commit，避免了丢失 T_1 的修改。

2. 不可重复读问题

在图 11.3（b）中，事务 T_1 在读取数据对象 A、B 之前先对 A、B 加 S 锁，当事务 T_2 读取数据对象 B 进行修改之前要先请求对 B 加 X 锁，由于锁冲突被拒绝，T_2 事务等待。T_1 完成验算操作并 Commit 后，T_1 释放 A、B 上的 S 锁，使 T_2 获得 B 上的 X 锁可以继续运行下去，避免了事务 T_1 的不可重复读问题。

3. 读“脏”数据问题

在图 11.3（c）中，事务 T_1 在读取数据对象 C 进行修改之前先对 C 加 X 锁，当事务 T_2 读取数据对象 C 之前也要先请求对 C 加 S 锁，由于锁冲突被拒绝，T_2 事务等待。T_1 做出 Rollback 后，T_1 释放 C 上的 X 锁，使 T_2 获得 C 上的 S 锁，读取 C=10，避免了事务 T_2 读“脏”数据。

采用封锁技术解决不一致性问题，排除的不一致性种类越多，则并发度就越低，系统开销就越大，效率也越低。因此在具体实现中，通常把一致性分为 3 个等级，根据不同的要求选择应达到的级别。

一级一致性：对事务 T 为修改数据对象 A 建立的 X 锁直到事务结束才释放，解决丢失修改问题。

二级一致性：在 1 级一致性的基础上再加上事务 T 为读取数据对象 A 建立的 S 锁，读完后即可释放 S 锁，解决丢失修改和读“脏”数据问题。

三级一致性：对事务 T 为数据对象 A 建立的 X 锁和 S 锁都直到整个事务结束之后才释放，解决全部的不一致性问题。

3 个级别的封锁协议及其一致性保证如表 11.3 所示。

表 11.3　不同级别的封锁协议

	X 锁	S 锁		一致性保证		
封锁协议级别	事务结束释放	操作结束释放	事务结束释放	不丢失修改	不读“脏”数据	可重复读
一级	√			√		
二级	√	√		√	√	
三级	√		√	√	√	√

11.6　事务隔离级别

事务隔离级别（Transaction Isolation Level）是指一个事务对数据库的修改与并行的另一个

事务的隔离程度。

为了处理并发事务中可能出现的幻读、不可重复读和脏读等问题，数据库实现了不同级别的事务隔离，以防止事务的相互影响。

1. SQL 标准支持的事务隔离级别

SQL 标准定义了 4 种事务隔离级别，隔离级别从低到高依次如下。

（1）READ UNCOMMITTED：如果一个事务已经开始写数据，则另一个事务不允许同时进行写操作，但允许其他事务读此行数据。该隔离级别可以通过“排他写锁”实现。该隔离级别允许幻读、不可重复读和脏读。

（2）READ COMMITTED：读取数据的事务允许其他事务继续访问该行数据，但是未提交的事务将会禁止其他事务访问该行数据。这可以通过“瞬间共享读锁”和“排他写锁”实现。该隔离级别允许幻读和不可重复读，但是不允许脏读。

（3）REPETABLE READ：读取数据的事务将会禁止写事务（但允许读事务），写事务则禁止任何其他事务。这可以通过“共享读锁”和“排他写锁”实现。该隔离级别允许幻读，但是不允许不可重复读和脏读。

（4）SERIALIZABLE：它要求事务序列化执行，事务只能一个接着一个地执行，不能并发执行。仅仅通过“行级锁”是无法实现事务序列化的，必须通过其他机制保证新插入的数据不会被刚执行查询操作的事务访问到。该隔离级别不允许幻读、不可重复读和脏读。

SQL 标准支持的默认事务隔离级别是 SERIALIZABLE。

2. Oracle 数据库支持的事务隔离级别

Oracle 数据库支持上述 4 种级别中的两种事务隔离级别。

（1）READ COMMITTED：允许幻读、不可重复读，但是不允许脏读。

（2）SERIALIZABLE：不允许幻读、不可重复读和脏读。

Oracle 数据库默认事务隔离级别是 READ COMMITTED，这几乎对所有应用程序都是可以接受的。

Oracle 数据库也可以使用 SERIALIZABLE 事务隔离级别，但会增加 SQL 语句执行所需的时间，只有在必须的情况下才应使用 SERIALIZABLE 事务隔离级别。

设置 SERIALIZABLE 事务隔离级别的语句如下：

```
SET TRANSACTION ISOLATION LEVEL SERIALIZABLE;
```

本章小结

事务是数据库中重要的概念，它有 ACID 特性，可以进行提交和回退操作，可以用在数据库服务器端编程，也可以用在客户端编程。

数据库的重要特征之一是能为多个用户提供数据共享。由于数据共享引起的并发操作会带来数据的 3 类不一致性问题，数据库管理系统必须提供并发控制机制来协调并发用户的并发操作，以保证并发事务的隔离性和数据库的一致性。

数据库的并发控制以事务为单位，通常使用封锁技术实现并发控制。本章介绍了两类最常用的封锁机制。不同的封锁和不同级别的封锁协议所提供的系统一致性保证是不同的，提供的数据共享程度也是不同的。

习题11

11.1　选择题

（1）对事务回滚的正确描述是________。

A. 将该事务对数据库的修改进行恢复

B. 将事务对数据库的更新写入硬盘

C. 跳转到事务程序的开头重新执行

D. 将事务中修改的变量值恢复到事务开始时的初值

（2）在数据库技术中，“脏数据”是指________。

A. 未回滚的数据　　B. 未提交的数据

C. 提交的数据　　D. 未提交随后又被撤销的数据

（3）数据库中的封锁机制是________的主要方法。

A. 完整性　　B. 安全性　　C. 并发控制　　D. 恢复

（4）若事务 T 对数据对象 A 加上 S 锁，则________。

A. 事务 T 可以读 A 和修改 A，其他事务只能对 A 加 S 锁，不能加 X 锁

B. 事务 T 可以读 A 但不能修改 A，其他事务能对 A 加 S 锁和 X 锁

C. 事务 T 可以读 A 但不能修改 A，其他事务只能对 A 加 S 锁，不能加 X 锁

D. 事务 T 可以读 A 和修改 A，其他事务能对 A 加 S 锁和 X 锁

（5）若事务 T 对数据 R 已加 X 锁，则其他事务对数据 R________。

A. 可以加 S 锁，不能加 X 锁　　B. 不能加 S 锁，可以加 X 锁

C. 可以加 S 锁，也可以加 X 锁　　D. 不能加任何锁

11.2　并发操作可能会产生哪几类数据不一致性？用什么方法能避免各种不一致的情况？

11.3　什么是封锁？试述封锁的类型及含义。

11.4　SQL 标准定义了几种事务隔离级别？ Oracle 数据库支持其中的几种事务隔离级别？

实验七　事务处理

【实验目的】

掌握利用客户端工具进行事务处理的相关操作，理解事务处理的作用。

【实验内容】

以银行转账为例，用 Java 程序在客户端进行事务控制。

（1）创建账户数据表：Account(AccountID, CHAR(6),Balance number(10,2))。

（2）在账户表中输入两条记录。

（3）实现两个账户转账操作。

（4）在程序中设置代码缺陷，检验事务的原子性。

12

第 12 章　数据库安全性

在信息时代，信息安全问题变得越来越重要。信息系统安全是一个综合性课题，它涉及立法、管理、技术、操作等许多方面，数据库的安全是信息系统安全最重要的部分，因为数据库存放着各种组织或个人的大量数据，而这些数据有可能是非常重要的，例如，国家机密、军事情报、金融数据，以及秘密项目的开发存档等。下面我们将讨论关于数据库安全的问题和技术。

12.1　数据库安全概述

数据库的安全性，是指保护数据库以防止对数据库的不合法使用和偶然或恶意的原因，使数据库中的数据遭到非法更改、破坏或泄露等所采取的各种技术、管理、立法及其他方面安全性措施的总称。数据库的安全性是评价数据库系统性能的一个重要指标。安全性问题不是数据库系统所特有的，几乎所有计算机系统都有这个问题。只是数据库系统中存有大量的数据，而且这些数据为许多用户所共享，从而使数据库的安全问题更加重要。

数据库的安全不是孤立的，它与许多方面都有联系，不仅包括数据库系统本身的安全问题，还与计算机系统的安全紧密相联，是计算机系统安全的一部分。

12.2　数据库的不安全因素

对数据库安全性产生威胁的因素主要有以下几方面。

（1）非授权用户对数据库的恶意存取和破坏

一些黑客（hacker）和犯罪分子在用户存取数据库时猎取用户名和用户口令，然后假冒合法用户偷取、修改甚至破坏用户数据。因此，必须阻止有损数据库安全的非法操作，以保证数据免受未经授权的访问和破坏。数据库管理系统提供的安全措施主要包括用户身份鉴别、存取控制和视图等技术。

（2）数据库中重要或敏感的数据被泄露

黑客和犯罪分子千方百计盗窃数据库中的重要数据，一些机密信息被暴露。为防止数据泄露，数据库管理系统提供的主要技术有强制存取控制、数据加密存储和加密传输等。

此外，在安全性要求较高的部门提供审计功能，通过分析审计日志，可以对潜在的威胁提前采取措施加以防范，对非授权用户的入侵行为及信息破坏情况进行跟踪，防止对数据库安全责任的否认。

（3）安全环境的脆弱性

数据库的安全性与计算机系统的安全性，包括计算机硬件、操作系统、网络系统等的安全性是紧密联系的。因此，必须加强计算机系统的安全性保证。

12.3 数据库安全控制技术

在数据库系统中，安全措施不是孤立的，它是建立在系统环境中的，而计算机系统本身也有自己的安全保护，其安全模型如图 12.1 所示。

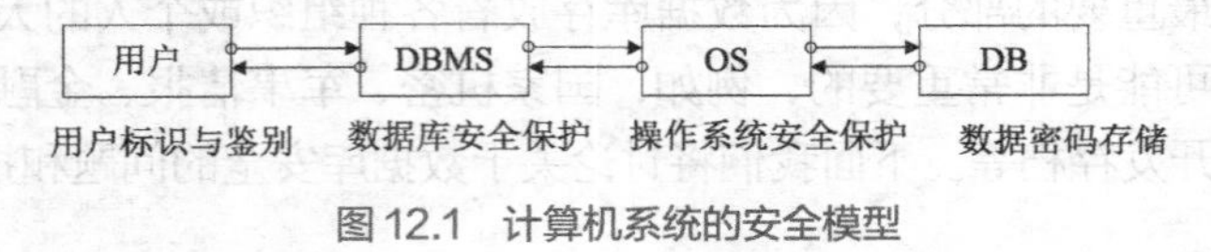

图 12.1 计算机系统的安全模型

数据库安全控制的核心是保证对数据库信息的安全存取服务，即在向合法用户合法要求提供可靠的信息服务的同时，又拒绝非法用户对数据的各种访问要求或合法用户的非法要求。接下来的几小节具体介绍实现这些安全控制的技术。

12.3.1 用户标识与鉴别

用户标识与鉴别是计算机系统也是数据库系统的安全机制中最重要、最外层的安全保护措施。每当用户要求进入系统时，由系统核对，通过鉴定后才提供系统的使用权。

标识用户最简单、最常用、最基本的方法就是使用用户名，而鉴别则是系统确定用户身份的方法和过程。目前鉴别用户身份的方法主要有以下几种。

（1）用户口令：这是最常用的方式。

（2）用户与系统对话：用户与系统有事先约定的一段对话，这相当于多个口令。

（3）用户的个人特征：用个人独一无二的特征作为口令，如指纹、虹膜、人脸等。

（4）存有用户信息的硬件：用硬件存储用户信息，如磁卡、IC 卡、U-key 等。

当然也可以同时使用几种方法进行鉴别，还可以辅助其他的方式以提高安全性。例如，指定只能用特定的计算机访问数据库，从而大大地限制了能够访问数据库的权限范围。

12.3.2 存取控制

数据库安全性技术中最重要的技术就是数据库管理系统的存取控制技术。数据库安全必须确保只授权给有资格的用户，同时令所有未被授权的人员无法进入数据库系统。

目前实现存取控制主要采取两种方式：自主存取控制和强制存取控制。

1. 自主存取控制

数据库自主存取控制定义一个用户对一个对象的访问权限。对访问权限的定义称为授权。数据库安全性就是确保只有有权限的用户才能访问相应的对象，反之则不能。几乎所有的数据库系统都采用这种方式。

在自主存取控制中，用户对不同的数据库对象有不同的存取权限，不同的用户对同一数据库对象也有不同的权限，而且，用户还可以将自己的权限授权给其他用户。自主存取控制能够通过授权机制有效地控制用户对数据的访问，但是由于用户对数据访问权限的设定有一定的自主性，用户有可能由于疏忽而将某些权限传授给他人，从而可能造成数据的无意泄露。因此，在安全性要求更高的数据库系统当中，有必要采取更严格的措施来保证对数据访问的限制。

2. 强制存取控制

所谓强制存取控制是指系统为保证更高程度的安全性，按照相应标准中安全策略的要求，所采取的强制存取检查手段。它不是用户能直接感知或进行控制的，它适合于那些对数据有严格要求的部门，如军事部门或政府部门。

在强制存取控制中，数据库管理系统所管理的全部实体被分为主体和客体。

主体是系统中的主动实体，包括数据库管理系统所管理的所有用户，也包括代表用户的实际进程。客体是被动实体，是被主体操纵和访问的对象，包括文件、关系表、索引、视图、数据等。数据库管理系统为每个实体指派一个敏感度标记。

敏感度标记被分成若干级，例如，绝密、机密、可信、公开等。主体的敏感度标记称为许可证级别，客体的敏感度标记称为密级。强制存取控制就是通过比较二者的敏感度标记，最终确定主体能否存取客体。

具体应遵循的规则如下。

（1）仅当主体的许可证级别大于或等于客体的密级时，该主体才能读取相应的客体。

（2）仅当主体的许可证级别等于客体的密级时，该主体才能写相应的客体。

规则（1）的意义很容易理解，规则（2）的意义则不是显而易见的，需要解释一下。相应级别的主体只能存入或修改同级别的客体，不能修改不同级别的客体。这就完全杜绝了通过计算机上级修改下级所上报的所有原始数据的情况，保证了原始数据的客观性。

最后，需要提醒的是，较高安全性的系统一般都包含较低安全性系统的保护措施，对于强制存取控制也不例外，实现强制存取控制的系统都包含自主存取控制。系统首先检查自主存取控制，然后检查强制存取控制，只有二者的检查都通过，操作方能进行。

12.3.3 数据库的视图机制

在前面的章节已经提到视图的概念及相关 SQL 命令，在这一章，我们可以从安全角度来研究视图机制。进行存取权限控制时，可以为不同用户定义不同的视图，把用户可以访问的数据限制在一定范围之内。换句话说，就是通过视图机制把用户不需要访问的数据隐藏起来，从而间接地实现对数据库提高安全性保护的目的。

视图机制还可以对部分列以及只对某些记录进行保护。而前面介绍的命令只能对表级实行保护，不能精确到行级或列级的保护。

【例 12.1】 假设有表 STUDENT（学号，姓名，出生年月，性别，籍贯，年级），每个辅导员只分管一个年级，因此对每个辅导员进行限制，使其只能查看本年级的学生的信息，从而实现对其他年级学生的信息的隐藏和保护。

（1）建立视图

```
CREATE VIEW Level_student
  AS
    SELECT * FROM STUDENT
    WHERE sclass='2'
    WITH CHECK OPTION;
```

建立 2 年级学生的视图。

（2）授权

```
GRANT SELECT ON Level_student  TO 王二;
```

显然，王二只能查询 2 年级学生的信息。

12.3.4 数据库的审计

任何安全措施都不可能是完美无缺的，前面介绍的几项技术也不例外，蓄意破坏、非法窃取数据的人总是会想尽办法来攻破这些安全措施。前面介绍的技术属于犯罪的预防这一类，下面介绍的技术属于另一类，即犯罪的侦破与惩罚。审计就是犯罪侦破中的一个重要措施，它跟踪记录用户对数据库的所有操作，并把这些信息保存在审计日志中。技术人员可以利用这些信息，分析导致数据库泄露或损坏的一系列事件，从而找出非法访问数据的人、时间、地点、内容等有关信息，以达到对犯罪人员惩戒的目的。

审计通常是很耗费时间和空间的，所以这项功能一般是作为数据库管理系统的可选项，主要用于对安全性要求较高的部门或单位。审计功能一般记录以下信息。

- 操作类型，如修改、查询等。
- 操作涉及的数据，如表、视图、记录、属性等。
- 操作日期和时间。
- 操作终端标识与用户标识等。

审计一般分为用户级审计和系统级审计。对于用户级审计，用户一般可以进行下列操作或设定。

- 选定审计选项。
- 指定对该用户的某些数据对象的访问进行审计。
- 指定对某些操作进行审计。
- 指定审计信息的细节。

对于系统级审计，只有 DBA 才有权限进行操作，除了上面在用户级审计提到的那些功能外，还具有下列功能。

- 记录 LOGON、LOGOFF、GRANT、REVOKE 操作。
- 启动或停止系统审计功能。
- 为数据库表设定缺省选项。

12.5 节将结合 Oracle 数据库实例具体讨论审计命令。

12.3.5 数据加密

用户标识与鉴定、存取控制等安全措施，都是防止从数据库系统窃取或破坏数据，但数据常常通过通信线路进行传输，有人可能通过不正常渠道窃听信道，以窃取数据。对于这种情况，上述几种安全措施就无能为力了。为了防止这类窃取活动，最常用的方法就是对数据加密。传输中的数据是经过加密的，即使非法人员窃取这种经过加密的数据，也很难解密。

加密的基本思想就是根据一定算法将原始数据即明文（Plain Text）变换为不可直接识别的格式，即密文（Cipher Text）。具体的方法有两种：一种是替换法，该方法使用密钥（Encryption Key）将明文中的每个字符转换为密文中的字符；另一种是排列法，该方法仅将明文中的字符按不同的顺序重新排列。单独使用这两种方法的任意一种都是不够安全的，但将这两种方法结合起来就能提供相当高的安全标准。采用这种结合算法的例子就是美国制定的官方加密标准（Data Encryption Standard，DES）。

由于加密和解密都非常消耗系统资源，降低了数据库的性能，因此，在一般数据库系统中，数据加密作为可选的功能，允许用户自由选择，只有那些对保密要求特别高的数据，才值得采用此方法。

12.4 Oracle 的自主存取控制

Oracle 数据库的安全性包括两个方面：对用户登录进行身份验证和对用户的操作进行权限验证。在 Oracle 系统中，为了实现数据的安全性，通常采用用户、权限、角色、概要文件和审计等管理策略，本节主要介绍用户、权限、角色和审计 4 个管理策略。

12.4.1 用户管理

Oracle 数据库通过设置用户及其登录口令等安全参数来控制用户对数据库的访问和操作，通常分为系统用户、数据库对象属主、公共用户、一般用户。

1. 系统用户

Oracle 系统有两个预定义的系统用户：SYS 和 SYSTEM，这两个用户在创建 Oracle 数据库时自动创建，它们的登录口令也是在安装 Oracle 系统时指定的。

SYS 用户是具有最高权限的数据库管理员，拥有 dba、sysdba、sysoper 角色的权限，是 Oracle 权限最高的用户，只能以 sysdba 或 sysoper 登录，不能以 normal（普通用户）身份登录，拥有 Oracle 数据库字典和相关的数据库对象。

SYSTEM 用户拥有 dba、sysdba 角色的权限，可以以 normal 身份登录，拥有 Oracle 的数据表。

- sysdba 角色：可以启动和关闭数据库、改变字符集、创建和删除数据库。
- sysoper 角色：可以启动和关闭数据库、不可改变字符集、不能创建和删除数据库；
- dba 角色：只有在启动数据库后才能执行各种管理工作。

2. 数据库对象属主和公共用户

数据库对象属主（Owner）：对象的创建者，它们拥有数据库对象的全部权限。

公共用户（Public）：它是为了方便共享数据操作而设置的，代表全体数据库用户，包括一般用户。

3. 一般用户

一般用户是指那些经过授权被允许对数据库进行某些特定数据操作的用户，可由系统用户或有创建用户权限的用户创建。用户在访问 Oracle 数据库前必须被数据库系统识别和验证。Oracle 最常用的验证方式为用户身份认证，即 Oracle 数据库系统使用创建用户时指定的用户名和口令对用户的身份进行验证，只有通过数据库身份认证后才可以登录数据库系统。

4. 一般用户的创建、修改和删除操作

创建一般用户的命令格式如下：

```
CREATE user <用户名> IDENTIFIED BY <口令>
    [ DEFAULT TABLESPACE <表空间名> ]
    [ TEMPORARY TABLESPACE <临时表空间名> ]
    [ ACCOUNT LOCK|UNLOCK ] ;
```

【例 12.2】 创建用户 user1，口令为 user1。

```
CREATE user user1 IDENTIFIED BY user1;
```

用户创建后，必须对该用户授权，否则该用户不能登录和使用数据库。

用户创建后，可以对该用户的用户信息进行修改，包括口令、认证方式、默认表空间等参数。例如修改用户口令的命令格式如下：

```
ALTER user <用户名> IDENTIFIED BY <新口令>;
```

【例 12.3】 修改用户 user1 的口令为 1234。

```
ALTER user user1 IDENTIFIED BY 1234;
```

使用 DROP user 语句可以删除数据库用户。当一个用户被删除时，其所拥有的所有对象也随之被删除。其命令格式如下：

```
DROP user <用户名> [CASCADE];
```

【例 12.4】 删除用户 user1，并级联删除拥有的对象。

```
DROP user user1 CASCADE;
```

12.4.2 权限管理

权限（Privilege）是指执行特定类型 SQL 命令或访问其他方案对象的权力，权限分为两类：系统权限和对象权限。

（1）系统权限指执行特定类型 SQL 命令的权力。它用于控制用户可以执行的一个或一组数据库操作，常用的系统权限如表 12.1 所示。

表 12.1　常用的系统权限

系统权限	作用
CREATE SESSION	连接数据库
UNLIMITED TABLESPACE	使用表空间
CREATE TABLE	创建表
CREATE VIEW	创建视图
CREATE PROCEDURE	创建过程、函数、包
CREATE TRIGGER	创建触发器

查询所有系统权限的语句如下：

```
SELECT *FROM  system_privilege_map ORDER BY name;
```

（2）对象权限指访问其他方案对象的权力，用户可以直接访问自己方案的对象，但是如果要访问别的方案的对象，则必须具有相应的对象权限，常用的对象权限如表 12.2 所示。

表 12.2　常用的对象权限

对象权限	作用
SELECT	查询
INSERT	插入
UPDATE	修改
DELETE	删除

12.4.3　角色管理

当很多用户拥有相同的若干权限时，我们可以将这些用户分为一组，并且可以对这些权限实行统一管理。具体的做法就是将这些权限打包并进行命名，这就是角色。一个角色即一个权限组，在 SQL 中，给一个用户授权一个角色，则允许该用户使用被授权的角色所拥有的一切权限。

角色通常有系统预定义角色和用户自定义角色两种。

1. 系统预定义角色

系统预定义角色是指 Oracle 所提供的角色，每种角色都用于执行一些特定的管理任务，下面我们介绍常用的系统预定义角色 CONNECT、RESOURCE 和 DBA。角色所包含的权限可以用以下语句查询：

```
SELECT * FROM ROLE_SYS_PRIVS WHERE ROLE='角色名';
```

具体每个系统预定义角色所拥有的权限如表 12.3 所示。

表 12.3　预定义角色所拥有的权限

角色名	具有的权限
CONNECT	允许被授权用户连接到数据库，拥有 CREATE SESSION 权限
RESOURCE	用于典型的应用程序开发人员。拥有以下权限： CREATE SEQUENCE CREATE TRIGGER CREATE CLUSTER CREATE PROCEDURE CREATE TYPE CREATE OPERATOR CREATE TABLE CREATE INDEXTYPE
DBA	用于管理员级的用户。被授权的用户可以执行任何数据库功能，该角色包含了所有的系统权限。拥有 DBA 角色的用户可以向任何其他数据库用户或角色授予或收回任何系统权限

2. 用户自定义角色

具体使用和管理用户自定义角色一般分为 4 个步骤。

（1）使用 CREATE ROLE 语句创建角色。

（2）授权和收回授权，用 GRANT 语句给角色授权，用 REVOKE 语句收回角色的权限。

（3）将角色授予某个用户组、单个用户或其他角色。

（4）用户拥有授予的权限，可以开始使用该用户。

这里我们先讲角色的创建和删除。使用角色之前首先要创建角色，创建角色的语句语法如下：

```
CREATE ROLE <角色名>;
```

【例 12.5】 创建角色 role1。

```
CREATE ROLE role1;
```

删除角色的语句语法如下：

```
DROP ROLE <角色名>;
```

【例 12.6】 删除角色 role1。

```
DROP ROLE role1;
```

查看系统中所有角色的语句语法如下：

```
SELECT * FROM dba_roles;
```

12.4.4 授权

授权就是给予用户或角色一定的访问权限。授予权限是用 GRANT 命令来完成的，分为授予系统权限和授予对象权限。

1. 授予系统权限

授予系统权限的格式如下：

```
GRANT <权限> [,<权限>, …]|<角色> [, <角色>, …]
 TO  <用户名> [,<用户名>, …]|<角色名> [, <角色名>, …]
  [WITH ADMIN OPTION] ;
```

WITH ADMIN OPTION 选项的作用是获得授权的对象可以再对其他对象授予系统权限。

【例 12.7】 给 user1 用户授予连接数据库的系统权限，并能向其他用户授权。

```
GRANT CREATE SESSION TO user1 WITH ADMIN OPTION;
```

或者

```
GRANT CONNECT TO user1 WITH ADMIN OPTION;
```

【例 12.8】 给 user1 用户授予使用表空间和创建表的权限。

```
GRANT UNLIMITED TABLESPACE,CREATE TABLE TO user1;
```

或者

```
GRANT RESOURCE TO user1;
```

【例 12.9】 给 user1 用户授予 DBA 角色的权限。

```
GRANT DBA TO user1;
```

（1）对于一般用户而言，拥有 CONNECT 和 RESOURCE 两个角色权限就可以使用数据库了。

（2）UNLIMITED TABLESPACE 系统权限只能直接授予用户，不能通过角色授予用户，例如：

```
GRANT CONNECT,RESOURCE TO role1;
GRANT ROLE1 TO user1;
```

经过两次授权后，查询 user1 的权限：

```
SELECT * FROM DBA_ROLE_PRIVS  WHERE GRANTEE=' user1';
```

user1 的角色权限为 role1。

```
SELECT * FROM DBA_SYS_PRIVS WHERE GRANTEE=' user1';
```

此时 user1 并没有获得 UNLIMITED TABLESPACE 系统权限，因此，user1 不能创建任何对象。

2. 授予对象权限

用户可以拥有对自己创建的对象的一切权限，但如果要操作其他用户创建的对象，则必须授予相应的操作对象的权限。授权格式如下：

```
GRANT <权限> [,<权限>, …]|<角色> [, <角色>, …]|[ALL]
   ON [<模式名>.]<数据库对象名>
   TO  <用户名> [,<用户名>, …]|<角色名> [, <角色名>, …] |[PUBLIC]
   [WITH GRAND OPTION] ;
```

ALL 指所有权限，PUBLIC 指所有用户，WITH GRAND OPTION 选项的作用是使获得授权的对象可以再对别的对象授予对象权限。

【例 12.10】 给用户 user1 授予在 xs 表上的 INSERT 和 UPDATE 的权限。

```
GRANT INSERT,UPDATE ON xs to user1 ;
```

【例 12.11】 给用户 user1 授予在 xs 表上的所有权限。

```
GRANT ALL ON xs TO user1 ;
```

【例 12.12】 给所有用户授予在 xs 表上的 UPDATE 权限。

```
GRANT UPDATE ON xs TO PUBLIC ;
```

【例 12.13】 给 user1 用户授予对表 xs 的 DELETE 权限，并使该用户可以给其他用户授予相同的权限。

```
GRANT DELETE ON xs TO user1 WITH GRAND OPTION;
```

【例 12.14】 把修改 cj 表 GRADE 的权限授予用户 user1。

```
GRANT UPDATE(GRADE) ON cj TO user1;
```

12.4.5 收回权限

收回权限就是从用户或角色收回访问权限。收回权限是用 REVOKE 命令来完成的，分为收回系统权限和收回对象权限。

1. 收回系统权限

收回系统权限的格式如下：

```
REVOKE <权限> [, <权限>, …]|<角色> [, <角色>, …]|[ALL]
FROM  <用户名> [,<用户名>, …]|<角色名> [, <角色名>, …] |[PUBLIC];
```

【例 12.15】 从 user1 用户收回使用表空间和创建表的权限。

```
REVOKE UNLIMITED TABLESPACE,CREATE TABLE FROM user1;
```

或者

```
REVOKE RESOURCE FROM user1;
```

2. 收回对象权限

收回对象权限的格式如下：

```
REVOKE <权限> [,<权限>, …]|<角色> [, <角色>, …]|[ALL]
ON [<模式名>.]<数据库对象名>
FROM  <用户名> [,<用户名>, …]|<角色名> [, <角色名>, …] |[PUBLIC];
```

【例 12.16】 收回 user1 用户对 xs 表的 DELETE 权限。

```
REVOKE DELETE ON xs FROM user1;
```

说明： 如果存在授予链，即 A 授权予 B，B 授权予 C，则一旦 A 从 B 那里收回权限，B 授予 C 的权限也一并收回。

12.5 Oracle 审计

Oracle 的审计功能很灵活，是否使用审计，对哪些表进行审计，对哪些操作进行审计都可以选择。Oracle 提供 AUDIT 及 NOAUDIT 语句来指定这些选择。这里需要注意的是 AUDIT 语句只是改变了审计状态，并没有真正激活审计。在初始化 Oracle 系统时，审计功能是关闭的，即默认情况下审计不工作。

审计用于监视用户所执行的数据库操作，审计记录可以存放在数据字典表中（存储在 SYSTEM 表空间中的 SYS.AUD$ 表中，可通过视图 DBA_AUDIT_TRAIL 查看）或操作系统审计记录中（由 AUDIT_FILE_DEST 参数决定）。

1. 审计类型

审计有以下 4 种类型。

（1）语句审计（Statement Auditing）：在语句级别进行审计，如对执行 SELECT TABLE 的语句进行审计，而不针对某个单独的对象。

（2）权限审计（Privilege Auditing）：对某一系统权限的使用情况进行审计，如在创建表时用到的 CREATE ANY TABLE 权限。

（3）对象审计（Schema Object Auditing）：对指定对象上的操作进行审计，如对表 scott.emp 的 INSERT 操作。

（4）细粒度审计（Fine-Grained Auditing）：用于指定更细粒度的审计，用 DBMS_FGA 包来实现。

2. AUDIT_TRAIL 参数

AUDIT_TRAIL 参数决定数据库审计的开启和关闭，可以被赋予如下值。

（1）DB，启用数据库审计，并把审计记录存储到数据库中的 SYS.AUD$ 表中。

（2）XML，启用数据库审计，并把审计记录在文件系统中，以 XML 文件的格式存放。

（3）DB,EXTENDED，具有与 DB 一样的功能，并在必要时在 SYS.AUD$ 表中记录 SQL bind and SQL text CLOB-type columns；

（4）XML,EXTENDED，具有与 XML 一样的功能，并在可用时在 XML 文件中记录 SQL bind and SQL text CLOB-type columns；

（5）OS，启用数据库审计，并把审计记录存放到操作系统的文件中。

（6）NONE，不启用数据库审计，为默认值。

3. 启用和停用数据库审计

使用 ALTER SYSTEM 语句设置 AUDIT_TRAIL 参数，这个参数不可在线修改，修改后需重启数据库，使实例生效。例句如下：

```
ALTER SYSTEM SET AUDIT_TRAIL=DB,EXTENDED SCOPE=SPFILE;
```

停用数据库审计使用如下语句，重启数据库生效：

```
ALTER SYSTEM SET AUDIT_TRAIL=NONE SCOPE=SPFILE;
```

4. 审计命令格式

开启审计命令的一般语句格式如下：

```
AUDIT {[<option>, <option>] … | ALL} [ON o_name]
      [BY u_name[, u_name]…]
      [BY {ACCESS | SESSION}]
      [WHENEVER [NOT] SUCCESSFUL] ;
```

其中，各参数说明如下。

option：SQL 语句选项或系统权限选项。

o_name：模式对象名。

u_name：如指定用户，表示只审计指定用户的 SQL 语句，不审计其他用户的 SQL 语句。如不指定用户，将对所有用户审计。

BY SESSION：每个会话相同的语句只审计一次，系统默认。

BY ACCESS：每次都将审计。

WHENEVER [NOT] SUCCESSFUL：只审计成功 / 不成功的语句。

如果不想让系统继续做审计工作，可以通过 NOAUDIT 命令停止审计。该命令的参数与 AUDIT 命令的参数相同。

关闭审计命令的语句格式如下：

```
NOAUDIT {[<option>, <option>] … | ALL}  [ON o_name]
    [BY u_name[, u_name]…]
    [BY {ACCESS | SESSION}]
    [WHENEVER [NOT] SUCCESSFUL]
```

5. 审计示例

【例 12.17】 设置 Oracle 数据库审计的过程。

（1）启动 SQLPlus，并以 SYS 身份连接数据库

选择开始→所有程序→ Oracle Database 11g Express Eidtion →运行 SQL 命令行选项，用 SYS 的用户名和口令连接数据库。

```
SQL>conn sys/sys as sysdba;
```

每个人设置的 SYS 用户的口令都不一样，要输入正确的口令。

（2）查看审计功能是否开启

```
SQL> show parameter audit_trail;
NAME                                          TYPE            VALUE
------------------------------------ ----------- ----------------------------------------
audit_trail                                   string          NONE
```

说明：若 VALUE 值为 DB，表明审计功能为开启的状态。若 VALUE 值为 NONE，表明审计功能为关闭的状态，则要修改系统参数，将审计功能开启。

（3）开启审计功能

```
SQL>alter system set audit_trail=db,extended scope=spfile;
```

（4）重新启动数据库服务器

```
SQL> shutdown immediate;
SQL> startup;
```

（5）设置审计

对 CYB 用户发出的所有 SELECT TABLE 语句进行审计。

```
SQL>audit select table by cyb;
```

以 CYB 身份连接数据库并执行 SELECT 操作。

（6）查询审计视图 DBA_AUDIT_TRAIL 中保存的内容

```
SQL>select timestamp,sql_text from dba_audit_trail;
```

6. 不同审计类型的设置

（1）语句审计

语句级审计表示只审计某种类型的 SQL 语句，只针对语句本身，而不针对语句所操作的对象。可以审计某个用户的 SQL 语句，也可以审计所有用户的 SQL 语句。

SQL 语句选项参数不需要写出全部的 SQL 语句，只需要写出语句的选项即可，这样可以代表某一类的 SQL 语句。如果想知道当前对哪些用户进行了哪些语句级别的审计，可以通过查

询数据字典 DBA_STMT_AUDIT_OPTS 来了解细节。

例如，设置对用户 user1 成功执行过的所有 SELECT 语句进行审计。

```
AUDIT SELECT TABLE BY user1;
```

（2）权限审计

权限审计表示只审计某一系统权限的使用状况，可以审计某个用户，也可以审计所有用户。

系统权限选项包含了大部分对数据库对象的 DDL 操作，如 ALTER、CREATE、DROP 等。如果想知道当前对哪些用户进行了哪些权限级别的审计，可以通过查询数据字典 DBA_PRIV_AUDIT_OPTS 来了解细节。

例如，设置对所有执行过 CREATE INDEX 语句的所有用户操作进行审计。

```
AUDIT CREATE ANY INDEX ;
```

（3）对象审计

对象审计用于监视所有用户对某一指定用户对象的存取状况，对象审计是不分用户的，其重点关注的是哪些用户对某一指定用户对象的操作。如果想知道当前对哪些用户的哪些对象进行了对象审计及审计的选项，可以通过查询数据字典 DBA_OBJ_AUDIT_OPTS 来了解实施细节。

例如，设置对用户 user1 的 XS 表进行 INSERT、UPDATE、DELETE 操作进行审计。

```
AUDIT INSERT, UPDATE, DELETE ON user1.XS;
```

本章小结

本章介绍了计算机及数据库安全性的概念，数据库安全性技术主要包括用户标识与鉴别、存取控制、视图机制、数据加密、数据库审计。存取控制主要分为自主存取控制和强制存取控制，支持自主存取控制的 SQL 命令是 GRANT、REVOKE。本章还介绍了与权限有关的角色的概念及命令，以及数据库审计的概念及命令。

习题12

12.1　选择题

（1）SQL 的 GRANT 和 REVOKE 命令可以用来实现________。

A. 自主存取控制　　B. 强制存取控制　　C. 数据库审计　　D. 身份鉴别

（2）如果要防止通过窃听信道窃取数据，则常用的安全控制方法为________。

A. 自主存取控制　　B. 强制存取控制　　C. 数据库审计　　D. 数据加密

（3）以下不属于数据库安全控制方法的为________。

A. 用户口令　　B. 存取控制　　C. 视图　　D. 触发器

（4）对数据库中的某个表进行增、删、改、查等操作的审计属于________。

A. 语句审计　　B. 权限审计　　C. 对象审计　　D. 细粒度审计

12.2　什么是数据库的安全性？

12.3　实现数据库安全性控制常用的方法和技术有哪些？

12.4　什么是数据库的审计功能？简述审计功能的得与失。

12.5　简述数据库加密常用的两种方法。

实验八　数据控制语句

【实验目的】

掌握创建用户并对用户进行授权和回收权限的相关操作，以及数据控制语句 GRAND 和 REVOKE 的相关操作。

【实验内容】

在本书实验一的基础上完成以下内容。

（1）创建具有 CONNECT 和 RESOURCE 系统权限的用户 user1 和 user2，并连接数据库服务器。

（2）授权：给 user1 授予在表 Student 上的 SELECT 权限，并使该用户具有给其他用户授予相同权限的权限。

（3）授权：user1 给 user2 授予表 Student 上的 SELECT 权限。

（4）授权：给 user1 和 user2 授予 Teach 表上的所有权限。

（5）授权：给所有用户授予 Score 表上的 SELECT 权限。

（6）授权：给 user1 授予 Score 表 Score 字段上的 UPDATE 权限。

（7）授权：给 user2 授予查询每门课程最高成绩、最低成绩和平均成绩的权限。

（8）收回授权：收回上面例子中所有授予的权限。

13 第13章　数据库恢复技术

当用户开始使用一个数据库时，数据库中的数据必须是可靠的、正确的。虽然数据库系统中采取了各种保护措施来防止数据库系统中的数据被破坏和丢失，但是计算机系统运行中发生的各类故障（如硬件设备和软件系统的故障）与来自多方面的干扰和破坏（如未经授权使用数据库的用户修改数据）以及利用计算机进行的犯罪活动等仍是不可避免的，这些都可能会直接影响数据库系统的安全性。另外，事务处理不当或程序员的误操作等，也可能破坏数据库。这些故障或错误都会造成运行事务非正常中断，可能会影响到数据库中数据的正确性，甚至破坏数据库，导致数据库中全部或部分数据丢失。在发生上述故障后，DBA必须快速重新建立一个完整的数据库系统，把数据库从错误状态恢复到某一已知的正确状态（也称为一致性状态），以保证用户的数据与发生故障前完全一致，这就是数据库恢复。数据库恢复要基于数据库备份文件，以保证可以成功实施恢复。

13.1　数据库故障

造成数据库系统故障的原因很多，大致有以下5类。

- 软件故障。事务的一些操作可能会引发故障，如应用程序运行错误，用户强制中断事务执行等。另外，操作系统以及数据库管理系统存在的错误也会引发故障。
- 硬件故障。如计算机系统的CPU、内存故障等。
- 电源问题。电源电压过高或过低，达不到要求等。
- 操作员操作错误。如输入数据、删除数据错误等。
- 灾害和恶意破坏。不可抗拒的自然灾害，如火灾、地震、计算机病毒或计算机犯罪等。

上述故障一旦发生，就有可能造成数据的破坏或丢失。

根据故障产生的原因，数据库系统中可能发生的各类故障可以归纳出4类：事务故障、系统故障、介质故障、恶意破坏或计算机病毒。

1. 事务故障

事务故障只发生在事务上，而整个数据库系统仍在控制下运行。事务故障有的是可以通过事务程序本身发现的，有的是非预期的，不能由事务程序发现和处理。

例如，银行转账事务把一笔金额从一个账户A01转给另一个账户B02。

```
BEGIN TRANSACTION
UPDATE ACCOUNT
SET balance =balance-amount
WHERE ACOUNT='A01';          /*amount为转账金额 */
IF( balance < 0 ) THEN
{
  PRINT '金额不足,不能转账';
  ROLLBACK;                  /*撤销刚才的修改，恢复事务*/
}
ELSE
{
  UPDATE ACCOUNT
  SET balance= balance + amount
  WHERE ACOUNT='B01';
  COMMIT;
}
```

这个例子所包括的两个更新操作要么全部完成要么全部不做，否则就会使数据库处于不一致性状态。例如，只把账户A01的余额减少了而没有把账户B01的余额增加。

在这段事务处理程序中若出现账户A01余额不足的情况，应用程序可以发现并让事务回滚，撤销已做的修改，将数据库恢复到转账前的正确状态。

更多的情况下，事务故障是非预期的，不能由应用程序发现和处理，如运算溢出、并发事务发生死锁而被选中撤销该事务、违反了某些完整性约束等。

事务故障意味着事务没有达到预期的终点（COMMIT或者显式的ROLLBACK），因此，数据库可能处于不正确状态。故障恢复处理程序要在不影响其他事务运行的情况下，强行回滚（ROLLBACK）该事务，即撤销该事务已经做出的任何对数据库的更新，使该事务好像根本没有执行一样。这类恢复操作称为事务撤销（UNDO）。

2. 系统故障

系统故障常称为软故障（Soft Crash）。系统故障是指造成系统停止运转的任何事件，系统要重新启动。例如，特定类型的硬件错误（CPU故障）、操作系统故障、数据库管理系统代码错误、突然停电等。这类故障影响正在运行的所有事务，但不破坏数据库。这时主存中的内容，尤其是数据库缓冲区中的内容都被丢失，使所有运行的事务都非正常终止。发生系统故障时，一些尚未完成事务的结果可能已写入磁盘上的物理数据库中，有些已完成的事务可能有一部分甚至全部数据仍留在缓冲区，尚未写入磁盘上的物理数据库中，从而造成数据库可能处于不正确的状态。为保证数据一致性，故障恢复处理程序必须在系统重新启动时让所有非正常终止的事务回滚，强行撤销所有未完成的事务。重做（Redo）所有已提交的事务，将数据库真正恢复到一致性状态。

3. 介质故障

介质故障称为硬故障（Hard Crash）。硬故障指外存故障，如磁盘损坏等。这类故障将破坏数据库或部分数据库，并影响正在存取这部分数据的所有事务。这类故障比前两类故障发生的可能性小得多，但破坏性最大。故障恢复处理程序只能把其他备份数据或其他介质中的内容再复制回来，并重做自备份点后开始的所有成功的事务。

4. 恶意破坏或计算机病毒

计算机病毒是具有破坏性、可以自我复制的计算机程序。计算机病毒已成为计算机系统的主要威胁，自然也是数据库系统的主要威胁。恶意破坏主要指计算机病毒非法入侵数据库系统，破坏数据库，其对数据库的破坏后果是很严重的。因此需要用恢复技术把数据库加以恢复。

各类故障对数据库的影响有两种可能性。

（1）数据库本身已被破坏：根本无法从数据库中读取数据，或者数据库中大部分数据都有错误。此时原有的数据库已不能使用。

（2）数据库没有被破坏：某些数据可能不正确。这是事务的运行被非正常终止造成的。此时原有的数据库还能使用，但需改正错误数据。

如果因为某种原因，一个事务不能从头到尾地成功执行，数据库就处于不一致性状态，这是不允许的。这时需要将数据库恢复到事务执行前的状态。

数据库管理系统应能够在最短的时间内，把数据库从被破坏、不正确的状态恢复到最近一个正确的状态。数据库管理系统的备份和恢复机制就是保证数据库系统出现故障时，能够将数据库系统还原到正确状态。

13.2 恢复的实现技术

数据库恢复机制包括一个数据库恢复子系统和一套特定的数据结构。数据库恢复机制涉及的两个关键问题是如何建立冗余数据和如何利用这些冗余数据实施数据库恢复。

数据库恢复的基本原理是数据重复存储，就是“冗余”（Redundancy）。也就是说，数据库中任何一部分被破坏的或不正确的数据可以根据存储在系统别处的冗余数据来重建。

建立冗余数据最常用的技术是数据转储和登录日志文件。通常在一个数据库系统中，这两种方法是一起使用的。

为了有效地恢复数据库，必须对数据库进行数据备份。数据备份的功能是在用户数据发生损坏后，利用备份信息使损坏数据得以恢复，从而保障用户数据的安全性。通常需要把整个数据库备份两个以上的副本，这些备用的数据文本称为后备副本或后援副本（Back-up）。后备副本应存放在与运行数据库不同的存储介质上，一般是存储在磁带或光盘上，并保存在安全可靠的地方。

数据转储是定期的，而不是实时的，所以利用数据转储并不能完全恢复数据库，它只能将数据库恢复到开始备份的那一时刻。如果没有其他技术措施支持，在备份点之后对数据库所做的更新将会丢失，也就是说数据库不能恢复到最新的状态。因此，必须把各事务对数据库的更新活动登记下来，建立日志文件。这样，后备副本加上日志文件就能把数据库恢复到某一时刻的正确状态。

13.2.1 数据转储

数据转储是数据库恢复中常用的基本技术。定期地将整个数据库复制到磁带或光盘上保存起来的过程称为数据转储（Dump）或备份，数据转储工作一般由 DBA 承担。定期备份数据库是最稳妥的防止介质故障的方法，它能有效地恢复数据库，是一种能够恢复大部分或全部数据的既廉价又保险且简单方法。即使采取了冗余磁盘阵列技术，数据转储也是必不可少的。

当数据库遭到破坏后可以将后备副本重新装入，这时只能将数据库恢复到转储时的状态，要想恢复到故障发生时的状态，必须重新运行转储以后的所有更新事务。例如，在图 13.1 中，系统在 T_a 时刻停止运行事务，进行数据库转储，在 T_b 时刻转储完毕，得到 T_b 时刻的数据库一致性副本。系统运行到 T_e 时刻发生故障。为恢复数据库，首先由 DBA 重装数据库后备副本，将数据库恢复至 T_b 时刻的状态，然后重新运行自 T_b 时刻至 T_e 时刻的所有更新事务，这样就把数据库恢复到故障发生前的一致性状态。

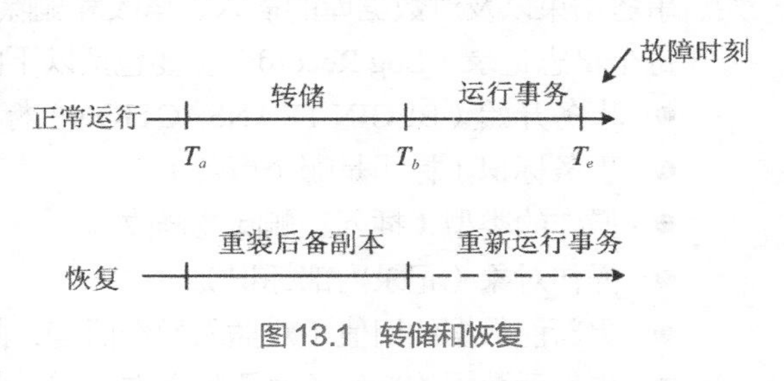

图 13.1　转储和恢复

转储是十分耗费时间和资源的，不能频繁进行。DBA 应该根据数据库使用情况确定一个适当的转储周期。

数据转储操作可以静态进行，也可以动态进行。因此，可分为静态转储和动态转储。

（1）静态转储

静态转储也称作离线或脱机备份，是指在系统中无运行事务时进行的转储操作，即转储操作开始的时刻，数据库处于一致性状态，而转储期间不允许（或不存在）对数据库进行任何存取、修改活动。显然，静态转储得到的一定是一个数据一致性的副本。

静态转储简单，但转储必须等待正运行的用户事务结束才能进行，同样，新的事务必须等待转储结束才能执行。显然，这会降低数据库的可用性。

（2）动态转储

动态转储也称作在线备份，是指转储操作和用户事务可以并发执行，转储期间允许数据库进行存取或修改活动。动态转储克服了静态转储的缺点，它不用等待正在运行的用户事务结束，也不会影响新事务的运行。这种方法虽然能够备份数据库中的全部数据，但在备份过程中数据库系统的性能将受到很大影响（降低）。

数据转储还可以根据每次转储的数据分为海量转储和增量转储两种方式。

（1）海量转储

海量转储是指每次转储全部数据库（静态或动态），即完整地备份整个数据库，同时也备份与该数据库相关的事务处理日志。这种方式通常在第一次转储时使用，或每一季度、每一月进行一次转储时使用，因为进行海量转储需要很长的时间。

（2）增量转储

增量转储是指每次只转储上一次转储后更新过的数据。这部分相对整个数据库的数据量来说要小得多。所以，每天的转储通常以增量转储方式进行。

从恢复角度看，虽然使用海量转储得到的后备副本进行恢复会更方便，但如果数据库很大，事务处理又十分频繁，则增量转储方式更实用更有效。

有时，将数据转储这种备份方式称为数据库导出（或卸出），如 Oracle 提供数据导出命令 Export。

13.2.2 日志文件

为了保证数据库恢复工作的正常进行，数据库系统需要建立日志文件。

1. 日志文件的格式和内容

日志文件是用来记录事务对数据库的更新操作的文件。事务在运行过程中，系统把事务开始、事务结束以及对数据库的插入、修改和删除的每一次操作作为一条记录写入日志文件。

每个日志记录（Log Record）主要包括以下内容。

- 事务开始（BEGIN TRANSACTION）标记。
- 事务标识（标明是哪个事务）。
- 操作的类型（插入、删除或修改）。
- 操作对象（记录内部标识）。
- 更新前数据的旧值（对插入操作而言，此项为空值）。
- 更新后数据的新值（对删除操作而言，此项为空值）。
- 事务结束（COMMIT 或 ROLLBACK）标记。

一般日志文件与其他数据库文件应不在同一存储设备上，这样可避免同时受硬件引起的故障的影响。日志文件比较庞大，大型应用系统的日志文件每天可达几十兆字节或数百兆字节。因此在运行过程中，应采用各种压缩技术，减少日志文件所需的存储空间，提高恢复工作的效率。例如，对已经发出 COMMIT 的事务不会再被撤销了，就不需要保留旧值了，但仍需保留新值，以便事务重做。

2. 日志文件的作用

日志文件在数据库恢复中起着非常重要的作用，可以用来进行事务故障恢复和系统故障恢复，并协助后备副本进行介质故障恢复。具体地讲，日志文件有如下作用。

（1）事务故障恢复和系统故障恢复必须用日志文件。

（2）在动态转储方式中必须建立日志文件，后备副本和日志文件综合起来才能有效地恢复数据库。

（3）在静态转储方式中，当数据库毁坏后可重新装入后备副本，把数据库恢复到转储结束时刻的正确状态，然后利用日志文件，对已完成的事务进行重做处理，对故障发生时尚未完成的事务进行撤销处理。这样不必重新运行那些已完成的事务程序就可以把数据库恢复到故障前某一时刻的正确状态。

3. 登记日志文件

将对数据的更新操作写到数据库中以及将表示这个更新操作的日志记录写到日志文件中是两个不同的操作。有可能在这两个操作之间发生故障，即这两个写操作只完成了一个。如果先写了数据库修改，而在运行日志记录中没有登记这个更新操作，则以后就无法恢复这个修改了。如果先写了日志，但没有更新数据库，按日志文件恢复时只不过是多执行一次不必要的 UNDO 操作，并不会影响数据库的正确性。所以安全起见，一定要先写日志文件，即先把日志记录写到日志文件中，再写入数据库。这就是“先写日志文件”（Write ahead Log Rule）的原则。

具体地说，为了保证数据库是可恢复的，登记日志文件（Logging）时必须遵循以下两条原则。

（1）必须先写日志文件，后写数据库。

（2）直到事务的全部运行记录都已写入日志文件后，才允许结束事务。

13.2.3　归档日志文件

一个大型的数据库运行系统，一天可以产生数百兆字节的日志记录。因此把日志记录完全存放在磁盘中是不现实的。一般把日志文件划分成两部分：一部分是当前活动的联机部分，称为联机日志文件，存放在运行的数据库系统的磁盘上；另一部分就是归档日志文件，其存储介质一般是磁带或光盘。当一个联机日志文件被填满后就发生日志切换，形成数据库的归档日志文件。需要注意的是，归档日志文件必须绝对可靠地保存。

13.3　恢复策略

当系统运行过程中发生故障，利用数据库后备副本和日志文件就可以将数据库恢复到故障前的某个一致性状态。不同故障的恢复策略和方法不一样，但总体上来说，可分为以下两种情况。

（1）数据库已被破坏。这时数据库已不能使用，需要装入最近一次的后备副本，然后利用日志文件执行“重做”操作，将数据库恢复到一致性状态。

（2）数据库未被破坏，但某些数据不正确或不可靠。这时只有通过日志文件执行“撤销”操作，才能将数据库恢复到某个一致性状态。

13.3.1　事务故障的恢复

事务故障是指事务在运行至正常终止点前被中止，这时恢复子系统应利用日志文件撤销此事务已对数据库进行的修改。

事务故障的恢复是由系统自动完成的，对用户是透明的。

事务故障的恢复步骤如下。

（1）反向扫描日志文件（即从最后向前扫描日志文件），查找该事务的更新操作。

（2）对该事务的更新操作执行逆操作，即将日志记录中“更新前的值”写入数据库。这样，如果记录中是插入操作，则相当于做删除操作（此时“更新前的值”为空）。如果记录中是删除操作，则相当于做插入操作。如果记录中是修改操作，则相当于用修改前的值代替修改后的值。

（3）继续反向扫描日志文件，查找该事务的其他更新操作，并做同样处理。

（4）如此处理下去，直至读到此事务的开始标记，事务故障恢复就完成了。

13.3.2　系统故障的恢复

系统故障造成数据库不一致状态的原因有两个：一是未完成事务对数据库的更新可能已写入数据库；二是已提交事务对数据库的更新可能还留在缓冲区没来得及写入数据库。因此恢复操作就是要撤销故障发生时未完成的事务，重做已完成的事务。

系统故障的恢复是由系统在重新启动时自动完成的，不需要用户干预。

系统故障的恢复步骤如下。

（1）正向扫描日志文件（即从头扫描日志文件），找出在故障发生前已经提交的事务（这些事务既有 BEGIN TRANSACTION 记录，也有 COMMIT 记录），将其事务标识记入重做队列。同时找出故障发生时尚未完成的事务（这些事务只有 BEGIN TRANSACTION 记录，无相应的 COMMIT 记录），将其事务标识记入撤销队列。

（2）对撤销队列中的各个事务进行撤销处理。进行撤销处理的方法是反向扫描日志文件，对每个撤销事务的更新操作执行逆操作，即将日志记录中“更新前的值”写入数据库。

（3）对重做队列中的各个事务进行重做处理。进行重做处理的方法是正向扫描日志文件，对每个重做事务重新执行日志文件登记的操作，即将日志记录中“更新后的值”写入数据库。

13.3.3 介质故障的恢复

发生介质故障后，磁盘上的物理数据和日志文件被破坏，这是最严重的一种故障，恢复方法是重装数据库，然后重做已完成的事务。

介质故障的恢复步骤如下。

（1）装入最新的数据库后备副本（离故障发生时刻最近的转储副本），使数据库恢复到最近一次转储时的一致性状态。

对于动态转储的数据库副本，还要同时装入转储开始时刻的日志文件副本，利用恢复系统故障的方法进行重做和撤销，才能将数据库恢复到一致性状态。

（2）装入相应的日志文件副本（包括联机日志和归档日志文件副本），重做已完成的事务，这里不必做撤销操作，具体步骤如下。

① 首先扫描日志文件，找出故障发生时已提交的事务的标识，将其记入重做队列。

② 然后正向扫描日志文件，对重做队列中的所有事务进行重做处理，即将日志记录中“更新后的值”写入数据库。

③ 直至处理完所有的日志文件，这时数据库恢复至故障前某一时刻的一致性状态。

介质故障的恢复需要 DBA 介入。但 DBA 只需要重装最近转储的数据库副本和有关的各日志文件副本，然后执行系统提供的恢复命令即可，具体的恢复操作仍由数据库管理系统完成。

13.4 具有检查点的恢复技术

当数据库系统发生故障，利用日志技术进行数据库恢复时，必须检查日志，决定哪些事务需要重做，哪些事务需要撤销。原则上，我们需要检查所有日志记录，这种方法存在两个问题。

（1）搜索整个日志将耗费大量的时间。

（2）很多需要重做的事务的更新实际上已经写到数据库中。尽管对它们重做不会造成不良后果，但重新执行这些操作浪费了大量时间。

为了解决这些问题，发展了具有检查点（Check Point）的恢复技术。这种技术在日志文件中增加一类新的记录——检查点记录。

当事务正常运行时，数据库系统按一定的时间间隔设置检查点，也可以按照某种规则建立检查点，如日志文件已写满一半则建立一个检查点。用户也可以在事务中设置检查点，要求系统记录事务的状态。建立检查点记录包括以下两项处理。

（1）把数据库缓冲区的内容强制写入外存的日志文件中。

（2）在日志文件中写一个日志记录，它的内容包含当时正活跃的所有事务的一张表，以及该表中的每一个事务的最近的日志记录在日志上的地址。

使用检查点方法可以改善恢复效率。当系统周期性地把所有被修改的缓冲区写入磁盘时，相应地在日志文件中写入检查点记录。因此，在数据库发生故障时，系统需要恢复数据库，就可以根据最新的检查点的信息，从检查点开始执行，而不必从头执行那些被中断的事务。因为当事务 T 在一个检查点之前提交，T 对数据库所做的修改一定都已写入数据库，写入时间是在这个检查点建立之前或在这个检查点建立之时。这样，在进行恢复处理时，没有必要对事务 T 执行重做操作。

系统出现故障时恢复子系统将根据事务的不同状态采取不同的恢复策略。有 5 种不同状态的事务，如图 13.2 所示。

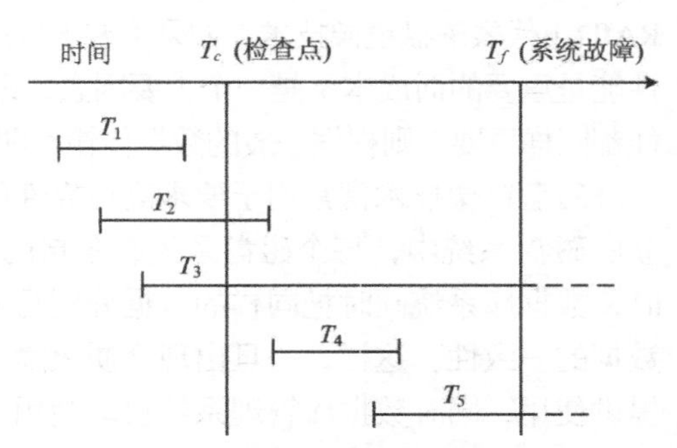

图 13.2　5 种不同状态的事务采取不同的恢复策略

假设系统在 T_f 时刻发生故障，故障发生前的最近一个检查点设为 T_c。

T_1：在检查点之前提交。

T_2：在检查点之前开始执行，在检查点之后故障点之前提交。

T_3：在检查点之前开始执行，在故障点时还未完成。

T_4：在检查点之后开始执行，在故障点之前提交。

T_5：在检查点之后开始执行，在故障点时还未完成。

T_3 和 T_5 在故障发生时刻还未完成，故应予以撤销；T_2 和 T_4 在检查点之后才提交，它们对数据库所做的修改在故障发生时可能还在缓冲区中，尚未写入数据库，所以要重做；T_1 在检查点之前已提交，所以不必执行重做操作。

使用检查点方法进行恢复的步骤如下。

故障之后重启系统时，数据库管理系统的恢复子系统首先找到最近的检查点的日志记录，然后建立重做表和撤销表，分别把 T_2、T_4 和 T_3、T_5 放入重做表和撤销表。然后系统反向扫描日志，把撤销表中的事务撤销；接着正向扫描日志，把重做表中的事务重做。当这些恢复工作完成后，系统才准备接受新的事务处理请求。

13.5　冗余磁盘阵列与数据库镜像

我们已经看到，介质故障是对系统影响最为严重的一种故障。系统出现介质故障后，用户应用全部中断，恢复起来也比较费时。而且 DBA 必须周期性地转储数据库，这也加重了 DBA 的负担。

随着磁盘容量越来越大，价格越来越便宜，为避免磁盘介质出现故障影响数据库的可用性，许多数据库管理系统提供了冗余磁盘阵列或数据库镜像（Mirror）功能用于数据库恢复。

冗余磁盘阵列（Redundant Array of Independent Disk，RAID）是一种把多块独立的硬盘（物理硬盘）按不同的方式组合起来形成一个硬盘组（逻辑硬盘），从而提供比单个硬盘更高的存储性能和提供数据备份的技术。组成磁盘阵列的不同方式称为RAID级别（RAID Levels）。在用户看来，组成的磁盘组就像一个硬盘，用户可以对它进行分区、格式化等。总之，对磁盘阵列的操作与对单个硬盘一模一样。不同的是，磁盘阵列的存储速度要比单个硬盘高很多，而且可以提供自动数据备份。

RAID技术经过不断的发展，现在已拥有了从RAID 0到RAID 6这7种基本的RAID级别。另外，还有一些基本RAID级别的组合形式，如RAID 13（RAID 0与RAID 1的组合），RAID 50（RAID 0与RAID 5的组合）等。不同RAID级别代表着不同的存储性能、数据安全性和存储成本。最为常用的是RAID 0、RAID 1、RAID 3、RAID 5等几种RAID形式。其中RAID 0代表非冗余，而RAID 1代表磁盘镜像技术。如果不要求可用性，选择RAID 0可以获得最佳性能；如果可用性和性能是重要的而成本不是一个主要因素，则根据硬盘数量选择RAID 1；如果可用性、成本和性能都同样重要，则根据一般的数据传输和硬盘的数量可以选择RAID 3或RAID 5。

磁盘镜像技术常常用于要求高可靠性的数据库系统。数据库以双副本的形式存放在两个独立的磁盘系统中，每个磁盘系统有各自的控制器和CPU，且可以互相自动切换。当写入数据时，数据库系统同时把同样的数据分别写入两个磁盘，数据库管理系统自动保证镜像数据与主数据的一致性。这样，一旦出现介质故障，当一个磁盘中的数据被破坏时，可由镜像磁盘继续提供使用，同时数据库管理系统自动利用镜像磁盘数据进行数据库的恢复，不需要关闭系统和重装数据库副本。当读数据时，则可以任意读其中一个磁盘上的数据。在没有出现故障时，数据库镜像还可以用于并发操作，即当一个用户对数据加排他锁修改数据时，其他用户可以读镜像数据库上的数据，而不必等待该用户释放锁。

由于数据库镜像是通过复制数据实现的，频繁地复制数据自然会降低系统运行效率，因此在实际应用中用户往往只选择对关键数据和日志文件进行镜像，而不是对整个数据库进行镜像。

13.6 Oracle备份与恢复技术

上面我们介绍了恢复技术的一般原理，实际数据库管理系统产品中的恢复策略往往都有自己的特色。下面我们简单介绍一下Oracle的备份与恢复技术，以加深对数据库恢复技术的理解。

Oracle中恢复机制也采用了转储和登记日志文件这两个技术。

Oracle数据库是一个完善的数据库管理系统，为了能够让用户安全放心地使用数据库，Oracle提供了多种备份与恢复技术。用户可以根据实际需要设计实用可靠的备份和恢复方案。

对Oracle数据库而言，数据库备份可分为物理备份（Physical Backups）和逻辑备份（Logical Backups）两种。物理备份就是对数据库的物理文件进行复制，是制定备份和恢复策略主要考虑的问题。逻辑备份则是利用Oracle导出工具存储在一个二进制文件的逻辑数据。针对不同类型的故障，应该使用不同的备份策略。物理备份常用于介质损坏或者文件丢失的情况，而逻辑备份常用于错误执行了数据库操作或者数据库数据丢失的情况。一般来说，采用逻辑备份作为物理备份的补充。

13.6.1　物理备份与恢复

物理备份，就是将组成数据库的文件复制到一个备份存储介质中，以避免物理故障造成的损失。一个 Oracle 数据库的完整备份包括下列文件。

- 全部数据文件。
- 控制文件。
- 联机日志文件。
- 归档日志文件。
- 各种参数配置文件，包括数据库启动参数文件（init.ora）、网络配置文件（tnsnames.ora、listener.ora）、数据库密码文件（pwd<SID>.ora，其中 <SID> 代表相应的 Oracle 数据库系统标识符）等。

在发生物理故障的时候，可用这些备份文件将数据还原，使损失减少到最小。

物理备份可以进一步分为冷备份和热备份。

1. 冷备份

冷备份也叫脱机备份，是指在数据库关闭状态下将所有的数据库文件复制到另一个磁盘或磁带上。

冷备份必须在数据库完全关闭的情况下进行。当数据库不完全关闭或异常关闭时，执行数据库文件系统备份无效。而且，冷备份必须是完全备份，即备份整个数据库的文件。特别需要提出的是，冷备份只能将数据库恢复到“某一时间点上（即开始备份时刻）”。

2. 热备份

热备份也叫联机备份，是指在数据库系统正常运行的状态下进行的数据库备份。这种备份可以是数据库的部分备份，既可以备份数据库的某个表空间或某个数据文件，也可以备份控制文件。要进行热备份，数据库必须处于归档日志状态下。

关于物理备份和恢复，本书不做进一步的详细介绍，读者可参阅相关书籍。要进行快速有效的数据库恢复，必须对 Oracle 数据库的体系结构有所了解。

13.6.2　逻辑备份与恢复

逻辑备份通常是 SQL 语句的集合。这些 SQL 语句用来重新创建数据库对象（数据库、基本表、视图、索引、存储过程、触发器等）和数据库表中的记录。在发生逻辑故障的时候，或者需要对数据库服务器进行迁移或升级的时候，可以执行这些 SQL 语句，使数据库中的数据还原到原来的状态。

逻辑备份和恢复又称导出 / 导入，导出是数据库的逻辑备份，导入是数据库的逻辑恢复。Oracle 逻辑备份和恢复是使用 Oracle 提供的操作系统工具 Export 和 Import 将数据库中的数据导出和导入，可以在命令行下直接键入 exp 和 imp 命令来运行这两个工具。使用 exp 命令将数据库中的数据导出数据库，这些数据的读取与其物理位置无关，导出文件为二进制操作系统文件。使用 imp 命令读取导出文件中的数据，并通过执行几步操作将数据移入另一个数据库中以恢复数据库。

1. exp 命令

使用 exp 命令将数据库中需要备份的数据库对象的定义和相关的数据导出到导出文件中，

以作为备份或者再将此文件导入到其他数据库中。导出数据的读取与其物理位置无关，导出文件为二进制操作系统文件。

导出命令的基本格式如下：

```
exp [username/password@数据库连接符] KEYWORD=(value1, value2, …, valueN)
```

其中，KEYWORD 是导出命令的一些参数名称，value 表示该参数的取值。

使用 exp 命令导出数据时，可以使用一些关键字。系统提供了这些关键字的使用说明。输入命令 exp help=y 会自动显示说明。

exp 命令说明如下。

- 只有拥有 EXP_FULL_DATABASE 权限的用户才能导出全部的数据，或者导出其他用户的数据库对象和数据。
- 所有用户都可以在表和用户模式下导出数据。
- 当 file 参数没有指定绝对路径时，将在当前目录下生成导出文件。

在使用 exp 命令导出数据时，可以根据需要按 3 种不同的方式导出数据，即表模式、用户模式、完全数据库模式。

（1）表模式导出

使用表模式导出数据是导出数据库中特定用户所有的一个或几个指定的表。导出内容包括表结构定义、表数据、表拥有者的授权和索引、表完整性约束条件以及表上的触发器等。

使用表模式导出的关键字为 tables=< 表名 > 或 tables=(< 表名 1>, < 表名 2>, …)。

【例 13.1】 导出 cyb 用户下的 xs 表，导出文件名为 xs.dmp。

方式一：非交互式命令行方式完成数据导出。命令行内容如下：

```
exp cyb/cyb tables=xs file=xs.dmp
```

执行过程及结果如图 13.3 所示。

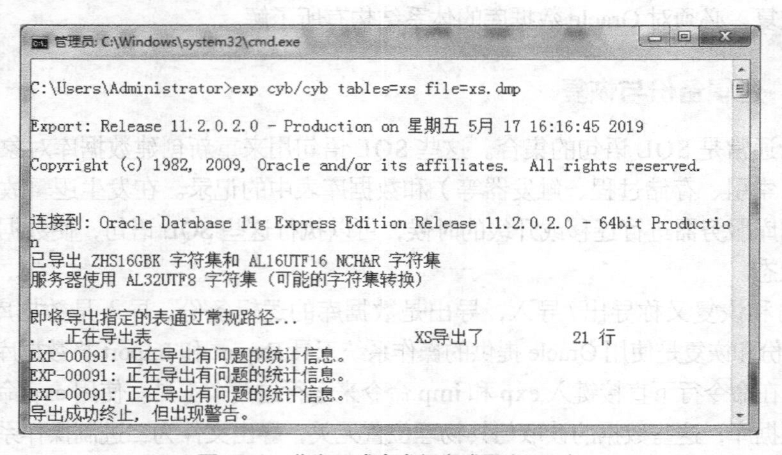

图 13.3 非交互式命令行方式导出 xs 表

另外，还可以用 exp cyb/cyb tables=xs,kc,cj file=xs.dmp 命令一次导出多张数据表。

方式二：交互式命令行方式导出数据，执行过程及结果如图 13.4 所示。

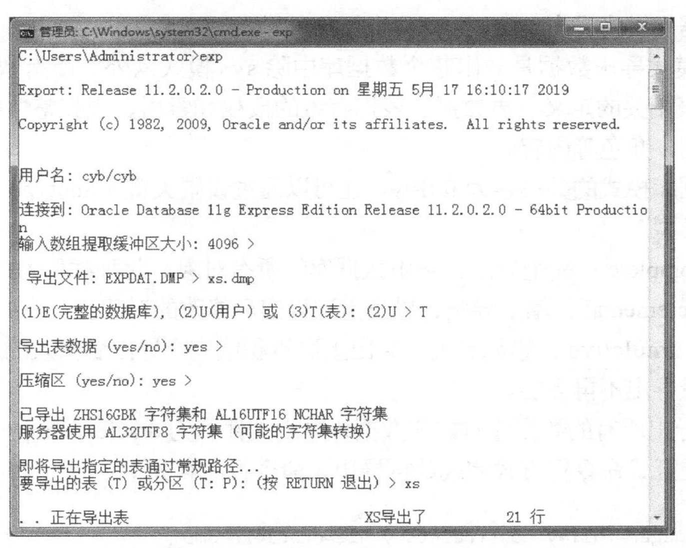

图 13.4 交互式命令行方式导出 xs 表

(2) 用户模式导出

使用用户模式导出数据是导出属于一个或者几个用户的所有数据库对象和数据。导出内容包括该用户下所有表定义、表数据、表拥有者的授权和索引、表完整性约束条件以及表上的触发器等。

使用用户模式的关键字为 owner=<username>。

【例 13.2】 导出 cyb 用户下的数据库对象和数据，导出文件名为 cyb.dmp。

方式一：非交互式命令行方式完成数据导出，命令行内容如下：

```
exp cyb/cyb owner=cyb file=cyb.dmp
```

方式二：交互式命令行方式导出数据，执行过程及结果如图 13.5 所示。

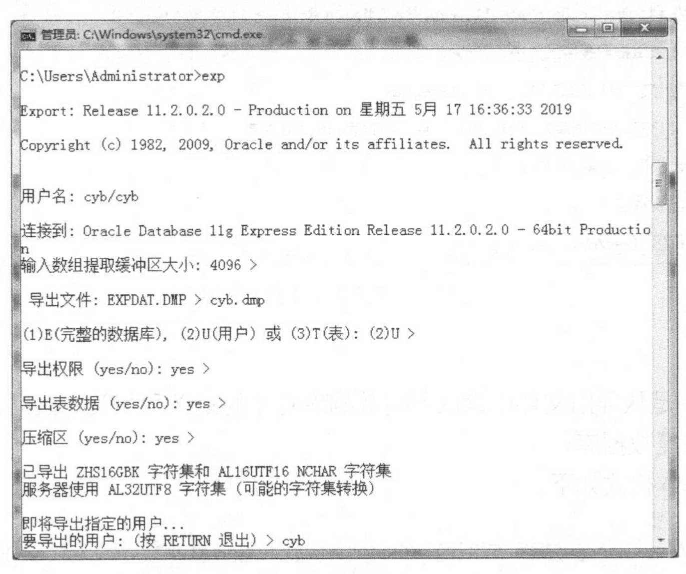

图 13.5 用户模式导出

（3）完全数据库模式导出

完全数据库模式导出数据是导出整个数据库中除 sys 模式以外的所有数据库对象和数据。导出内容包括与表相关的定义、表数据、表拥有者的授权和索引、表完整性约束条件、表触发器等，还有表空间、角色等内容。

使用完全数据库模式的关键字为 full=y。还可以通过设置关键字 inctype 的取值，进一步分为以下 3 种导出类型。

① inctype=Complete：完全导出，导出数据库的所有对象。此种类型为默认设置。

② inctype=Incremental：增量导出，导出上次导出后修改的对象。

③ inctype=Cumulative：累积导出，导出上次累积或完全导出后修改的对象。每次累积导出后，前面的增量导出不再需要。

【例 13.3】 导出所有的数据库对象和数据，导出文件名为 oraclexe.dmp。

方式一：非交互式命令行方式完成数据导出，命令行内容如下：

```
exp system/manager full=y constraints=y file=oraclexe.dmp
```

说明：关键字 constraints=y，保证了表的完整性约束条件也进行相关的输出。

方式二：交互式命令行方式导出数据，执行过程及结果如图 13.6 所示。

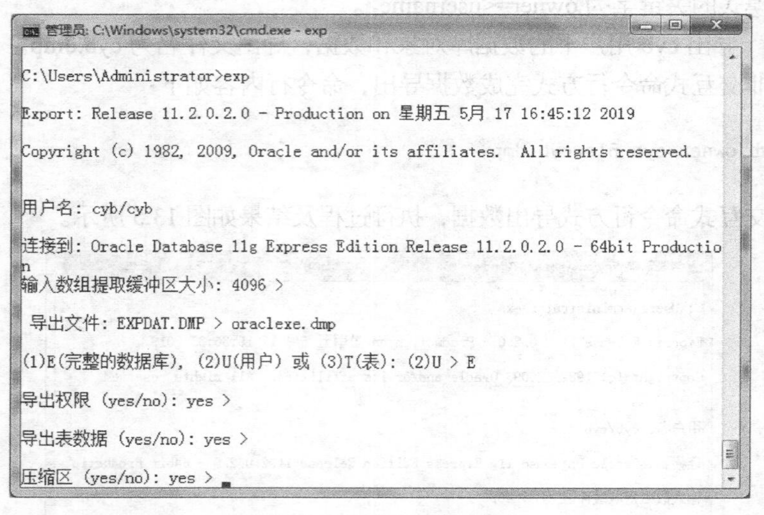

图 13.6　完全数据库模式导出

2. imp 命令

使用 imp 命令是从导出文件中读取所需数据库对象的定义和相关的数据，然后将它们导入到数据库中，以恢复数据库。

导入命令的基本格式如下：

```
imp [username/password@数据库连接符] KEYWORD=(value1, value2, …, valueN)
```

其中，KEYWORD 是导入命令的一些参数名称，value 表示该参数的取值。

使用 imp 命令导入数据时，可以使用一些关键字。系统提供了这些关键字的使用说明。输入命令 imp help=y 会自动显示说明。

imp 命令说明如下。

执行 imp 命令的用户至少必须有 CONNECT 特权，如果执行的是完全导入（full=y），则必须具有 IMP_FULL_DATABASE 特权。

与使用 exp 命令相似，在使用 imp 命令导入数据时，根据需要也有 3 种不同的导入数据方式，即表模式、用户模式、完全数据库模式。

（1）表模式导入

表模式导入数据是对导入文件中的一个或几个指定表的结构和数据进行导入。

表模式的导入并不要求导出文件一定是以表模式导出生成的，只要在导出文件中有该表的定义和相关的数据即可。也就是说，导出时候的模式与导入时候的模式可能不是一个模式，所以需要指定 fromuser 和 touser 参数，它们分别表示导出时模式对应的用户和导入时模式对应的用户。

【例 13.4】 将例 13.2 的导出文件 cyb.dmp 中的 xs 表导入到 hr 用户中。

```
imp system/manager fromuser=cyb touser=hr tables=xs file=cyb.dmp
```

说明： manager 是 system 用户的口令；这里要保证用户 cyb 的 xs 表在 cyb.dmp 备份中，且用户 hr 已经存在。

由于导入和导出模式和方式可能都不一致，而且单纯导入一张表可能会有一些约束关系无法导入到当前的目标环境中，所以导入时可能会出现一些警告信息，可不必在意。

（2）用户模式导入

用户模式导入数据是把某个用户的所有数据库对象和数据都导入到指定的另一个用户下。

【例 13.5】 将例 13.2 的导出文件 test.dmp 中所有数据库对象和数据导入到 hr 用户中。

```
imp system/manager fromuser=cyb touser=hr file=cyb.dmp
```

说明： 这里要保证用户 hr 已经存在。

（3）完全数据库模式导入

对整个数据库的所有数据库对象和数据进行导入。

【例 13.6】 对例 13.3 的导出文件 test.dmp 中所有数据库对象和数据进行导入。

```
imp system/manager full=y file=test.dmp
```

说明： 这里要保证数据库是运行的，且有与原数据库相对应的表空间。

Oracle 的逻辑备份还可以使用 Oracle 企业管理器（Oracle Enterprise Manager，OEM），通过图形化界面中的导出工具和导入工具来完成数据库备份和恢复工作，本书不再做介绍，读者可以参阅 Oracle 书籍。

本章小结

数据库备份与恢复关系到数据库安全。数据库备份就是对数据库中重要的数据和信息进行复制，数据库恢复是指一旦发生故障后，把数据库恢复到故障发生前的正确状态，确保数据不会丢失。

数据库恢复子系统是数据库管理系统的一个重要组成部分，而且相当庞杂。数据库系统所采用的恢复技术是否行之有效，不仅对数据库系统的可靠程度起着决定性作用，而且对数据库系统的运行效率也有着很大影响，是衡量数据库系统性能优劣的重要指标。

数据库恢复的基本原理是重复存储数据库的数据，即“冗余”。建立冗余数据最常用的技术是数据转储和登录日志文件。数据库恢复的基本方法是利用数据转储的后备副本和日志文件。经常性地做数据库备份是 DBA 的重要职责之一。

为加深对数据库恢复技术的理解，本章最后简单介绍了 Oracle 的备份与恢复技术，其中重点介绍了 Oracle 的逻辑备份与恢复技术。

习题13

13.1　选择题

（1）数据库管理系统并发控制和恢复的基本单位是________。

A. 表　　B. 命令　　C. 事务　　D. 程序

（2）若系统在运行过程中，某种硬件故障使存储在外存上的数据部分损失或全部损失，这种情况称为________。

A. 事务故障　　B. 系统故障　　C. 介质故障　　D. 运行故障

（3）系统故障会造成________。

A. 内存数据丢失　　B. 硬盘数据丢失　　C. 软盘数据丢失　　D. 磁带数据丢失

（4）在对数据库进行恢复时，对已经 COMMIT 但更新未写入磁盘的事务执行________操作。

A. REDO　　B. UNDO　　C. ABORT　　D. ROLLBACK

13.2　数据库运行中可能产生哪些类型的故障？哪些故障影响事务的正常执行？哪些故障破坏数据库数据？

13.3　什么是数据库恢复？数据库恢复的基本技术有哪些？

13.4　试述日志先写规则的内容，以及为什么该规则是必要的。

13.5　什么是数据库镜像？数据库镜像的作用有哪些？

实验九　数据备份与恢复

【实验目的】

掌握数据备份与恢复技术。

【实验内容】

（1）在 Oracle 环境中，备份 A 方案中的数据，修改 A 方案中的数据，然后用备份的数据进行恢复。

（2）在 Oracle 环境中，备份 A 方案中的数据，然后把备份的数据复制到 B 方案中。

（3）在 Oracle 环境中，把一台机器上 A 方案中的数据迁移到另一台机器上的 B 方案中。

14 第 14 章　数据库应用系统开发

数据库技术是计算机应用最广泛的技术之一，数据库应用系统的开发是计算机专业人员应该掌握的技能之一。目前数据库应用系统主要有单机数据库应用系统和网络数据库应用系统两种。

单机数据库应用系统是指应用系统与数据库放在一台计算机上进行运行和管理，同一时刻只能有一个用户使用和访问数据库，数据库中的数据不能共享。为了提高数据库系统的安全性和可靠性，并将数据提供给多个用户共享，于是出现了网络数据库应用系统。

网络数据库应用系统是指在计算机网络环境下运行的数据库应用系统。它的数据库分散配置在网络节点上，能够对网络用户提供远程数据访问服务。网络数据库应用系统又分为客户机 / 服务器（Client/Server，C/S）数据库应用系统和基于 Web 方式的浏览器 / 服务器（Browser/Server，B/S）数据库应用系统。

C/S 和 B/S 是当前网络中心计算的两种主要工作模式。C/S 一般被设计成局部的应用，工作在局域网上；而在 Internet 上的 B/S 是工作在全局观念范围的，无平台限制。

目前数据库系统的应用主要以网络版的数据库应用为主流，本章主要以网络数据库应用系统开发为例来介绍数据库应用系统的开发技术。

14.1　数据库应用系统结构

20 世纪 80 年代以来微型计算机和计算机网络飞速发展。由于日益发展的分布式的信息处理需求，计算机网络得到了广泛的应用。传统的大型主机和亚终端系统受到了以微机为主体的微机网络的挑战，规模向下优化和规模私有化已是大势所趋，C/S 计算模式应运而生。

进入 20 世纪 90 年代后，由于信息技术发展和信息量的膨胀，信息的全球化打破了地域界限，Internet 技术以惊人的速度发展，促使 C/S 计算模式向 Internet 迁移，产生了 B/S 工作模式。

网络数据库应用系统可以按照 C/S 模式或 B/S 模式建立，但无论采用哪种模式，数据库都驻留在后台服务器上，通过网络通信为前端用户提供数据库服务。

14.1.1 基于 C/S 模式的数据库系统

C/S 模式是以网络环境为基础，将计算应用有机地分布在多台计算机中的结构。从用户的观点来看，基于 C/S 模式的系统基本由三个部分组成：客户机、服务器以及客户机与服务器之间的连接件，如图 14.1 所示。

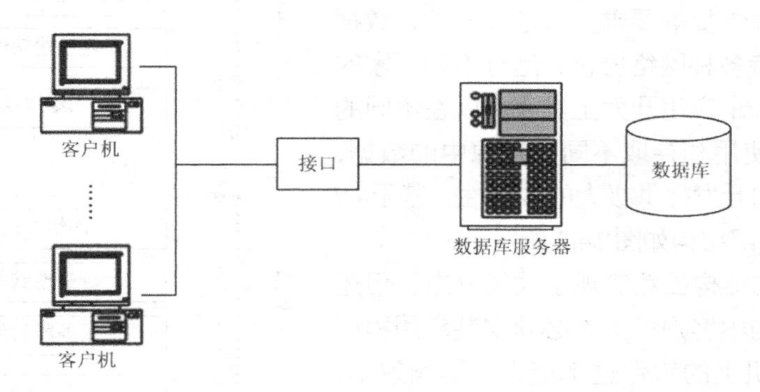

图 14.1　基于 C/S 模式的系统结构

（1）客户机。客户机是一个面向最终用户的接口或应用程序，它向服务器请求数据服务，然后做必要的处理，将结果显示给用户。

（2）服务器。服务器的主要功能是建立进程和网络服务地址，监听用户的调用，处理客户的请求，将结果返回给客户并释放与客户的连接。

（3）连接件。客户机与服务器之间的连接是通过网络连接实现的，对应用系统来说这种连接更多的是一种软件通信工程（如网络协议等）。

在基于 C/S 模式的系统中，客户端应用系统的开发与一般的应用软件系统的开发基本相同，不同的是在系统设计中要考虑客户机与服务器之间的工作量分配原则问题，在实现方面要考虑如何建立和撤销与服务器的连接，如何访问数据库中的数据问题。

客户机可以有自己专用的局部数据库，在客户端需要安装客户端组件，也需要配置数据源。

目前，对应用系统开发还没有一个统一的标准，应当根据实现情况采用适宜的方法与技术。特别是应当考虑应用系统的复杂程度和所要处理的数据量，并且权衡这些因素与网络、服务器的功能。一个有效的做法是在客户机与服务器之间分配工作量；那些局限于本地使用的数据表，应存放在本地数据库中。为了优化远程数据访问，应当遵循以下两个基本原则。

（1）完全在服务器上执行查询，不要直接检索数据并在本地处理。

（2）尽量减少与数据库服务器的连接次数和网上传输的数据量。

应用系统的开发可以采用常规的设计语言，如 C++、Java 和 C# 等，在其中嵌入 SQL 语句，用以存取数据库中的数据，由宿主语言程序对数据进行处理。使用这些工具可以很容易地建立应用系统的功能菜单，建立数据窗口，查询数据，创建查询结果的分析图和报表。所有对数据库的操作都能自动生成 SQL 脚本，极大地减轻了编程的工作量。

C/S 结构是一个开放的体系结构，使得数据库不仅要支持开放性而且要开放系统本身。这种开放性包括用户界面、软硬件平台和网络协议。利用开放性在客户机上提供应用程序接口（Application Programming Interface，API）及网络接口，使用户可按照他们所熟悉的、流行的方式开发客户机应用。在服务器方面，通过对核心关系数据库管理系统的功能调用，使网络接口满足数据完整性、保密性及故障恢复等要求。有了开放性，数据库服务器就能支持多种网络协议，运行不同厂家的开发工具，而某一个应用开发工具也可以在不同的数据库服务器上使用和存取不同数据源中的数据，从而给应用系统的开发提供极大的灵活性。基于 C/S 模式的系统的内部结构如图 14.2 所示。

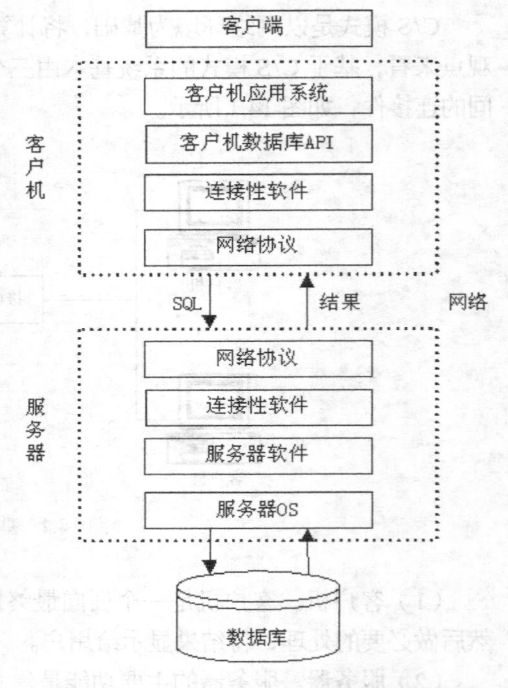

图 14.2　基于 C/S 模式的系统的内部结构

C/S 两层模式结构虽然实现了功能分布，但还不均衡。两层结构中客户机上都必须安装应用程序和工具，使客户机上的软件过于庞大，影响效率。如果连接的客户机数目激增，服务器的性能会因为无法进行负载均衡而大大下降。另外，每一次应用需求变化，都需要对客户机和服务器的应用程序进行修改，给应用的维护和升级造成极大的不便。为了解决上述问题，引入了三层 B/S 结构。

14.1.2　基于 B/S 模式的数据库系统

B/S 结构从本质上讲与传统的 C/S 结构一样，都是用同一种请求和应答方式来执行应用的。但传统的 C/S 结构在客户端集中了大量的应用软件，而 B/S 结构是一种基于超链接（Hyperlink）、超文本标记语言（Hypertext Markup Language，HTML）的三层或多层体系结构，客户端仅需要单一的浏览器软件，通过浏览器即可访问几个应用平台，形成一种一点对几点、多点对多点的结构模式，如图 14.3 所示。

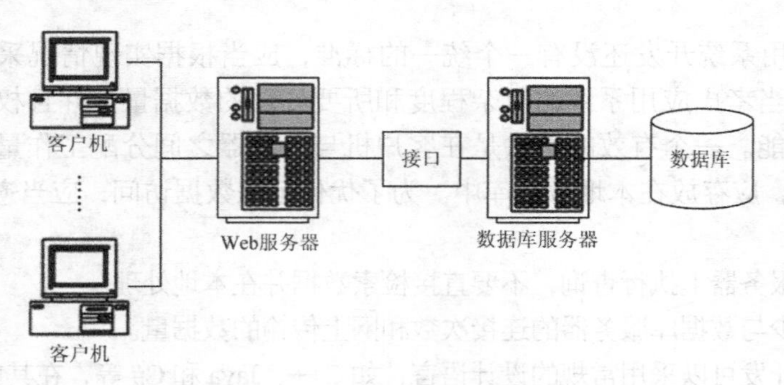

图 14.3　三层 B/S 体系结构

在三层 B/S 结构中，表示层存在于客户端，只需安装一个 Web 浏览器软件（如 Internet Explorer 或 Navigator）。Web 服务器的主要功能如下。

（1）作为一个 HTTP 服务器，处理 HTTP 协议，接受请求并按照 HTTP 格式生成响应。

（2）执行服务器端脚本，如 VBScript、JavaScript 等。

（3）对于数据库应用，能够创建、读、修改、删除视图实例。

（4）Web 服务器通过对象中间件技术（Java、DCOM、CORBA 等），在网络上寻找对象应用程序，完成对象之间的通信。

数据层存在于数据库服务器上，安装数据库管理系统，提供 SQL 处理、数据库管理等服务。Web 服务器与数据库服务器的接口方式有 ODBC、OLE/DB、ADO、JDBC、Native Call 等。

基于 B/S 模式的系统有简单式、交互式和分布式三种工作方式。

1. 简单式

简单式即基于浏览器的 B/S 模式，利用 HTML 页面在用户的计算机上表示信息。在静态网页中，Web 浏览器需要一个 HTML 页时，提交一个 URL 地址到 Web 服务器。Web 服务器从 Internet 上检索到所需的本地或远程网页，并将所需网页返回到 Web 浏览器上。Web 浏览器显示由 HTML 写成的文档、图片、声音或图像，而 Web 服务器则是将 Web 页发送到浏览器的具有特殊目的的文件服务器。浏览器打开一个和服务器的连接，服务器返回页面结果并关闭连接。

2. 交互式

在交互式工作方式中，浏览器显示的不只是静态的和服务器端传送来的被动的页面信息。在打开与服务器的连接及传输数据以前，HTML 页面显示供用户输入的表单、文本域、按钮，通过这些内容与用户交互。HTTP 服务器将用户输入的信息传递给客户服务器程序或脚本进行处理，Web 服务器再从数据库管理系统服务器中检索数据，然后把结果组成新页面返回给浏览器，最后中断浏览器和服务器的本次连接。这个模型允许用户从各种后端服务器中请求信息。

从被访问的数据来看，该模型所访问的数据往往是只读的，如帮助文件、文档、用户信息等。这些非核心数据一般没有处理功能，它们总是处在低访问率上。这种模型已是一个三层结构了，浏览器通过中间层软件 CGI 间接操作服务器程序，CGI 与服务器端的数据库互相沟通，再将查询结果传送到客户端，而不是一味地将服务器端的数据全部接收过来。当然，这个三层结构还是相当粗糙的。

3. 分布式

分布式模型将目前已有的设施与分布式数据源结合起来，最终会代替真正开放的 C/S 应用程序。它无须下载 HTML 页面，客户程序是由可下载的 Java 编写的，并可以在任何支持 Java 的浏览器上执行小应用程序（Applet）。当 HTTP 服务器将含有 Java Applet 的页面下载到浏览器时，Applet 在浏览器中运行，并通过构件（Component）支持的通信协议（IIOP，DCOM）与传输服务器上的小服务程序（Servlet）通信会话。这些 Servlet 按构件的概念撰写，它收到信息后，经过 JDBC、ODBC 或本地方法向数据库服务器发出请求，数据库服务器接到命令后，再将结果传送给 Servlet，最后将结果送至浏览器显示出来。可以看出，这里已出现了一个比较明晰的中间层，客户端的应用程序已分为两层：GUI 界面（Applet）和中间层软件。

如果某个数据库应用超过三个独立的代码层，则称为 *N* 层结构。在三层结构的基础上，可以在每层之间加入一个或者多个服务层，形成 *N* 层结构，如图 14.4 所示。

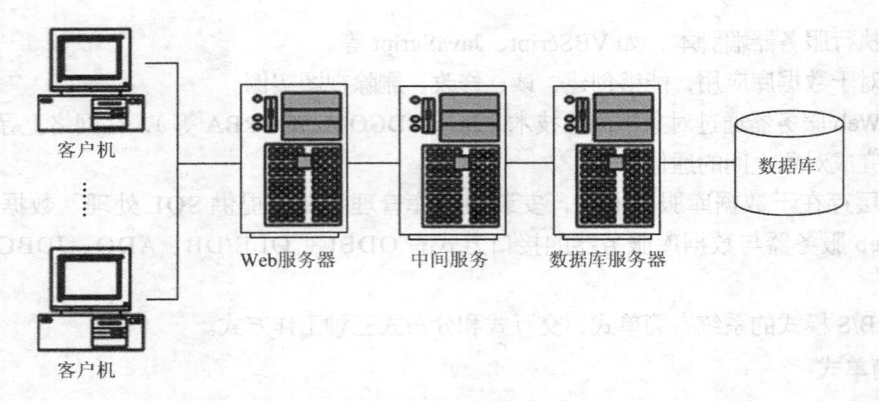

图 14.4 *N* 层体系结构

14.1.3 B/S 模式与 C/S 模式的比较

传统的基于 C/S 模式的管理信息系统经过十几年的发展，已得到广泛的应用，它为企业管理信息系统的共享集成和分布式应用做出了巨大贡献。但是传统的 C/S 结构存在许多缺点，如安装、升级、维护困难；使用不方便，培训费用高；软件建设周期长，适应性差；系统生命周期短，移植性差；系统建设质量难以保证。

B/S 模式与 C/S 模式相比有许多优点。

（1）B/S 是一种瘦客户机模式，客户端软件仅需安装浏览器，应用界面单一，客户端硬件配置要求较低。

（2）B/S 模式系统具有统一的浏览器客户端软件，易于管理和维护。在 C/S 模式中，操作人员必须熟悉不同的界面，为此要对操作员进行大量培训，而在 B/S 模式中，因客户端浏览器的人机界面风格单一，系统的开发和维护工作变得简单易行，有利于提高效率，不仅节省了开发和维护客户端软件的时间与精力，而且方便了用户的使用。客户端的数量几乎不受限制，具有极大的可扩展性。

（3）无须开发客户端软件，浏览器软件很容易从网上下载或升级。

（4）B/S 应用的开发效率高，开发周期短，见效快。其版本更新只需集中在服务器端代码。

（5）平台无关性。B/S 模式系统具有极强的伸缩性，可以透明地跨越网络、计算机平台，无缝地联合使用数据库、超文本、多媒体等多种形式的信息，可以选择不同厂家提供的设备和服务。

（6）开放性。B/S 模式采用公开的标准和协议，系统资源的冗余度小，可扩充性良好。

14.2 数据库访问接口方式

每个数据库引擎都带有自己的用于访问数据库的 API 函数的动态链接库（Dynamic Link Library，DLL），应用程序可以利用它存取和操纵数据库中的数据。如果应用程序直接调用这些动态链接库，我们就说它执行的是“固有调用”，固有调用接口的优点是执行效率高，由于是“固有”，编程实现较简单，但它的缺点也是很严重的，即不具有通用性。对于不同的数据库引擎，应用程序必须连接和调用不同的专用的动态链接库，这对网络数据库系统的应用是极不方便的。用户一般不采用这种方式，通常采用ODBC、OLE DB、ADO(或ADO.NET)和JDBC等方式。

14.2.1 ODBC

开放数据库连接（Open Database Connectivity，ODBC）是 Microsoft 公司提出的应用程序通用编程接口标准，用于对数据库的访问。

ODBC 实际上是一个数据库访问函数库，可以使应用程序直接操作数据库中的数据。ODBC 是基于 SQL 的，是一种在 SQL 和应用界面之间的标准接口，它解决了嵌入式 SQL 接口非规范核心以及应用软件随数据库的改变而改变的麻烦。ODBC 的一个最显著的优点是，用它生成的程序与数据库或数据库引擎无关，为数据库用户和开发人员屏蔽了异构环境的复杂性，提供了数据库访问的统一接口，为应用程序实现与平台的无关性和可移植性提供了基础，因而 ODBC 获得了广泛的支持和应用。

ODBC 的结构如图 14.5 所示，它由 4 个主要成分构成：应用程序、驱动程序管理器、驱动程序、数据源。

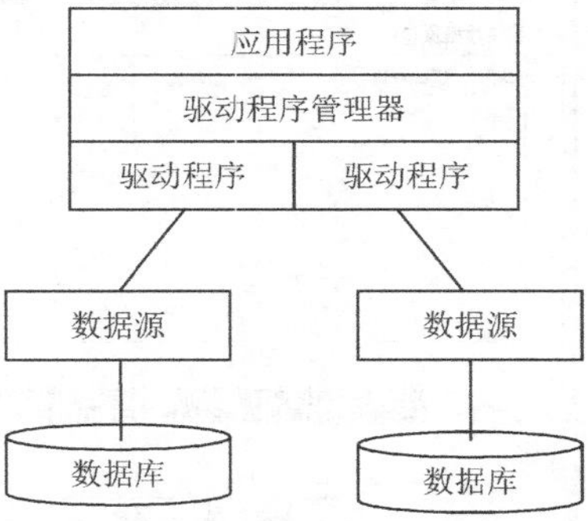

图 14.5　ODBC 结构示意图

1. 应用程序

应用程序（Application）执行处理并调用 ODBC 函数，其主要任务如下。

- 连接数据库。
- 提交 SQL 语句给数据库。
- 检索结果并处理错误。
- 提交或者回滚 SQL 语句的事务。
- 与数据库断开连接。

2. 驱动程序管理器

每种数据库引擎都需要向 ODBC 驱动程序管理器（Driver Manager）注册它自己的 ODBC 驱动程序，这种驱动程序对于不同的数据库引擎是不同的。ODBC 驱动程序管理器能将与 ODBC 兼容的 SQL 请求从应用程序传给驱动程序，随后由驱动程序把对数据库的操作翻译成相应数据库引擎所提供的固有调用，对数据库实现访问操作。

3. 驱动程序

ODBC 通过驱动程序提供数据库独立性。驱动程序是一个用于支持 ODBC 函数调用的模块，应用程序调用驱动程序所支持的函数来操作数据库。若想使应用程序操作不同类型的数据库，就要动态连接到不同的驱动程序上。ODBC 驱动程序处理 ODBC 函数调用，将应用程序的 SQL 请求提交给指定的数据源，接收由数据源返回的结果，传回给应用程序。

4. 数据源

数据源是用户、应用程序要访问的数据文件或数据库，以及访问它们需要的有关信息。它定义了数据库服务器名称、登录名称和口令等选项。

在基于 C/S 模式的数据库应用系统中，ODBC 标准使得不同的数据源可以提供统一的数据访问界面。客户应用通过 ODBC 接口以实现对于不同数据源的访问。

5. ODBC 的数据源配置

ODBC 的数据源配置可通过 ODBC 数据源管理器来进行，在 Windows 7 中添加 ODBC 数据源的方法如下。

（1）运行 C:\Windows\system32\odbcad32.exe，打开 ODBC 数据源管理器，如图 14.6 所示。ODBC 数据源管理器提供了三种数据源名称（Data Sourse Name，DSN），分别是用户 DSN、系统 DSN 和文件 DSN。这三种 DSN 的区别如下。

- 用户 DSN。这些数据源对计算机来说是本地的，并且只能被当前用户访问。
- 系统 DSN。这些数据源对于计算机来说是本地的，但并不是用户专用的，任何具有权限的用户都可以访问系统 DSN。
- 文件 DSN。这些数据源不必是用户专用的或对计算机来说是本地的。

（2）选择系统 DSN，单击“添加 (D)...”按钮，弹出“创建新数据源”对话框，如图 14.7 所示。选择数据源使用的驱动程序名称，如 Oracle in XE。

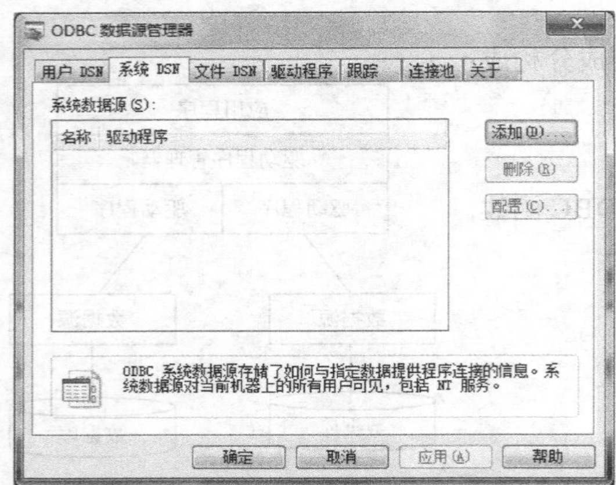

图 14.6 ODBC 数据源管理器

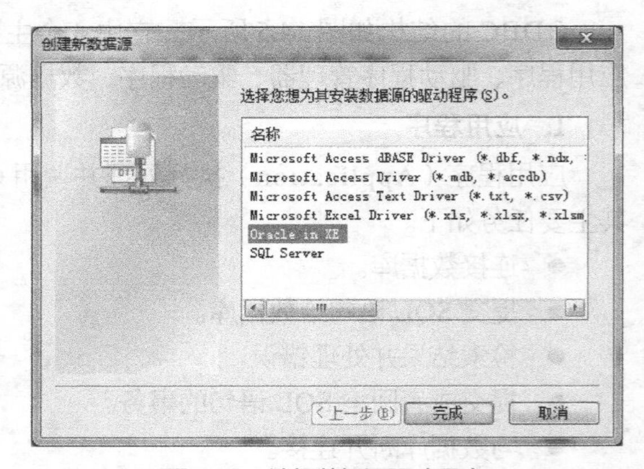

图 14.7 选择数据源驱动程序

（3）单击“完成”按钮，在弹出对话框中输入数据源名及服务器名，如图 14.8 所示。在 Data Source Name 中输入数据源名“OracleDSN”，在 TNS Service Name 中输入数据库名“XE”，在 User ID 中输入用户名“cyb”。

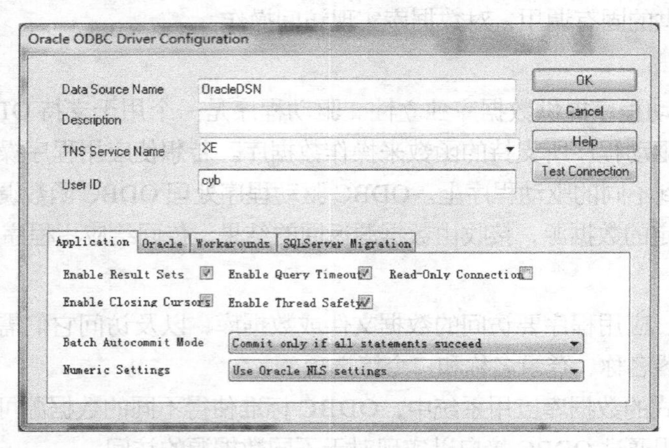

图 14.8 输入数据源名和服务器名

（4）单击“Test Connectoin”按钮，在弹出对话框中输入用户口令，如图 14.9 所示。

（5）单击“OK”按钮，弹出对话框中显示连接成功即可，如图 14.10 所示。

图 14.9 输入用户名和密码

图 14.10 测试连接

14.2.2 ADO 和 ADO.NET

ActiveX 数据对象（ActiveX Data Objects，ADO）构建于 OLE DB API 之上，提供一种面向对象的、与语言无关的应用程序编程接口。ADO 的应用场合非常广泛，而且支持多种程序设计语言，兼容所有的数据库系统，从桌面数据库到网络数据库等，ADO 都提供相同的处理方法。

ADO 支持开发 C/S 和 B/S 应用程序的主要功能如下。

（1）独立创建对象。使用 ADO 不再需要浏览整个层次结构来创建对象，因为大多数的 ADO 对象可以独立创建。这个功能允许用户只创建和跟踪需要的对象，这样，ADO 对象的数目较少，所以工作集也更小。

（2）成批更新。先将对数据的更改放在本地缓存，然后在一次更新中把它们全部写到服务器。

（3）支持带参数和返回值的存储过程。

（4）不同的游标类型。包括对 SQL Server 和 Oracle 这样的数据库后端特定游标的支持。

（5）可以限制返回行的数目和其他查询目标来进一步调整性能。

（6）支持从存储过程或批处理语句返回的多个记录集。

随着应用程序开发模式的发展和演变，新的应用程序模型要求具有越来越松散的耦合。ADO.NET 对 ADO 进行了大量的改进，它提供了平台互操作性和可伸缩的数据访问功能。在 .NET 框架中，传送数据采用可扩展标记语言（Extensible Markup Language，XML）格式，因此任何能够读取 XML 格式的应用程序都可以进行数据处理。

相对于 ADO 来说，ADO.NET 更适合于分布式及 Internet 等大型应用程序环境。在数据传送方面，ADO.NET 更主要提供对结构化数据的访问能力，而 ADO 则只强调完成各个数据源之间的数据传送功能。另外，ADO.NET 集成了大量用于数据库处理的类，这些类代表了那些具有典型数据库功能（索引、视图、排序等）的容器对象，而 ADO 则主要以数据库为中心，它不像 ADO.NET 那样能构成一个完整的结构。在 ADO.NET 中使用了 ADO 中的某些对象，如 Connection 对象和 Command 对象，也引入了一些新的对象，如 DataSet 对象、DataAdapter 对象和 DataReader 对象等。

ADO.NET 和 .NET 框架中的 XML 类集中于 DataSet 对象。无论 DataSet 是文件还是 XML 流，它都可以使用来自 XML 源的数据来进行填充。无论 DataSet 中数据的数据源是什么，DataSet 都可以写为 XML，并且将其架构包含为 XML 架构定义语言（XSD）架构。由于 DataSet 固有的序列化格式为 XML，它是在层间移动数据的优良媒介，因此 DataSet 成为以远程方式向 XML Web Services 发送数据和架构上下文以及从 XML Web Services 接收数据和架构上下文的最佳选择。

14.2.3 JDBC

Java 数据库连接（Java Data base Connectivity，JDBC）是一种用于执行 SQL 语句的 Java API，可以为多种关系数据库提供统一访问，它由一组用 Java 语言编写的类和接口组成。JDBC 提供了一种基准，据此可以构建更高级的工具和接口，使数据库开发人员能够编写数据库应用程序。

安装好数据库之后，应用程序不能直接使用数据库，必须通过相应的数据库驱动程序去和数据库打交道，其实就是由数据库厂商提供的 JDBC 接口实现。

JDBC 结构如图 14.11 所示。

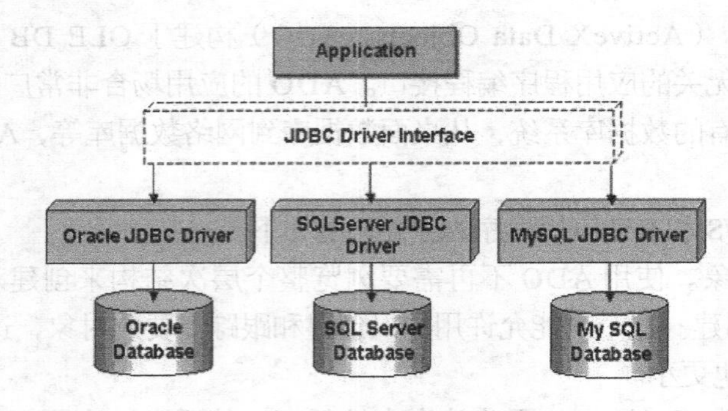

图 14.11 JDBC 结构模型

JDBC 的常用接口如下。

1. Driver 接口

Driver 接口的实现类由数据库厂家提供，用以驱动自己的数据库。作为 Java 开发人员，只需要使用 Driver 接口就可以了。在编程中要连接数据库，必须先装载特定厂商的数据库驱动程序，不同的数据库有不同的装载方法。常见数据库的装载方法如下。

（1）装载 MySQL 驱动：

```
Class.forName("com.mysql.jdbc.Driver");
```

（2）装载 Oracle 驱动：

```
Class.forName("oracle.jdbc.OracleDriver");
```

（3）装载 SQL Server 驱动：

```
Class.forName("com.microsoft.sqlserver.jdbc.SQLServerDriver");
```

2. Connection 接口

Connection 接口与特定数据库的连接（会话）在连接上下文中执行 SQL 语句并返回结果。DriverManager.getConnection(url, user, password) 方法建立在 JDBC URL 中定义的数据库

Connection 连接上。常见数据库的连接方法如下。

（1）连接 MySQL 数据库：

```
Connection conn = DriverManager.getConnection("jdbc:mysql://host:port/database", "user",
"password");
```

（2）连接 Oracle 数据库：

```
Connection conn = DriverManager.getConnection("jdbc:oracle:thin:@host:port:database", "user",
"password");
```

（3）连接 SQL Server 数据库：

```
Connection conn = DriverManager.getConnection("jdbc:microsoft:sqlserver://host:port; DatabaseName=
database", "user", "password");
```

Connection 接口的常用方法如下。

（1）createStatement()：创建向数据库发送 SQL 语句的 Statement 对象。

（2）prepareStatement(sql)：创建向数据库发送预编译 SQL 语句的 PrepareSatement 对象。

（3）prepareCall(sql)：创建执行存储过程的 callableStatement 对象。

（4）setAutoCommit(boolean autoCommit)：设置事务是否自动提交。

（5）commit()：在链接上提交事务。

（6）rollback()：在此链接上回滚事务。

3. Statement 接口

Statement 接口用于执行静态 SQL 语句并返回它所生成结果的对象，有如下 3 种 Statement 类。

（1）Statement：由 createStatement() 创建，用于发送简单的 SQL 语句（不带参数）。

（2）PreparedStatement：继承自 Statement 接口，由 prepareStatement() 创建，用于发送含有一个或多个参数的 SQL 语句。PreparedStatement 对象比 Statement 对象的效率更高，并且可以防止 SQL 注入，所以我们一般都使用 PreparedStatement 对象。

（3）CallableStatement：继承自 PreparedStatement 接口，由 prepareCall() 创建，用于调用存储过程。

常用的 Statement 方法有如下几种。

（1）execute(String sql)：运行 SQL 语句，返回是否有结果集。

（2）executeQuery(String sql)：运行 SELECT 语句，返回 ResultSet 结果集。

（3）executeUpdate(String sql)：运行 INSERT/UPDATE/DELETE 语句，返回更新的行数。

（4）addBatch(String sql)：把多条 SQL 语句放到一个批处理中。

（5）executeBatch()：向数据库发送一批 SQL 语句执行。

4. ResultSet 接口

ResultSet 接口提供检索不同类型字段的方法，常用的有以下几个方法。

（1）getString(int index)、getString(String columnName)：获得在数据库里 varchar、char 等类型的数据对象。

（2）getFloat(int index)、getFloat(String columnName)：获得在数据库里 Float 类型的数据对象。

（3）getDate(int index)、getDate(String columnName)：获得在数据库里 Date 类型的数据。

（4）getBoolean(int index)、getBoolean(String columnName)：获得在数据库里 Boolean 类型的数据。

（5）getObject(int index)、getObject(String columnName)：获取在数据库里任意类型的数据。

ResultSet 接口还提供了以下几个对结果集进行滚动的方法。

（1）next()：移动到下一行。

（2）Previous()：移动到前一行。

（3）absolute(int row)：移动到指定行。

（4）beforeFirst()：移动到 ResultSet 的最前面。

（5）afterLast()：移动到 ResultSet 的最后面。

14.3 数据库应用开发

Java 编程工具以其诸多优点越来越受到程序开发人员的喜爱，其市场占有率越来越大，下面就以 Java 工具为例，来介绍 JDBC 在数据库应用开发中的关键技术。

14.3.1 数据库应用环境配置

要在应用程序中使用数据库，即要建立应用程序和数据库的连接，前提条件是要准备好各种资源，即进行如下环境配置工作。

（1）下载并安装 JDK，建议安装 JDK 7 以上的版本。

（2）下载并安装数据库。如果计算机上还没有安装所需要的数据库，则必须安装一个数据库。常用的数据库有 SQL Sever、Oracle 和 MySQL 等。

（3）创建一个数据库实例。

（4）下载并安装 Java 开发工具 Eclipse。

（5）下载并安装 jdbc.jar 包。

14.3.2 数据库应用编程

编写数据库应用程序一般包括如下几个步骤。

（1）注册驱动程序。

（2）建立与数据库的连接。

（3）对数据库中的表和表中的数据进行操作。

（4）返回操作结果。

（5）关闭与数据库的连接。

Class 类是负责系统管理的一个类，其中的 forName() 是一个 static 方法。安装数据库的驱动程序只需将驱动程序的名字传递给 Class 类的 forName() 就可以了。例如，安装 JDBC 驱动程序的语句如下：

```
Class.forName("oracle.jdbc.driver.OracleDriver");
```

14.3.3　建立连接

DriverManager 类负责管理 JDBC 驱动程序并建立与数据库的连接。用 Class.forName() 语句完成驱动程序的加载和注册后，就可以用 DriverManager 类来建立 Java 程序和数据库的连接。

DriverManager 类通常使用 getConnection(String url, String user, String password) 方法建立和数据库的连接，其中 url 是要连接数据库的 URL，user 是用户名，password 是用户口令。例如，程序中要和一个数据库建立连接，可以使用如下语句：

```
DriverManager.getConnection(url, user, pwd);
```

其中，url 的格式为 jdbc:oracle:thin:@localhost:1521:xe。jdbc 是协议名，oracle:thin 是子协议名，@localhost 是服务器地址，本机为 localhost，1521 是端口号，xe 是服务器名。

14.3.4　操作数据库

Statement 类负责管理数据库，向数据库发送 SQL 语句，以及返回执行结果。

1. Statement

因为 Statement 只是一个接口，没有构造方法，所以不能直接创建它的实例。但 Connection 接口提供了 createStatement() 方法专门用于创建 Statement 对象，使用方式如下：

```
Statement stmt=con.createStatement();
```

创建 Statement 对象之后，就可以执行 SQL 语句。Statement 接口有 4 个基本的方法可以使用：executeQuery()、executeUpdate()、execute() 和 executeBatch()，具体选用哪种方法要根据执行的 SQL 语句的类型和返回的结果来确定，下面将介绍这 4 个方法的用途和使用方式。

（1）executeQuery()

executeQuery() 用于执行产生单个结果集的 SQL 语句，如 SELECT 语句。executeQuery() 的返回值是一个结果集。executeQuery() 在 Statement 接口中完整的声明如下：

```
ResultSet executeQuery(String sql) throws SQLException;
```

在下面的例子中将使用 executeQuery() 执行一个查询 xs 数据表的 SQL 语句，并将结果集返回显示。

```
public void testDQL(){
  Connection con=null;
  Statement stat=null;
  ResultSet rs=null;
  try {
```

```
        Class.forName("oracle.jdbc.OracleDriver");// 注册驱动
        String arg0="jdbc:oracle:thin:@localhost:1521:xe";
        String arg1="cyb";
        String arg2="cyb";
        con=DriverManager.getConnection(arg0, arg1, arg2);// 获取连接对象
        stat=con.createStatement();// 获取Statement对象
        String sql="select * from xs";
        rs=stat.executeQuery(sql);// 执行SQL语句，返回结果集
        while(rs.next()){
            String sno=rs.getString(1);
            String sname=rs.getString(" sname");
            System.out.println("sno="+sno+" sname="+sname);
        }
    } catch (ClassNotFoundException e) {
        e.printStackTrace();
    } catch (SQLException e) {
        e.printStackTrace();
    }finally{
        if(rs!=null){
            try {
                rs.close();// 关闭对象
            } catch (SQLException e) {
                e.printStackTrace();
            }
        }
        if(stat!=null){
            try {
                stat.close();
            } catch (SQLException e) {
                e.printStackTrace();
            }
        }
        if(con!=null){
            try {
                con.close();
            } catch (SQLException e) {
                e.printStackTrace();
            }
        }
    }

    }
```

注意：在下面的所有实例中，唯一不同的只是 try 块中的内容，因此省略了其他相同的代码部分。

（2）executeUpdate()

executeUpdate() 用于执行 INSERT、UPDATE 或 DELETE 语句以及数据定义语句，如 CREATE TABLE 和 DROP TABLE 等。ExecuteUpdate() 的返回值是一个整数，表示受影响的行数。对于数据定义语句的返回值为零。ExecuteUpdate() 在 Statement 接口中完整的声明如下：

```
int executeUpdate(String sql) throws SQLExecption;
```

在下面的例子中将使用 executeUpdate() 创建 user1 表，并对表中记录进行增、删、改等操作，并显示受影响的行数。

```
try {
    String sql="create table user1(username varchar2(20),pwd varchar2(10))";
    // 创建一个表
    //sql="insert into user1 values('zs2','123')";
    // 插入一条数据
    //sql="update user1 set username='ls' where username='zs2'";
    // 修改一条数据
    //sql=" delete from user1" ;
    // 删除一条数据
    result=stm.executeUpdate(sql);
} catch (SQLException e) {
    e.printStackTrace();
}
```

（3）execute()

execute() 最常用于动态处理未知的 SQL 语句，在这种情况下事先无法得知该 SQL 语句的具体类型及返回值，必须用 execute() 执行。也就是说 execute 方法既可以执行查询语句也可以执行修改语句。

另外，在某些特殊情况下，SQL 语句会返回多个结果集，这种情况下必须使用 execute()。

Execute() 的返回值是一个布尔值，如果执行得到的是结果集，则返回 true，否则返回 false。程序员可以根据返回值调用 getResultSet() 或 getUpdate() 进一步获取实际的执行结果，然后还可以调用 getMoreResults() 转移到下一个执行结果。execute() 在 Statement 接口中完整的声明如下：

```
boolean execute (String sql) throws SQLExecption;
```

在下面的例子中将使用 execute() 更新 xs 表中通信工程系学生的总学分，并显示受影响的行数。另外，显示计算机系学生的信息。

```
    try {
        String sql="update xs set totalcredit=totalcredit+1 where dept='通信工程';  select * from
xs where dept='计算机'";
            boolean isResultSet=stmt.execute(sql); // 使用execute()执行SQL语句
            int count=0;
            while(true)
            {
               if(isResultSet)
             {
               count++;
               ResultSet rs=stmt.getResultSet();
               // 获取结果集
               System.out.println("返回结果集的个数为:"+count);
               while(rs.next())
                {
                       String sno=rs.getString("sno");
                       String sname=rs.getString("sname");
                       String sdept=rs.getString("dept");
                       System.out.println(sno+"  "+sname+"  "+dept);
                }
               rs.close();
            }
            else
            {
               int affectedRowcount=stmt.getUpdateCount();
               System.out.println("返回结果集的个数为:"+count);
               System.out.println("返回结果集的个数为:"+affectedRowcount);
               if(affectedRowcount==-1)break;
            }
            isResultSet=stmt.getMoreResults();
          }
            stmt.close();
         }
```

（4）executeBatch()

executeBatch() 以批处理的形式执行多个更新语句，它们可以是 INSERT、UPDATE 或 DELETE 语句以及 DDL 语句，但不能包含返回结果集的 SQL 语句。executeBatch() 可以将多个更新语句一次发送给数据库，减少调用的次数，因此，可以显著地提高性能。

executeBatch() 可以一次执行多个更新语句，其返回值就相应地是一个更新计数数组。executeBatch() 在 Statement 接口中完整的声明如下：

```
    int[] executeBatch() throws SQLExecption;
```

另外，为了支持批量更新还有如下两个辅助的方法。

① addBatch()：向批处理中加入一个更新语句。

② clearBatch()：清空批处理中的更新语句。

在下面的例子中将使用 executeBatch() 执行一个删除操作和一个插入操作，并显示每条操作受影响的行数。

```
try {
        stmt.addBatch("delete from xs where dept='计算机'");
            // 使用addBatch()添加一个删除语句
             stmt.addBatch("insert into xs values('0012114','孙研','通信工程',1,'99/03/03',50,'
三好学生')");
            // 使用addBatch()添加一个插入语句
            int[] affectedRowCount=stmt.executeBatch();
            for(int i=0;i<affectedRowCount.length;i++)
            {
                System.out.println("第"+(i+1)+"个更新语句影响的数据行数为:"+affectedRowCount[i]);
            }
            stmt.close();
    }
```

2. PreparedStatement

PreparedStatement 是 Statement 的子接口，PreparedStatement 的实例包含已编译的 SQL 语句。由于 PreparedStatement 对象已预编译过，所以其执行速度要快于 Statement 对象。因此，多次执行的 SQL 语句经常创建为 PreparedStatement 对象，以提高效率。

PreparedStatement 也是使用 Connection 接口提供的方法创建其对象的，但由于其对象是预编译的，需要在创建对象的同时指定 SQL 字符串。创建方式如下面代码段所示：

```
PreparedStatement pstmt=con. PrepareStatement("INSERT INTO student VALUES(?, ?, ?)");
```

在上面创建 PreparedStatement 对象时输入的 SQL 字符串参数中可以看到有几个问号（?），这里的问号是 SQL 语句中的占位符，表示 SQL 语句中的可替换参数，也称为 IN 参数，它们在执行之前必须赋值。因此，PreparedStatement 还添加了一系列的方法，用于设置发送给数据库以取代 IN 参数占位符的值。

由于在创建 PreparedStatement 对象时已经指定了 SQL 字符串，因此在使用 executeQurey()、executeUpdate() 和 execute() 这三种方法时不再需要 SQL 语句参数。下面将给出一个使用 PreparedStatement 执行 SQL 语句的完整实例。

```
try {
        PreparedStatement pstmtDelete=con.prepareStatement("delete from xs where sno=?");
        PreparedStatement pstmtSelect=con.prepareStatement("select * from xs where sno=?");
        . PreparedStatement pstmtInsert=con.prepareStatement("insert into xs(sno,sname,dept)
values(?,?,?)");
```

```
        // 创建PreparedStatement语句
        int id=4;
        for(int i=0;i<3;i++,id++)
        {   pstmtSelect.setString(1,"00110"+Integer.toString(id).trim());
            // 使用setXXX()设置IN参数
            ResultSet rs=pstmtSelect.executeQuery();
            while(rs.next())
            {
                System.out.println("学号:"+rs.getString(1)+"姓名:"+rs.getString(2));
            }
            pstmtDelete.setString(1,"00110"+Integer.toString(id).trim());
            pstmtDelete.executeUpdate();
            pstmtInsert.setString(1,"00110"+id);
            pstmtInsert.setString(2,"王林"+id);
            pstmtInsert.setString(3,"计算机");
            pstmtInsert.executeUpdate();
            // 执行PreparedStatement语句
        }
    }
```

3. CallableStatement

CallableStatement 是 PreparedStatement 的子接口，CallableStatement 对象为所有的数据库管理系统提供了一种标准形式调用存储过程的方法。对存储过程的调用是 CallableStatement 对象所含的内容。这种调用是由一种换码语法来写的，有以下两种形式。

（1）带结果参数的存储过程的调用语法如下：

```
{?=call 过程名[(?,?,…)]}
```

（2）不带结果参数的存储过程的调用语法如下：

```
{call 过程名}
```

CallableStatement 也是使用 Connection 接口提供的方法创建其对象的，创建方式如下：

```
CallableStatement cstmt=con.prepareCall("{call 过程名(?,?,…)} ");
```

已知存储过程 pro_selgrade 的内容如下：

```
create or replace PROCEDURE pro_selgrade
(stuno in xs.sno%type,stucno in kc.cno%type, stugrade out cj.grade%type)
is
BEGIN
  select grade into stugrade from cj where sno=stuno and cno=stucno;
exception
```

```
    when no_data_found then
        dbms_output.put_line('数据没找到');
    when others then
        dbms_output.put_line('产生异常');
END;
```

下面给出一个使用 CallableStatement 执行存储过程的完整实例。

```
try {
    String callSql = " {call pro_selgrade(?,?,?)}" ;
    callCmd=con.prepareCall(callSql);
    // 使用prepareCall()创建调用存储过程的对象
    callCmd.setString( 1 , "001101" );
    callCmd.setString( 2 , "101" );
    // 设置输入参数
    callCmd.registerOutParameter( 3 ,Types.INTEGER);
    // 设置输出参数
    callCmd.execute();
    // 执行存储过程
    int grade= callCmd.getInt(3);
    System.out.println(grade);
}
```

14.3.5　处理结果集

使用 Statement 实例执行一个查询 SQL 语句之后会得到一个 ResultSet 对象，通常称之为结果集，它其实就是符合条件的记录集合。在获得结果集之后，通常需要从结果集中检索并显示其中的信息。

1. 使用基本结果集

基本结果集虽然功能有限，却是最常用的一种结果集。对于一般的查询操作，它已经能够满足编程要求。

结果集的类型是由 Statement 对象的创建方式决定的，因为所有的结果集对象都是由 Statement 对象执行查询 SQL 语句或存储过程时返回的。如前面的例子中要返回的结果集都是使用此种方式。

使用基本结果集常用的方法如下。

- boolean next()：将游标移动到下一行，如果游标位于一个有效数据行则返回 true。
- getXXX(int columnIndex)：按列号获得当前行中指定数据列的值。
- getXXX(String columnname)：按列名获得当前行中指定数据列的值。

2. 使用可滚动结果集

当需要在结果集中任意移动游标时，则应该使用可滚动结果集。

（1）创建方式

如果需要执行时返回可滚动结果集，则需用以下三种方法创建 Statement 对象。

- createStatement(int resultSetType, int resultSetconcurrency)。
- prepareStatement(String sql, int resultSetType, int resultSetconcurrency)。
- prepareCall(String sql, int resultSetType, int resultSetconcurrency)。

其中 resultSetType 参数用于指定滚动的类型，resultSetconcurrency 参数用于指定是否可以修改结果集。这两个参数值都使用 ResultSet 中的常量，这些常量的描述如表 14.1 所示。

表 14.1　ResultSet 中用于指定可滚动结果集和可更新结果集的常量

常　量	含义描述
TYPE_FORWARD_ONLY	结果集不可滚动，只能从前向后操作记录
TYPE_SCROLL_INSENSITIVE	结果集可滚动，但当结果集处于打开状态时，对底层数据表中的变化不敏感
TYPE_SCROLL_SENSITIVE	结果集可滚动，但当结果集处于打开状态时，对底层数据表中的变化敏感
CONCUR_READ_ONLY	结果集不可更新，所以能够提供最大可能的并发级别
CONCUR_UPDATABLE	结果集可更新，所以只能提供受限的并发级别

（2）主要方法

可滚动结果集除了具有基本结果集所有的方法外，还提供了多种移动和定位游标的方法，下面分别介绍这些方法。

- boolean previous()：将游标向后移动一行，如果游标位于一个有效数据行则返回 true。
- boolean first()：将游标移动到第一行，如果游标位于一个有效数据行则返回 true。
- boolean last()：将游标移动到最后一行，如果游标位于一个有效数据行则返回 true。
- void beforeFirst()：将游标移动到此 ResultSet 对象的开头，正好位于第一行之前。
- void afterLast()：将游标移动到此 ResultSet 对象的末尾，正好位于最后一行之后。
- boolean absolute(int row)：将游标移动到此 ResultSet 对象的给定行编号。
- boolean relative(int rows)：按相对行数（或正或负）移动游标。

（3）代码实例

以下代码实例将展示可滚动结果集中各种方法的使用。

```
stat=con.createStatement(ResultSet.TYPE_SCROLL_INSENSITIVE,
ResultSet.CONCUR_READ_ONLY);// 设置结果集可滚动
    String sql="select * from xs";
    rs=stat.executeQuery(sql);
    while(rs.next()){
    String sno=rs.getString(1);
    String sname=rs.getString("sname");
    System.out.println("sno="+sno+" sname="+sname);
    }
    rs.first();// 移动结果集游标
```

```
    String sno=rs.getString(1);
    String sname=rs.getString("sname");
    System.out.println("sno="+sno+" sname="+sname);
```

3. 使用可更新结果集

当需要更新结果集中的数据并将这些更新保存到数据库时，使用可更新结果集则有可能大大降低程序员的工作量。

（1）创建方式

如果需要执行时返回可更新结果集，应将创建 Statement 对象的方法中的 resultSetconcurrency 参数设置为 ResultSet.CONCUR_UPDATABLE 常量。

（2）主要方法

可更新结果集增加的方法主要都与结果集中的数据更新相关，下面分别介绍。

- void updateXXX(int columnIndex, XXX x)：按列号修改当前行中指定数据列类型为 XXX 的值 x。
- void updateXXX(int columnName, XXX x)：按列名修改当前行中指定数据列类型为 XXX 的值 x。
- void updateRow()：使用当前数据行的新内容更新底层数据库。
- void insertRow()：将插入行的内容插入数据库中并同时插入底层数据库中。
- void deleteRow()：将当前数据行从结果集中删除并从底层数据库中删除。
- void cancelRowUpdates()：取消使用 updateXXX() 对当前行数据所做的修改，当然在此之前如果调用了 updateRow()，则修改不能取消。
- void moveToInsertRow()：将游标移动到结果集对象的插入行。
- void moveToCurrentRow()：将游标移动到当前行。

（3）代码实例

以下代码实例将展示可更新结果集中方法的使用。

```
stat=con.createStatement(ResultSet.TYPE_SCROLL_INSENSITIVE,
ResultSet.CONCUR_UPDATABLE);
    String sql="select * from xs";
    rs=stat.executeQuery(sql);
    while(rs.next()){
        String sno=rs.getString(1);
        String sname=rs.getString("sname");
        System.out.println("sno="+sno+" sname="+sname);
    }
     rs.first(); // 将游标移动到结果集的第一行
     rs.updateString(1,"000000");
     rs.updateString(2,"李四");
     rs.updateRow();
     rs.moveToInsertRow();// 将游标移动到结果集的插入行
     rs.updateString(1,"001007");
```

```
        rs.updateString(2,"王五2");
        rs.updateString(3,"计算机");
        rs.insertRow();
        rs.last(); // 将游标移动到结果集的最后一行
        rs.deleteRow();
```

14.3.6 数据库的 CRUD 操作

CRUD 是指在做计算处理时的增加（Create）、读取（Retrieve）（重新得到数据，即查询）、更新（Update）和删除（Delete)，主要用于描述软件系统中数据库的基本操作功能。

此处以对用户表 users(username,pwd) 的 CRUD 操作为例来介绍本节的内容。

1. 创建 Users 类

```
public class Users {
private String username;
private String pwd;
public String getUsername() {
    return username;
}
public void setUsername(String username) {
    this.username = username;
}
public String getPwd() {
    return pwd;
}
public void setPwd(String pwd) {
    this.pwd = pwd;
}
}
```

2. 创建 UserDAO 类

```
import java.sql.Connection;
import java.sql.PreparedStatement;
import java.sql.ResultSet;
import java.sql.SQLException;
import java.util.ArrayList;
import java.util.List;
/**
 * 对Users表的CRUD操作
 */
public class UserDAO {
/**
```

```
 * 1 对Users表的C操作
 */
public void addUser(Users u){
    Connection con=null;
    PreparedStatement pstat=null;
    con=JDBCUtils.getConnection();
    try {
        String sql="insert into users(username,pwd) values(?,?)";
        pstat=con.prepareStatement(sql);
        pstat.setString(1, u.getUsername());
        pstat.setString(2, u.getPwd());
        int result=pstat.executeUpdate();
        System.out.println("add result="+result);
    } catch (SQLException e) {
        // TODO Auto-generated catch block
        e.printStackTrace();
    }finally{
        JDBCUtils.closeResource(con, pstat, null);
    }
}
/**
 * 2 对Users表的U操作
 */
public void updateUser(Users u){
    Connection con=null;
    PreparedStatement pstat=null;
    con=JDBCUtils.getConnection();
    try {
        String sql="update users set pwd=? where username=?";
        pstat=con.prepareStatement(sql);
        pstat.setString(1, u.getPwd());
        pstat.setString(2, u.getUsername());
        int result=pstat.executeUpdate();
        System.out.println("update result="+result);
    } catch (SQLException e) {
        // TODO Auto-generated catch block
        e.printStackTrace();
    }finally{
        JDBCUtils.closeResource(con, pstat, null);
    }
}
/**
 *3 对Users表的D操作
```

```
 */
public void delUser(String username){
     Connection con=null;
     PreparedStatement pstat=null;
     con=JDBCUtils.getConnection();
     try {
          String sql="delete from users where username=?";
          pstat=con.prepareStatement(sql);
          pstat.setString(1, username);
          int result=pstat.executeUpdate();
          System.out.println("del result="+result);
     } catch (SQLException e) {
          // TODO Auto-generated catch block
          e.printStackTrace();
     }finally{
          JDBCUtils.closeResource(con, pstat, null);
     }
}
/**
 *4 对Users表的R操作（查询一条记录）
 */
public Users findUser(String username,String pwd){
     Connection con=null;
     PreparedStatement pstat=null;
     ResultSet rs=null;
     Users u=null;
     con=JDBCUtils.getConnection();
     try {
          String sql="select * from users where username=? and pwd=?";
          pstat=con.prepareStatement(sql);
          pstat.setString(1, username);
          pstat.setString(2, pwd);
          rs=pstat.executeQuery();
          if(rs.next()){
               u=new Users();
               u.setUsername(rs.getString("username"));
               u.setPwd(rs.getString("pwd"));
          }

     } catch (SQLException e) {
          // TODO Auto-generated catch block
          e.printStackTrace();
     }finally{
```

```
            JDBCUtils.closeResource(con, pstat, rs);
        }
      return u;
    }
    /**
     *5 对Users表的R操作（查询所有记录）
     */
    public List<Users> findAllUsers(){
        Connection con=null;
        PreparedStatement pstat=null;
        ResultSet rs=null;
        List<Users> list=null;
        Users u=null;
        con=JDBCUtils.getConnection();
        try {
            String sql="select * from users ";
            pstat=con.prepareStatement(sql);
            rs=pstat.executeQuery();
            list=new ArrayList();
            while(rs.next()){
                u=new Users();
                u.setUsername(rs.getString("username"));
                u.setPwd(rs.getString("pwd"));
                list.add(u);
            }

        } catch (SQLException e) {
            // TODO Auto-generated catch block
            e.printStackTrace();
        }finally{
            JDBCUtils.closeResource(con, pstat, rs);
        }
        return list;
    }
    }
```

14.3.7　安装 WindowBuilder

WindowBuilder 是一款可视化的用户界面设计工具，使用非常方便，具体安装步骤如下。

（1）查看 Eclipse 版本号，在 Eclipse 中单击 Help → About Eclipse 菜单项，在弹出的“About Eclipse”对话框中就会看到版本号，如图 14.12 所示。

（2）进入 WindowBuilder 的官网，找到相应的版本并单击 Update Site 栏相应的链接进入相关网页，如图 14.13 所示。

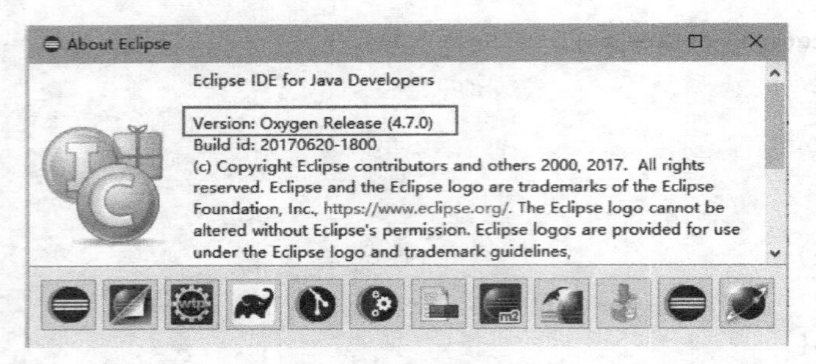

图 14.12　查看 Eclipse 版本号

Update Sites

	Download	
Version	Update Site	Zipped Update Site
Latest (1.9.2)	link	link
Last Good Build	link	link
Gerrit	link	link
1.9.2 (Permanent)	link	link
1.9.1 (Permanent)	link	link
1.9.0 (Permanent)	link	link
Archives	link	

图 14.13　Update Sites 选择

（3）把网页的 URL 复制到 Install 界面的“Work with”文本框中，如图 14.14 所示。

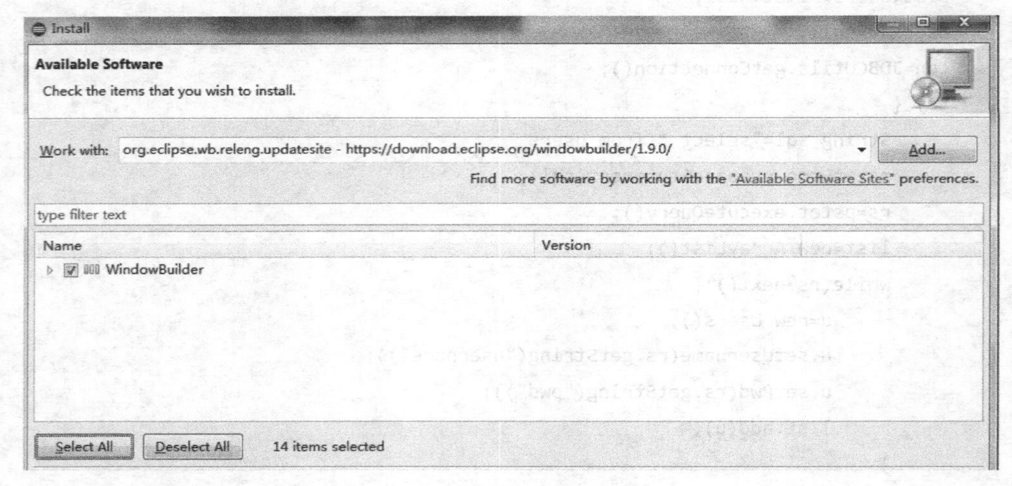

图 14.14　Install 界面

（4）选择 WindowBuilder 进行安装即可。

本章小结

本章首先介绍了网络环境下数据库应用系统的两种主要形式：C/S 系统与 B/S 系统，随着 Internet 的迅速发展，B/S 系统获得了日益广泛的应用。

接着介绍了常用的数据访问接口：ODBC、ADO、ADO.NET 和 JDBC 等。ODBC 屏蔽了异构环境的复杂性，提供了数据库访问的统一接口，为应用程序实现与平台的无关性和可移植性提供了基础。ADO 技术则是一种良好的解决方案，提供一种面向对象的、与语言无关的应用程序编程接口。ADO.NET 对 ADO 进行了大量的改进，它提供了平台互操作性和可伸缩的数据访问功能。JDBC 则为单一的 Java 语言的数据库接口。

最后介绍了数据库应用系统开发的步骤和过程。以 Java 编程工具为例介绍了 Java 通过 JDBC 技术连接数据库，并通过各种对象实现对数据的 CRUD 操作的方法。

习题14

14.1　选择题

（1）下列应用软件，属于 B/S 结构的是________。

A. QQ　　B. 微信　　C. 政府门户网站　　D. 360 杀毒软件

（2）JDBC 中通常使用________类或子类对象来执行 SQL 语句。

A. Driver　　B. Connection　　C. Statement　　D. ResultSet

（3）CRUD 操作中 R 通常是指________操作。

A. 增加　　B. 修改　　C. 删除　　D. 查询

（4）执行数据库的存储过程要用到 JDBC 中________类对象。

A. Statement　　B. PreparedStatement　　C. CallableStatement　　D. Connection

14.2　简要说明 ODBC 的工作原理。

14.3　简要说明 ADO 和 ADO.NET 的区别。

14.4　编写数据库应用程序一般包括哪几个步骤?

14.5　Statement 对象用于执行 SQL 语句的方法有哪些？它们分别在哪种情况下使用?

15 第15章 数据库技术的发展

数据库技术从产生到现在仅仅几十年的历史，但其发展速度之快，使用范围之广是其他技术所远远不及的。数据库系统已从第一代的网状、层次数据库系统，第二代的关系数据库系统，发展到第三代以面向对象模型为主要特征的数据库系统。

当今数据库系统是个大家族，数据模型丰富多彩，新技术层出不穷，应用领域日益广泛。

15.1 数据库发展的三个阶段

按照数据模型的演变进展，数据库技术可以相应地分为三个发展阶段。

层次数据库系统和网状数据库系统的数据模型虽然分别为层次模型和网状模型，但实质上层次模型是网状模型的特例，都是格式化模型。层次数据库系统和网状数据库系统从体系结构、数据库语言到数据存储管理方面均具有共同特征，是第一代数据库系统。

关系数据库系统支持关系模型。关系模型不仅简单、清晰，而且有关系代数作为语言模型，有关系数据理论作为理论基础。因此，关系数据库系统具有形式基础好、数据独立性强、数据库语言非过程化等特色，标志着数据库技术发展到了第二代。

第一和第二代数据库系统的数据模型虽然描述了现实世界数据的结构和一些重要的联系，但是仍不能捕捉和表达数据对象所具有的丰富而重要的语义，因此尚只能属于语法模型。第三代数据库系统以更加丰富的数据模型和更强大的数据管理功能为特征，从而满足传统数据库系统难以支持的新的应用要求。

1. 第一代数据库系统

第一代数据库系统指层次和网状数据库系统，下面两个系统是其代表。

（1）1969年IBM公司研制的层次模型的数据库管理系统（Information Management System，IMS）。

（2）美国的数据库任务组（Data Base Task Group，DBTG）对数据库方法进行了系统的研究、探讨，于 20 世纪 60 年代末 70 年代初提出 DBTG 报告。DBTG 报告确定并建立了数据库系统的许多概念、方法和技术。DBTG 所提议的方法是基于网状结构的。它是数据库网状模型的典型代表。

2. 第二代数据库系统——关系数据库系统

支持关系数据模型的关系数据库系统是第二代数据库系统。

关系数据库是以关系模型为基础的。关系模型建立在严格的数学概念基础上，概念简单、清晰，易于用户理解和使用，大大简化了用户的工作。正因为如此，关系模型提出以后，迅速发展，并在实际的商用数据库产品中得到广泛应用，成为深受广大用户欢迎的数据模型。

3. 第三代数据库系统

新一代数据库技术的发展导致了众多不同于第一、二代数据库系统的诞生，构成了当今数据库系统的大家族。这些新的数据库系统无论是基于扩展关系数据模型、还是面向对象（Object Orientecl，OO）模型的；是分布式、C/S 还是混合式体系结构的；是在对称多处理（Symmetric Mucti Processing，SMP）还是在大规模并行处理（Massively Parallel Processing，MPP）并行机上运行的并行数据库系统；是用于某一领域（如工程、统计、地理信息系统）的工程数据库、统计数据库、空间数据库等，都可以被称为第三代数据库系统。

第三代数据库系统应具有以下 3 个基本特征。

（1）除提供传统的数据管理服务外，第三代数据库系统将支持更加丰富的对象结构和规则，应该集数据管理、对象管理和知识管理为一体。由此可以看出，第三代数据库系统必须支持面向对象数据模型。第三代数据库系统不像第二代关系数据库那样有一个统一的关系模型。但是，有一点应该是统一的，即无论该数据库系统支持何种复杂的、非传统的数据模型，它应该具有面向对象模型的基本特征。

（2）第三代数据库系统必须保持或继承第二代数据库系统已有的技术。保持第二代数据库系统非过程化数据存取方式和数据独立性，不仅能很好地支持对象管理和规则管理，而且能更好地支持原有的数据管理，支持多数用户需要的即时查询等。

（3）第三代数据库系统必须对其他系统开放。数据库系统的开放性表现为：支持数据库语言标准；在网络上支持标准网络协议；系统具有良好的可移植性、可连接性、可扩展性和可互操作性等。

15.2 数据模型的发展

数据库的发展集中表现在数据模型的发展上。从最初的层次、网状数据模型发展到关系数据模型，数据库技术产生了巨大的飞跃。关系模型的提出是数据库发展史上具有划时代意义的重大事件。关系理论研究和关系数据库管理系统研制的巨大成功进一步促进了关系数据库的发展，使关系数据模型成为具有统治地位的数据模型。

随着数据库应用领域的扩展以及数据对象变得多样化，传统的关系数据模型开始暴露出许多弱点，如对复杂对象的表示能力较差，语义表达能力较弱，缺乏灵活丰富的建模能力，对文本、时间、空间、声音、图像和视频等数据类型的处理能力差等。为此，人们提出并发展了许多新的数据模型。下面介绍继关系模型之后几种重要的数据模型。

1. 面向对象数据模型

面向对象数据模型指将语义数据模型和面向对象程序设计方法结合起来，用面向对象观点来描述现实世界实体（对象）的逻辑组织、对象间限制、联系等的模型。一系列面向对象的核心概念构成了面向对象数据模型（Object Oriented Data Model，OO 模型）的基础，主要包括以下概念。

（1）现实世界中的任何事物都可建模为对象。每个对象具有一个唯一的对象标识。

（2）对象是其状态和行为的封装，其中状态是对象属性值的集合，行为是变更对象状态的方法的集合。

（3）具有相同属性和方法的对象的全体构成了类，类中的对象称为类的实例。

（4）类的属性的定义域也可以是类，从而构成了类的复合。类具有继承性，一个类可以继承另一个类的属性与方法，被继承类和继承类也称为超类和子类。类与类之间的复合与继承关系形成了一个有向无环图，称为类层次。

（5）对象是被封装起来的，它的状态和行为在对象外部不可见，从外部只能通过对象显式定义的消息传递对对象进行操作。

面向对象数据库（Object Oriented Database，OODB）的研究始于 20 世纪 80 年代，有许多面向对象数据库的产品相继问世，较著名的有 Object Store、O2、ONTOS 等。与传统数据库一样，面向对象数据库系统对数据的操纵包括数据查询、增加、删除、修改等，也具有并发控制、故障恢复、存储管理等完整的功能。OODB 不仅能支持传统数据库应用，也能支持非传统领域的应用，包括 CAD/CA、OA、CIMS、GIS 以及图形、图像等多媒体领域、工程领域和数据集成等领域的应用。

尽管如此，由于面向对象数据库操作语言过于复杂，没有得到广大用户，特别是开发人员的认可，加上面向对象数据库企图完全替代关系数据库管理系统的思路，增加了企业系统升级的负担，客户很难接受，面向对象数据库产品终究没有在市场上获得成功。

对象关系数据库系统（Object Relational Database System，ORDBS）是关系数据库与面向对象数据库的结合。它保持了关系数据库系统的非过程化数据存取方式和数据独立性，继承了关系数据库系统已有的技术，支持原有的数据管理，又能支持面向对象模型和对象管理。各数据库厂商都在原来产品的基础上进行了扩展。1999 年发布的 SQL 标准（也称为 SQL99）提供了面向对象的功能标准。SQL99 对 ORDBS 标准的制定滞后于实际系统的实现，所以各个 ORDBS 产品在支持对象模型方面虽然思想一致，但是所采用的术语、语言语法、扩展的功能都不尽相同。

2. XML 数据模型

随着互联网的迅速发展，Web 上各种半结构化、非结构化数据源已经成为重要的信息来源，可扩展标记语言（eXtensible Markup Language，XML）已成为网上数据交换的标准和数据界的研究热点，人们研究和提出了表示半结构化数据的 XML 数据模型。

XML 数据模型由表示 XML 文档的节点标记树、节点标记树之上的操作和语义约束组成。XML 节点标记树中包括不同类型的节点，其中，文档节点是树的根节点，XML 文档的根元素作为该文档节点的子节点。元素节点对应 XML 文档中的每个元素，子元素节点的排列顺序按照 XML 文档中对应标签的出现次序。属性节点对应元素相关的属性值，元素节点是它的每个属性节点的父节点。命名空间节点描述元素的命名空间字符串。节点标记树的操作主要包括树中子树的定位以及树和树之间的转换。XML 元素中的 ID/ IDREF 属性提供了一定程度的语义约束的支持。

XML 数据管理的实现方式可以采用纯 XML 数据库系统的方式。纯 XML 数据库基于 XML 节点树模型，能够较自然地支持 XML 数据的管理。但是，纯 XML 数据库需要解决传统关系数据库管理所面临的各项问题，包括查询优化、并发、事务、索引等问题。目前，很多商业关系数据库通过扩展的关系代数来支持 XML 数据的管理。扩展的关系代数不仅仅包含传统的关系数据操作，而且支持 XML 数据特定的投影、选择、连接等运算。传统的查询优化机制也加以扩展来满足新的 XML 数据操作的要求。通过关系数据库查询优化机制的内部扩展，XML 数据管理能够更加有效地利用现有关系数据库成熟的查询技术。

3. RDF 数据模型

万维网（World Wide Web）上的信息没有统一的表示方式，给数据管理带来了困难。如果网络上的资源在创建之初就使用标准的元数据来描述，就可以省去很多麻烦。为此，万维网联盟（World Wide Web Consortium，W3C）提出了资源描述框架（Resource Discription Framework，RDF），用它来描述和注解万维网中的资源，并向计算机系统提供理解和交换数据的手段。

RDF 是一种用于描述 Web 资源的标记语言，其结构就是由（主语，谓词，宾语）构成的三元组。这里的主语通常是网页的 URL；谓词是属性，如 Web 页面的标题、作者和修改时间、Web 文档的版权和许可信息等；宾语是具体的值或者另一个数据对象。然而，将 Web 资源（Web Resource）这一概念一般化后，RDF 可用于表达任何数据对象及其关系，例如，关于一个在线购物机构的某项产品的信息（规格、价格和库存等）。因此，RDF 也是一种数据模型，并被广泛作为语义网、知识库的基础数据模型。

谓词在 RDF 数据模型中具有特殊的地位，其语义是由谓词符号本身决定的。因此，在使用 RDF 建模时，需要一个词汇表或者领域本体，描述这些谓词之间的语义关系。

15.3　数据库技术与其他相关技术的结合

数据库技术与其他相关计算机技术相结合，是数据库技术的一个显著特征。在结合中涌现出各种数据库系统，举例如下。

- 数据库技术与分布处理技术相结合，出现了分布式数据库系统。
- 数据库技术与并行处理技术相结合，出现了并行式数据库系统。
- 数据库技术与人工智能技术相结合，出现了知识库系统。
- 数据库技术与多媒体技术相结合，出现了多媒体数据库系统。
- 数据库技术与模糊技术相结合，出现了模糊数据库系统。
- 数据库技术与移动通信技术相结合，出现了移动数据库系统。
- 数据库技术与 Web 技术相结合，出现了 Web 数据库系统。

此外，还有时态数据库、实时数据库、空间数据库等新一代数据库系统。数据库技术与网络通信技术、人工智能技术、面向对象程序设计技术、并行计算技术等互相渗透，互相结合，成为当前数据库技术发展的主要特征。

下面以并行数据库系统、数据仓库系统和分布式数据库系统为例，描述数据库技术如何吸收、结合其他计算机技术，从而形成了数据库领域的众多分支和研究课题，极大地丰富和发展了数据库技术。

15.3.1 并行数据库系统

并行数据库系统是在并行机上运行的具有并行处理能力的数据库系统。并行数据库系统的多处理特性和I/O并行性，是数据库技术与并行计算技术相结合的产物。

并行数据库技术起源于20世纪70年代的数据库机（Database Machine）研究。数据库机研究的内容主要集中在关系代数操作的并行化和实现关系操作的专用硬件设计上，希望通过硬件实现关系数据库操作的某些功能，该研究没有如愿成功。20世纪80年代后期，并行数据库技术的研究方向逐步转到了通用并行机方面，研究的重点是并行数据库的物理组织、并行操作算法、查询优化和调度策略。20世纪90年代，随着处理器、存储、网络等相关基础技术的发展，开展了并行数据库在数据操作的时间并行性和空间并行性方向的研究。

并行数据库研究主要围绕关系数据库进行，包括以下几个方面。

1. 实现数据库查询并行化的数据流方法

关系数据查询是集合操作，许多情况下可分解为一系列对子集的操作，具有潜在的并行性。利用关系操作的固有并行性，可以较方便地对查询做并行处理。此种方法简单、有效，被很多并行数据库采用。

2. 并行数据库的物理组织

研究如何把一个关系划分为多个子集合，并将其分布到多个处理节点上去（称为数据库划分），其目的是使并行数据库能并行地读写多个磁盘进行查询处理，充分发挥系统的I/O并行性。数据划分对于并行数据库的性能有很大影响，目前数据划分方法主要有一维数据划分、多维数据划分和传统物理存储结构的并行化等。

3. 新的并行数据操作算法

研究表明，使用并行数据操作算法以实现查询并行处理，可以充分地发挥多处理机的并行性，极大地提高系统查询处理的效率和能力。许多并行算法已被提出，围绕连接操作的算法较多，它们有基于嵌套循环的并行连接算法、基于排序归并（Sort-Merge I）的并行连接算法以及并行哈希连接（Hash-Join）算法。

4. 查询优化

查询优化是并行数据库的重要组成部分。并行查询优化中执行计划搜索空间庞大，研究人员研究了启发式的方法对并行执行计划空间做裁剪，以减少搜索空间的代价。具有多个连接操作的复杂查询的优化是查询优化的核心问题。不少学者相继提出了基于左线性树的查询优化算法、基于右线性树的查询优化算法、基于片段式右线性树的查询优化算法、基于浓密树的查询优化算法、基于操作森林的查询优化算法等。这些算法在搜索代价和最终获得的查询计划的效率之间有着不同的权衡。比较著名的并行数据库系统有Arbre、Bubba、Gamma、Teradata及XPRS等。

并行数据库成本较高，扩展性有限，面对大数据分析需要巨大的横向扩展（Scale Out）能力，使并行数据库遇到了挑战。Google 公司提出的 MapReduce 技术，作为面向大数据分析和处理的并行计算模型，2004 年发布后便引起了工业界和学术界的广泛关注。

15.3.2　数据仓库系统

数据仓库（Data Warehouse）是近年来出现并迅速发展的一种数据存储与处理技术。随着传统数据库技术的飞速发展和广泛应用，企业拥有了大量的业务数据，但这些数据并没有产生应有的商业信息。于是，人们开始积累、整合这些业务数据，为决策支持系统和联机分析应用建立统一的数据环境，这个数据环境就是数据仓库。

数据仓库是企业数据的中央仓库，它的数据可以从联机的事务处理系统中来、从异构的外部数据源来、从脱机的历史业务数据中来，并且是经过了归并、统一、综合和编辑而成的。数据仓库的目的不是简单地处理数据的增删、修改和维护等细节性、实时性操作，而是强调从整个企业的长期积累的丰富的数据和更广阔的视角来分析数据，并且能迅速、灵活、方便地获得对数据的深层规律的探索，为企业决策人员进行分析决策提供支持。

数据仓库所要研究和解决的问题与传统的数据库是有区别的。它是一个涉及数据库、统计学、人工智能以及高性能计算机等的多学科交叉研究领域，与关系数据库不同，数据仓库并没有严格的数学理论基础，它更偏向于工程，因此它应用的技术性很强。

近年来，随着数据库应用的广泛普及，人们对数据处理的多层次特点有了更清晰的认识，对数据处理存在着两类不同的处理类型：操作型处理和分析型处理。操作型处理也叫事务处理，是指对数据库联机的日常操作，通常是对一个或一组记录的查询和修改，主要是为企业的特定应用服务的，人们关心的是响应时间，数据的安全性和完整性。分析型处理则用于管理人员的决策分析。例如，决策支持系统（Decision Support System，DSS），主管信息系统（Executive Information System，EIS）和多维分析等，经常要访问大量的历史数据。

两者之间的巨大差异使操作型处理和分析型处理的分离成为必然。这种分离，划清了数据处理的分析型环境与操作型环境之间的界限，从而由原来的以单一数据库为中心的数据环境发展为一种新环境——体系化环境。该体系化环境由操作型环境和分析型环境（包括全局级数据仓库、部门级数据仓库、个人级数据仓库）构成。

1. 从数据库到数据仓库

数据库系统作为数据管理的主要手段，主要用于事务处理。在这些数据库中已经保存了大量日常业务数据，传统的 DSS 一般是直接建立在这种事务处理环境上的。

数据库技术一直力图使自己能胜任从事务处理、批处理到分析处理的各种类型的信息处理任务。尽管数据库技术在事务处理方面的应用获得了巨大的成功，但它对分析处理的支持一直不能令人满意，尤其是当以事务处理为主的联机事务处理（On-Line Transation Processing，OLTP）应用与以分析处理为主的 DSS 应用共存于同一个数据库系统中时，这两种类型的处理发生了明显的冲突。人们逐渐认识到事务处理和分析处理具有极不相同的性质，直接使用事务处理环境来支持 DSS 是不合适的。

具体来说，有如下原因使事务处理环境不适宜 DSS 应用。

（1）事务处理和分析处理的性能特性不同

在事务处理环境中，用户的行为特点是数据的存取操作频率高而每次操作处理的时间短，因此系统可以允许多个用户按分时方式使用系统资源，同时保持较短的响应时间，OLTP 是这种环境下的典型应用。在分析处理环境下，用户的行为模式与此完全不同，某个 DSS 应用程序可能需要连续运行几个小时，消耗大量的系统资源。将具有如此不同处理性能的两种应用放在同一个环境中运行显然是不适当的。

（2）数据集成问题

DSS 需要集成的数据，全面正确的数据是有效分析和决策的首要前提，相关数据收集得越完整，得到的结果就越可靠。因此，DSS 不仅需要企业内部各部门的相关数据，还需要企业外部、竞争对手等的相关数据。而事务处理的目的在于使业务处理自动化，一般只需要与本部门业务有关的当前数据，对整个企业范围内的集成应用考虑很少。当前绝大部分企业内数据的真正状况是分散而非集成的，尽管每个单独的事务处理应用可能是高效的，能产生丰富的细节数据，但这些数据不能成为一个统一的整体。对于需要集成数据的 DSS 应用来说，必须自己在应用程序中对这些纷杂的数据进行集成。

可是，数据集成是一项十分繁杂的工作，都交给应用程序完成会大大增加程序员的负担。并且，如果每做一次分析，都要进行一次这样的集成，将会导致极低的处理效率。DSS 对数据集成的迫切需要可能是数据仓库技术出现的最重要原因。

（3）数据动态集成问题

由于每次分析都进行数据集成的开销太大，一些应用仅在开始时对所需的数据进行集成，以后就一直以这部分集成的数据作为分析的基础，不再与数据源发生联系，这种方式的集成称为静态集成。静态集成的最大缺点在于如果在数据集成后数据源中的数据发生了改变，这些变化将不能反映给决策者，导致决策者使用的是过时的数据。对于决策者来说，虽然并不要求随时准确地探知系统内的任何数据变化，但也不希望所分析的是几个月以前的情况。因此，集成数据必须以一定的周期（如几天或几周）进行刷新，这种方式的集成称为动态集成。显然，事务处理系统不具备动态集成的能力。

（4）历史数据问题

事务处理一般不需要当前数据，在数据库中一般也只存储短期数据，且不同数据的保存期限也不一样，即使有一些历史数据保存下来了，也被束之高阁，未得到充分利用。但对于决策分析而言，历史数据是相当重要的，许多分析方法必须以大量的历史数据为依托。没有对历史数据的详细分析，是难以把握企业的发展趋势的。

可以看出 DSS 对数据在空间和时间的广度上都有了更高的要求。而事务处理环境难以满足这些要求。

（5）数据的综合问题

在事务处理系统中积累了大量的细节数据，一般而言，DSS 并不对这些细节数据进行分析。原因一是细节数据数量太大，会严重影响分析的效率；原因二是太多的细节数据不利于分析人员将注意力集中在有用的信息上。因此，在分析前，往往需要对细节数据进行不同程度的综合。而事务处理系统不具备这种综合能力，而且根据规范化理论，这种综合还往往因为是一种数据冗余被加以限制。

以上这些问题表明在事务型环境中直接构建分析型应用是一种失败的尝试。数据仓库本质上是对这些存在问题的回答。但是数据仓库发展的主要驱动力并不是过去的缺点，而是市场商业经营行为的改变，市场竞争要求捕获和分析事务级的业务数据。

建立在事务处理环境上的分析系统无法达到这一要求。要提高分析和决策的效率和有效性，分析型处理及其数据必须与操作型处理及其数据相分离。必须把分析数据从事务处理环境中提取出来，按照 DSS 处理的需要进行重新组织，建立单独的分析处理环境，数据仓库正是为了构建这种新的分析处理环境而出现的一种数据存储和组织技术。

数据仓库并不是一个新的平台，它仍然建立在数据库管理系统基础上。从用户的角度来看，数据仓库是一些数据、工具和设施，它能够管理完备的、及时的、准确的和可理解的业务信息，并把这种信息提交给授权的个人，使他们做出有效的决定。

可以这样定义数据仓库：数据仓库就是一个面向主题的、集成的、相对稳定的、反映历史变化的数据集合，用以支持企业或组织的决策分析处理。

2. 从联机事务处理到联机分析处理

现在的数据处理大致可以分成两大类：联机事务处理（On-Line Transaction Processing，OLTP）和联机分析处理（On-Line Analytical Processing，OLAP）。OLTP 是传统的关系型数据库的主要应用，主要是基本的、日常的事务处理，如银行交易。OLAP 是数据仓库系统的主要应用，支持复杂的分析操作，侧重决策支持，并且提供直观易懂的查询结果。

OLTP 数据库应用程序适合于管理变化的数据，这种类型的数据库的常见例子是航空订票系统和银行事务系统。在这种类型的应用程序中，主要关心的是并发性和原子性。

OLAP 是使分析人员、管理人员或执行人员能够从多角度对信息进行快速、一致、交互地存取，从而获得对数据的更深入了解的一类软件技术。OLAP 的目标是满足决策支持或者满足在多维环境下特定的查询和报表需求，它的技术核心是“维”这个概念。

“维”是人们观察客观世界的角度，是一种高层次的类型划分。“维”一般包含层次关系，这种层次关系有时会相当复杂。通过把一个实体的多项重要的属性定义为多个维，用户能对不同维上的数据进行比较。因此 OLAP 也可以说是多维数据分析工具的集合。

OLAP 的基本多维分析操作有钻取、切片、切块以及旋转等。

（1）钻取是改变维的层次，变换分析的粒度。它包括向上钻取（roll up）和向下钻取（drill down）。roll up 是在某一维上将低层次的细节数据概括到高层次的汇总数据，或者减少维数；而 drill down 则相反，它从汇总数据深入到细节数据，进行观察或增加新维。

（2）切片和切块是在一部分维上选定值后，关心度量数据在剩余维上的分布，如果剩余的维只有两个，则是切片；如果有三个，则是切块。

（3）旋转是变换维的方向，即在表格中重新安排维的放置（如行列互换）。

OLAP 有多种实现方法，根据存储数据的方式不同可以分为基于关系数据库的 OLAP（Relational OLAP，ROLAP）、基于多维数据组织的 OLAP（Multidimensional OLAP，MOLAP）和基于混合数据组织的 OLAP（Hybrid OLAP，HOLAP）。

ROLAP 利用现有的关系数据库技术来模拟多维数据，MOLAP 则以多维的方式组织和存储数据。在数据仓库应用中，OLAP 应用一般是数据仓库应用的前端工具，同时 OLAP 工具还可以同数据挖掘工具、统计分析工具配合使用，以增强决策分析功能。

3. 数据挖掘

随着数据库技术的不断发展及数据库管理系统的广泛应用，数据库中存储的数据量急剧增大，在大量的数据背后隐藏着许多重要的信息，如果能把这些信息从数据库中抽取出来，将为公司创造很多潜在的利润，数据挖掘概念就是从这样的商业角度开发出来的。

确切地说，数据挖掘（Data Mining）又称数据库中的知识发现（Knowledge Discovery in Database，KDD），是指从大型数据库或数据仓库中提取隐含的、未知的、非平凡的及有潜在应用价值的信息或模式，它是数据库研究中的一个很有应用价值的新领域，融合了数据库、人工智能、机器学习、统计学等多个领域的理论和技术。

数据挖掘工具能够对将来的趋势和行为进行预测，从而很好地支持人们的决策。例如，经过对公司整个数据库系统的分析，数据挖掘工具可以回答诸如“哪个客户对我们公司的邮件推销活动最有可能做出反应，为什么”等类似的问题。有些数据挖掘工具还能够解决一些很消耗人工时间的传统问题，因为它们能够快速浏览整个数据库，找出一些专家们不易察觉的但极有用的信息。

数据挖掘技术是人们长期对数据库技术进行研究和开发的结果。起初各种商业数据存储在计算机中的数据库中，然后发展到可对数据库进行查询和访问，进而发展到对数据库的即时遍历。数据挖掘使数据库技术进入了一个更高级的阶段，它不仅能对过去的数据进行查询和遍历，并且能够找出过去的数据之间的潜在联系，从而促进信息的传递。

研究数据挖掘的历史，可以发现数据挖掘的快速增长和商业数据库的增长速度是分不开的，并且 20 世纪 90 年代较为成熟的数据仓库正同样广泛地应用于各种商业领域。从商业数据到商业信息的进化过程中，每一步前进都是建立在上一步的基础上的。

数据挖掘的核心模块技术历经了数十年的发展，其中包括数理统计、人工智能、机器学习。今天，这些成熟的技术，加上高性能的关系数据库引擎以及广泛的数据集成，让数据挖掘技术在当前的数据仓库环境中进入了实用的阶段。

数据挖掘利用的技术越多，得出结果的精确性就越高。原因很简单，对于某一种技术不适用的问题，其他方法可能奏效，这主要取决于问题的类型以及数据的类型和规模。数据挖掘方法有多种，其中比较典型的有关联分析、序列模式分析、分类分析、聚类分析等。

15.3.3 分布式数据库系统

分布式数据库系统是在集中式数据库系统和计算机网络的基础上发展起来的，它由一组数据组成，这组数据分布在计算机网络的不同计算机上，网络中的每个节点具有独立处理的能力（称为场地自治），可以执行局部应用。同时，每个节点也能通过网络通信系统执行全局应用。

分布式数据库系统具有场地自治性以及自治场地之间的协作性。这就是说，每个场地是独立的数据库系统，它有自己的数据库、自己的用户、自己的服务器，运行自己的数据库管理系统，执行局部应用，具有高度的自治性。同时各个场地的数据库系统又相互协作组成一个整体。这种整体性的含义是，对于用户来说，一个分布式数据库系统逻辑上看如同一个集中式数据库系统一样，用户可以在任何一个场地执行全局应用。

因此，分布式数据库系统不是简单地把集中式数据库连网就能实现的。分布式数据库系统具有自己的性质和特征。集中式数据库的许多概念和技术，如数据独立性、数据共享和数据冗余、并发控制、完整性、安全性和恢复等，在分布式数据库系统中都有了更加丰富的内容。

分布式数据库系统的本地自治性（Local Autonomy）是指局部场地的数据库系统可以自己决定本地数据库的设计、使用以及与其他节点的数据库系统的通信。分布式数据库系统的分布透明性（Distributed Transparency）是指分布式数据库管理系统将数据的分布封装起来，用户访问分布式数据库就像与集中式数据库打交道一样，不必知道也不必关心数据的存放和操作位置等细节。

分布式数据库系统在集中式数据库系统组成的基础上增加了三个部分：分布式数据库管理系统（Distributed Database Management System，DDBMS）、全局字典和分布目录、网络访问进程。全局字典和分布目录为 DDBMS 提供了数据定位的元信息，网络访问进程使用高级协议来执行局部站点和分布式数据库之间的通信。

20 世纪 80 年代是分布式数据库系统研究与开发的一个发展高峰时期。近年来，Internet 的发展和海量异构数据的应用需求使分布式数据管理和分布式数据处理技术遇到了新的挑战。根据 CAP 理论，在分布式系统中数据一致性（Consistency）、系统可用性（Availability）、网络分区容错性（Partition Tolerance）三者不可兼得，即满足其中任意两项便会损害第三项。分布式数据管理在 Web 海量数据搜索和数据分析中可以适当降低对数据一致性的严格要求，以提高系统的可用性和系统性能。因此对分布式数据处理的研究和开发进入了新的阶段，即大数据时代的大规模分布式处理。

15.4 数据管理技术的发展趋势

数据、应用需求和计算机硬件技术是推动数据库发展的三个重要因素。进入 21 世纪以来，数据和应用需求都发生了巨大变化，硬件技术也有了飞速发展，尤其是大数据时代的到来，数据库技术、更广义的数据管理技术和数据处理技术遇到了前所未有的挑战，迎来了新的发展机遇。

15.4.1 数据管理技术面临的挑战

随着数据量越来越巨大，海量数据的存储和管理要求系统具有高度的可扩展性和可伸缩性，以满足数据量不断增长的需要。传统的分布式数据库和并行数据库在可扩展性和可伸缩性方面明显不足。

数据类型越来越多样化和异构化，从结构化数据扩展到文本、图形图像、音频、视频等多媒体数据，以及 HTML、XML、网页等半结构化、非结构化数据，还有流数据、队列数据和程序数据等。这就要求系统具有存储和处理多样异构数据的能力，特别是异构数据之间联系的表示、存储和处理能力，以满足对复杂数据检索和分析的需要。传统数据库对半结构化、非结构化数据的存储、管理和处理能力十分有限。

由于传感、网络和通信技术的发展，对图形图像、视频音频等视觉听觉数据的获取、传输更加便利，而这类数据的语义蕴含在流数据中，并且存在大量冗余和噪声。许多应用中的数据快速流入并要立即处理，数据的快变性、实时性要求系统必须迅速决定什么样的数据需要保留，什么样的数据可以丢弃，如何在保留数据的同时存储其正确的元数据等，现有技术还远远不能应对这些情况。

以上是数据的变化，再来看看应用和需求的发展。

数据处理和应用的领域已经从以 OLTP 为代表的事务处理扩展到 OLAP 分析处理，从对数据仓库中结构化的海量历史数据的多维分析发展到对海量非结构化数据的复杂分析和深度挖掘，并且希望把数据仓库的结构化数据与互联网上的非结构数据结合起来进行分析挖掘，把历史数据与实时流数据结合起来进行处理。

人们已经认识到基于数据进行决策分析具有广阔的前景和巨大价值。但是，数据的海量异构、形式繁杂、高速增长、价值密度低等问题阻碍了数据价值的创造，现有的分析挖掘算法缺乏可扩展性，缺乏对复杂异构数据的高效分析算法，缺乏大规模知识库的支持和应用，缺乏能被非技术领域专家理解的分析结果表达方法。对数据的组织、检索和分析都是基础性的挑战。

计算机硬件技术是数据库系统的基础。当今，计算机硬件体系结构的发展十分迅速，数据处理平台由单处理器平台向多核、大内存、集群、云计算平台转移。处理器已全面进入多核时代，在主频缓慢提高的同时，处理核心的密度不断增加。内存容量变得越来越大，成本却变得越来越低，非易失性内存、闪存等技术日益成熟。因此，我们必须充分利用新的硬件技术，满足海量数据存储和管理的需求。一方面，要对传统数据库的体系结构包括存储策略、存取方法、查询处理策略、查询算法、事务管理等进行重新设计和开发，要研究和开发面向大数据分析的内存数据库系统；另一方面，针对大数据需求，以集群为特征的云存储成为大型应用的架构，要研究与开发新计算平台上的数据管理技术与系统。

15.4.2 数据管理技术的发展与展望

大数据给数据管理、数据处理和数据分析提出了全面挑战。支持海量数据管理的系统应具有高可扩展性（满足数据量增长的需要）、高性能（满足数据读写的实时性和查询处理的高性能）、容错性（保证分布系统的可用性）、可伸缩性（按需分配资源）等。传统的关系数据库在系统的伸缩性、容错性和可扩展性等方面难以满足海量数据的柔性管理需求，NoSQL 技术顺应大数据发展的需要，蓬勃发展。

NoSQL 是指非关系型的、分布式的、不保证满足 ACID 特性的一类数据库管理系统，NoSQL 技术有如下特点。

（1）对数据进行划分（Partitioning），通过大量节点的并行处理获得高性能，采用的是横向扩展的方式（Scale Out）。

（2）放松对数据 ACID 特性的约束，允许数据暂时出现不一致性情况，接受最终一致性。即 NoSQL 遵循 BASE（Basically Available，Soft state，Eventual consistency）原则，这是一种弱一致性约束框架。

BASE 原则的 3 要素如下。

① Basically Available（基本可用），是指可以容忍数据短期不可用，并不强调全天候服务；

② Soft state（柔性状态），是指状态可以有一段时间不同步，存在异步的情况；

③ Eventually consistent（最终一致性），是指最终数据的一致性，而不是严格的一致性。

（3）对各个数据分区进行备份（一般是三份），应对节点可能的失败，提高系统可用性等。

NoSQL 数据库技术根据存储模型可分为基于 Key- Value 存储模型、基于列分组（Column Family）存储模型、基于文档模型和基于图模型的 4 类 NoSOL 数据库技术。

分析型 NoSQL 技术的主要代表是 MapReduce 技术。MapReduce 技术框架包含三方面内容：

高度容错的分布式文件系统、并行编程模型和并行执行引擎。MapReduce 并行编程模型的计算过程分解为两个主要阶段，即 Map 阶段和 Reduce 阶段。Map 函数用来处理 Key/ Value 对，产生一系列的中间 Key/ Value 对；Reduce 函数用来合并所有具有相同 Key 值的中间 Key/vaue 对，并计算最终结果。用户只需编写 Map 函数和 Reduce 函数，MapReduce 框架在大规模集群上自动调度执行编写好的程序，扩展性、容错性等问题由系统解决，用户不必关心。

自 2004 年 Google 首次发布 MapReduce 以来，该技术得到业界的强烈关注。一批新公司围绕 MapReduce 技术提供大数据处理、分析和可视化的创新技术和解决方案，在并行计算研究领域迎来了第一波研究热潮（2006—2009 年）；数据库研究领域紧随其后，掀起了另外一波研究热潮（2009—2012 年）。

传统数据库厂家，包括曾经反对 NoSQL/MapReduce 技术的一些厂家（如 Oracle、VOLTDB、Microsoft 等），纷纷发布大数据技术和产品战略。各公司和研究机构都投入力量，基于 MapReduce 框架展开了研究。例如，研发应用编程接口 SQL、统计分析、数据挖掘、机器学习编程接口等，以帮助开发人员方便地使用 MapReduce 平台编写算法。

传统关系数据库系统提供了高度的一致性、精确性、系统可恢复性等关键特性，仍然是事务处理系统的核心引擎，无可替代。同时，数据库工作者努力研究保持 ACID 特性的同时具有 NoSQL 扩展性的 NewSQL 技术。针对大内存和多 CPU 的新型硬件，研发面向实时计算和大数据分析的内存数据库系统。通过列存储技术、数据压缩、多并行算法、优化的并发控制、查询处理和恢复技术等，提供比传统关系数据库管理系统快几十倍的性能。

理论界和工业界继续发展已有的技术和平台，同时不断地借鉴其他研究和技术的创新思想，改进自身，或提出兼具若干技术优点的混合技术架构。例如，Aster Data 和 Greenplum 两家公司利用 MapReduce 技术对 PostgreSQL 数据库进行改造，使之可以运行在大规模集群上。

MapReduce 领域对 RDBMS 技术的借鉴是全方位的，包括存储、索引、查询优化连接算法、应用接口、算法实现等各个方面。例如，RCFile（Record Columnar File）系统在 Hadoop 分布式文件系统（HDFS）的存储框架下，保留了 MapReduce 的扩展性和容错性，赋予 HDFS 数据块类似 PAX（Partition Attributes Across）的存储结构，通过借鉴 RDBMS 技术，在 Hadoop 平台上实现列存储，提高了 Hadoop 系统的分析处理性能。

各类技术的互相借鉴、融合和发展是未来数据管理领域的发展趋势。

大数据时代已经到来。更好地分析可利用的大规模数据，将使许多学科取得更快的进步，使许多企业提高盈利能力并取得成功。然而，所面临的挑战不但包括关于扩展性这样明显的问题，还包括异构性、数据非结构化、错误处理、数据隐私、及时性、数据溯源以及可视化等问题。这些技术挑战同时横跨多个应用领域，因此仅在一个领域范围内解决这些技术问题是不够的，需要将数据库技术和其他技术相结合，以提高对数据的应用。

本章小结

本章以数据模型、新技术内容、数据管理技术为主线，回顾了数据库技术发展的三个阶段，阐述了数据库技术的发展以及与其他技术的相互关系，达到纲举目张的目的。

数据库技术的核心是数据管理。随着大数据时代的到来，数据量巨大，数据对象多样异构，新应用领域不断涌现，硬件平台发展飞速。面对新的挑战，数据库工作者正在继承数据库技术的精华，并和其他技术相结合，努力探索新的方法、新的技术，来提高和改善对数据和信息的使用。

习题15

15.1 试述数据库技术的发展过程，以及数据库技术发展的特点。

15.2 试述数据模型在数据库系统发展中的作用和地位。

15.3 请用实例阐述数据库技术与其他计算机技术相结合的成果。